현대과학이 보는
우주

사랑하는 아들 버나드 상현의

아름다운 추억에

★ ★ ★

" 최초에 온 우주가 폭발하였다…. 약 백분의 일초 후에 우주의 온도가 천억도로 떨어졌다".

『최초의 삼분』(1979년 노벨 물리상 수상자인 스티븐 와인버그의저서) 에서

★ ★ ★

Contents

4. 별의 일생

5. 적색 이동과 우주 팽창

6. 팽창 유시론과 팽창 무시론

머리말

깊은 통찰력을 가지고 필자를 신임하여 이 책의 출판을 쾌히 승락해 주신 아카데미서적 주성필 회장님에게 진심으로 감사 드립니다.

또한 출판된 논문 속의 도표를 이 책에 사용하도록 허락해 준 논문들의 저자 사울 펄뮤터*, 웬디 프리드만, 그리고 로버트 커슈너에게 감사 드립니다.

초안에 있었던 많은 문법과 발음의 잘못을 열심히 고쳐준 아카데미사의 교열자에게 감사드립니다.

끝으로 원고를 타자하고 그리고 그것을 읽고 비평하여 비 과학 전공인의 견해를 필자에게 알려준 아내 강영희에게 감사 드립니다.

2012 년 1월
미국 남가주에서
김강수

* 2011년 노벨 물리상 수상

소 개 말

밤 하늘에 가득찬 빤짝이는 별들을 보면 우리는 그것들이 참 아름답다고 생각한다. 그 아름다움의 감탄에만 그치지 않고 과연 저 별들은 어떻게 하여 저렇게 빛을 낼까? 라는 생각을 해 본 사람들도 있을 것이다. 한걸음 더 나아가 저 별들은 언제부터 저기에 있었을까? 아니면 영원히 거기에 있었을까? 저 별의 세계는 어디에서 끝이 날까? 그리고 만일 끝이 있다면 그 후에는 무엇이 있을까? 등 이런저런 생각들을 해 본 사람들도 많이 있을 것이다. 누구도 모르는데 이런 생각은 해서 무엇하나 하고 신경을 딴데로 돌린 사람도 많이 있을 것이다. 놀라운 사실은 현대과학이 위의 모든 의문점에 답을 준다는 것이며 이 책에서 그것을 설명하겠다.

이제 우리들의 생각을 먼 곳의 밤의 별에서 가까이 있는 낮 하늘의 별로 돌려 보자. 태양은 우리가 밤 하늘에서 수없이 많이 보는 별들과 똑같은 별이며 따라서 이것을 잘 알면 우리는 밤 하늘의 별을 잘 알 수 있다. 태양은 어떻게 하여 우리를 따뜻하게 할 수 있으며 또한 이것이 영원한 옛날부터 존재하였을까? 우리가 사는 지구는 영원한 옛적부터 존재하였을까? 지구부터 먼저 알아보자. 지구 내부의 층구조와 그 핵심에 철과 니켈 같은 무거운 금속이 많이 있는 것을 보고 우리는 지구가 뜨겁게 용해된 상태에서 시작되었다는 것을 알 수 있다. 또한 우리는 별과 태양의 생성 과정을 이해하고 태양계 행성들의 운동과 구성 물질을 자세히 조사한 후 결국 태양계의 모든 행성들이 태양이 생성되었을 때 그것의 잔존물이 모여서 생성되었다는 것을 알게 되었다. 즉 지구와 태양은 동시에 생성되었으며 지구의 나이를 통하여 우리는 태양의 나이를 알게 되었으며 또한 그것의 발열량을 보고 태양의 종말이 언제 올지를 알게 되었다.

태양이 유한한 과거에 시작되었다면 모든 다른 별들도 유한한 과거에 시작되었을 것이다. 즉 최초의 별이 생성된 시간이 있는데 이것은 이 책 본문에서 알아보기로 하고 지금은 그것의 생성 과정 자체를 생각해 보자. 별의 생성 원료는 주로 수소인데 최초의 별을 생성한 수소, 한걸음 더 나아가 수소의 구성 분자인 양성자와 전자는 어디에서 왔을까? 현재 천체물리 전문가들은 최초의 양성자와 전자는 뜨거운 불씨가 폭발하여서 생성된 것이며 이 폭발의 시간이 우주의 시작점이라고 말하고 있다. 이것이 우주 폭발 기원론(또는 빅뱅 이론)의 요점이며 이 이론은 지난 50년 동안 수집된 막대한 관측 자료가 지지해 준다. 하지만 이 이론은 최초의 뜨거운 불씨가 언제부터 또는 어떻게 하여 존재하게 되었는지를 설명하지 않으며 그것을 설명할 능력이 없다. 즉 그 문제는 현대과학의 범위를 초월한다.

우주 폭발 기원론이 영원을 전제 조건으로 하는 종교관에 어긋난다고 생각하는 사람들에게 2 가지 사실을 알리고자 한다. 첫 번째는 과학이 말하는 우주는 우리 눈에 보이는 물질적 우주만을 말하며 종교에서 말하는 우주는 물질적인 면 외에 영적인 면을 포함하고 있다. 이 책에서 말하는 우주는 전적으로 물질적 우주를 뜻한다. 두 번째는 우주 폭발론을 최초로 제안안 사람이 가톨릭 교회 신부였으며 그의 이론을 비난한 전문가들은 그가 그 이론을 제안한 이유는 그것이 성경의 창조 이야기와 잘 어울리기 때문에 제안했다고 하여 아인슈타인의 상대성 이론을 연구하여 그 이론을 제안한 그는 무척 섭섭해 하였다. 그는 또한 갈릴레오와는 달리 교회의 우대를 받았으며 우리는 이 책에서 이 사람에 대해 좀 더 자세히 알게 될 것이다.

인류의 우주관이 폭발 기원론에 이르기까지 그것은 역사적으로 몇 차례의 혁명적인 변천을 겪어 왔다. 희랍시대의 아리스토텔레스와 그의 뒤를 따른 프톨레마이오스가 설명한 우주 개념이 오랫 동안 인류의 사상을 지배해 왔다. 그것을 쫓아서 인간은 지구가 우주의 중심에 있고 달과 태양과 그리고 5개의 모든 행성은 지구를 중심으로 돌며 토성 밖에는 별 세계가 있고 모든 별들은 고정된 제자리에서 지구를 돌며 그리고 그것의 밖에 모든 천체물에 원동력을 주는 존재가 있다고 하였다. 중세기에 많은 사람들이 이 존재가 신이라고 믿었으며 따라서 천국이 별 세계 밖에 있다는 개념이 생겼다. 1,800년 동안 인류를 지배해 왔던 이 지구 중심설에 처음으로 전면 도전한 사람은 어느 시골 교회의 성직자로서 교회 일의 틈을내어 홀로 천체를 관측하였던 16세기의 코페르니쿠스였다. 그는 지구가 아니라 태양이 우주의 중심에 있고 지구와 5개의 행성은 모두 태양을 중심으로 하여 돌고 있다고 주장하였다. 몇 년 후 당시에 유명했던 갈릴레오교수가 코페르니쿠스의 이론이 옳다고 주장하여 그가 종교 재판에서 형을 받았다는 사실은 널리 알려진 역사적 사건이다. 코페르니쿠스가 말한 행성들의 원형 궤도가 완전한 원형이라는 것을 증명하려고 관측 자료를 조사한 케플러는 결국 그것이 타원형이라는 것을 발견하고 그 외 행성들의 수학적 궤도 법칙을 발견하였다. 이 법칙이 100년 후에 뉴턴이 만유인력 법칙을 발견하는 데에 도움을 주었으며 뉴턴은 만유인력 법칙을 적용하여 케플러의 모든 법칙을 수학적으로 증명함으로써 태양 중심설은 확고한 기반을 다지게 되었다.

이런 상태로 우리는 20세기에 도달하였다. 우주는 변함이 없는 정적(靜的)인 존재이며 이 속에는 은하수만이 존재한다고 믿었다. 그러나 20세기의 급진적 우주 관측 기술의 발달과 또한 이 관측 결과를 설명해 주는 이론의 발달이 우리들의 우주 지식에 획기적인 변화를 일으켜 주었다. 우리는 태양은 우주의 중심에 있지 않을 뿐 아니라 은하수의 중심에도 있지 않으며 태양을 포함한 은하수의 모든 별이 은하수의 중심을 중점으로 하여 돌고 있으며 은하수 전체가 우주의 한 점을 중심으로 하여 돌고 있음을 알게 되었다. 또한 우주에는 은하수(Milky Way Galaxy) 외에도 그와 같은 은하(Galaxy)가 수없이 많이 있다는 것을 알게 되었다. 그리고 모든 별들이 우리 지구로부터 멀어져가고 있다. 즉 우주 전체가 팽창하고 있으며 이 팽창 속도가 거리에 비례한다는 것을 발견하였다. 우주 팽창은 80 년 전에 처음으로 발견되었으며 그 후에 수많은 전문가들에 의하여 계속 확증되어 현대에는 이것에 추호의 의심할 여지도 없게 되었다.

은하들이 팽창한다는 것은 그들이 과거에 한 곳에 모여 있었다는 것을 뜻하며 팽창 속도를 측정하여 우리는 이 우주가 언제부터 팽창하기 시작하였는 지를 알게 된다. 팽창이 시작되기 전에 팽창할 물질이 존재하였으나 앞에서 말한대로 현대과학은 이것의 정체를 알 수 없으며 따라서 폭발 기원론은 이것의 정체를 논하지 않고 이것이 무조건 존재했다는 전제에서부터 시작하고 있다. 이 이론에 의하면 지극히 높은 온도와 밀도를 가진 작은 불씨가 팽창하면서 온도가 내려가 이 열이 입자로 전환되었고 폭발 후 3 분 내에 현재 우주에 존재하는 거의 모든 수소(핵)와 헬륨(핵)이 생성되었으며 이때에 생성된 헬륨 양이 우주 물질의 23~25%였다. 그 후에 우주에 헬륨이 거의 생성되지 않아 우주의 헬륨 양이 23~25%로 고정 되었으며 현대 전문가들이 우주 어디에서나 22~26% 정도의 헬륨 양을 측정한다는 것이 폭발 기원론의 중요한 증거 중 하나이다.

이 책에서는 여러 가지 우주 이론과 천체 이론이 설명되어 있기 때문에 우리는 여기서 말하는 이론 즉 과학적 이론과 보통 대화에서 사용되는

'이론' 사이에 어떠한 차이점이 있는지를 정확하게 알아야 하겠다. 과학적 이론은 관측된 결과를 논리적(즉 이론적) 으로 설명할 뿐만 아니라 한 걸음 더 나아가 앞으로 관측될 결과를 예측할 수 있어야 한다. 관측된 결과를 설명할 수는 있어도 앞으로 관측될 결과를 예측할 수 없는 종류의 이론은 과학적 이론이 아니다. 왜냐하면 이미 관측된 결과의 설명에 사용된 논리가 과연 참된 논리였다면 그 논리를 사용하여 장래의 관측 결과를 예측할 수 있어야 하기 때문이다. 예측된 결과와 실제로 관측된 결과가 일치하면 우리는 그 이론을 받아들이고 어긋나면 그 이론을 버린다. 보통 대화에서 사용하는 '이론' 에는 이러한 엄격한 제한이 없으며 이것은 '견해' 와 별 다름이 없다.

이 책의 내용과 관련되는 유명한 과학 이론이 많이 있지만 여기서 하나만을 예로 들겠다(다른 하나는 아인슈타인을 만날 때에 얘기하겠다). 사람들은 흔히 현대 20세기 문명의 발전에 가장 크게 이바지한 것이 양자 물리학이라고 말한다. 이 이론의 초창기에 있었던 커다란 문제 중의 하나가 그 이론의 수식 (슈뢰딩거방정식)이 아인슈타인의 특수 상대론에 어긋난다는 점이었다. 이 문제를 해결하여 준 사람은 바로 영국 케임브리지대학의 물리학자인 디랙(P. A. M. Dirac)이었다. 그는 브리스틀대학에서 전기과를 졸업하고 직장을 구해 보았으나 마음에 드는 직장이 생기지 않게 되자 자신의 적성이 물리에 있다는 것을 깨닫고 케임브리지대학 물리학과 대학원에 입학하였다. 여기서 그는 물리 박사학위를 받고(24살) 2년 후에 슈뢰딩거방정식을 수정하여 상대성 이론에 조화되는 양자 물리학의 수식을 유도하였다.

그는 이 수식이 슈뢰딩거의 이론과 아인슈타인의 이론에 동시에 조화

되고 또한 실험 결과와도 일치함으로써 크게 만족감을 느꼈으나 뜻밖에 거기에는 커다란 문제가 하나 있었다. 즉 그것은 그 수식에 의하면 이때까지 아무도 보지도 못하고 생각하지도 못했던 입자가 존재한다는 결론이 나온다는 것이다. 이 입자는 여러 면에서 전자와 유사했으나 전기만은 그와 반대로 양성 전기를 가지고 있었다. 그는 이 입자의 정체는 몰랐으나 수식 자체에는 자신이 있어 이것을 1928년에 발표하였다. 1932년에 미국의 칼 앤더슨이 양성 전기를 가진 그때까지 보지 못했던 입자를 실험실에서 발견하고 결국 이것이 디랙이 예측한 입자(즉 양전자)라는 것을 알아냈다. 1933년에 디랙(31살)이 노벨상을 받고 1936년에는 앤더슨(31살)이 양전자 발견으로 노벨상을 받았다. 디랙은 후에 그가 자신의 수식에서 나온 입자의 정체를 잘 모른 것에 대하여 "자기의 수식이 자기보다 더 똑똑했다"고 말하였다. 그의 예측과 그 후의 실험 결과에 의하여 현대 이론은 모든 물질(Matter)에는 그것에 해당하는 반물질(Antimatter)이 존재한다고 말한다. 이렇게 실험 결과를 예측할 수 있는 이론이 과학적 이론인 것이다. 우리는 뒤에서 최초의 입자를 다룰 때에 물질과 반물질에 대해서 좀 더 자세히 알게 될 것이다.

제 1장에서는 인류의 우주관에 혁신을 가져다 준 사람들에 대해 알아보겠다. 아리스토텔레스와 프톨레마이오스에서 시작하여 코페르니쿠스, 케플러, 갈릴레오, 그리고 뉴턴과 아인슈타인의 생애와 업적을 간단히 살펴 볼 것이다. 은하의 개척자 허셜, 우주 팽창을 발견한 허블, 우주 폭발 기원론을 처음으로 제창한 르메트르 신부, 그리고 별 속이 하나의 합금소(合金所)라는 것을 알아 낸 호일 등을 이 책의 내용 순서에 따라 만나게 될 것이다. 제 2장에서는 현대의 우주 관측에 어떠한 기술들이 사용되는 지

를 알아보며 제 3장에서 중요한 천체물들의 특성을 알아보겠다. 여기에서 우리는 암흑 물질과 암흑 에너지가 무엇인지를 알게 된다. 제 4장에서는 별의 일생, 즉 그것의 탄생 과정, 중기에 밝은 빛을 내는 과정, 그리고 종말의 폭발 과정 등이 설명되며 또한 펄서와 블랙홀 등이 설명된다. 제 2장에서 제 4장까지는 대체로 천문학적 과제를 다루며 제 5장부터 책 끝부분까지는 주로 우주학적 과제를 다룬다.

제 5장에서 우리는 우주 팽창을 지지하는 관측적 증거가 무엇인지를 알게 되며 제 6장에서는 이 팽창이 아인슈타인의 상대성 이론에 의하여 예측된다는 것을 알게 될 것이다. 제 7장은 최초 입자의 생성 과정을 설명하며 제 8장은 최초의 수소와 헬륨의 생성 과정을 설명한다. 제 9장에서는 우주 배경 복사선이 무엇이며 이것의 존재 예측과 그것의 탐지 과정이 자세히 설명된다. 또한 여기서 우리는 이 광선의 탐지가 폭발 기원론에 도전한 이론에게 결정적인 치명상을 주었다는 것을 알게 된다. 제 10장에는 우주 폭발 기원론의 모든 증거들이 종합적으로 요약되어있으며 마지막 제 11장에서는 이 이론에서 말하는 우주 역사상 중요한 사건들을 연대적으로 표시한 간략된 우주 연대표가 설명된다.

이 책은 일반 대중을 위하여 쓴 책으로 실험 결과나 이론의 자세한 내용이나 토론을 되도록 피하였다. 하지만 이 자세한 내용을 알고자 하는 사람들을 위하여 200개 이상의 영어로 쓰여진 원래의 참고 문헌을 인용하였으니 참고하기를 바란다.

1. 우주 개념의 혁신자들

1. 1 아리스토텔레스와 프톨레마이오스

그림1 아리스토텔레스

인류 역사상 우리의 우주관에 가장 큰 (또는 가장 오랫동안) 영향을 준 사람은 아리스토텔레스이다. 기원 전 4세기에 발표한 그의 우주 개념은 약 1,800년 동안 인류 사상을 지배해 왔으며 그 개념의 어떤 요소는 20세기까지 믿어져 왔다. 그는 그리스 사람으로(기원전384~322) 플라톤의 제자였으며 후에 알렉산더 대왕의 스승이 되었다.

그는 최초로 과학과 서양 철학을 체계화 하였으며 철학뿐만 아니라 생물학, 의학, 물리학, 정치학, 논리학, 그리고 윤리학에 대해서 논문을 발표하였으며 이 모두가 서양 학문의 기초가 되었다.

아리스토텔레스는 우주에 지구(땅), 물, 공기, 불, 그리고 에테르(천체물의 구성 분자)의 5종류의 원소가 있으며 앞의 4가지는 지상의 원소이고 다섯 번째 것은 천체물이라고 하였다. 지상의 원소는 땅, 물, 공기, 그리고 불의 순서로 자연적으로 위로 올라 간다고 하였다. 천체물에는 지구, 달, 수성, 금성, 태양, 화성, 목성, 토성, 그리고 별들이 있으며 이것들은 그림 2에서 보는 바와 같이 지구를 중심으로 하여 위에 적힌 순서대로 모두가 각각 구체(球體)를 이루어 영구 공전하며 별들은 별 구체에 고정된 채로 지구를 공전한다고 하였다. 모든 천체물이 언제나 공전하고 있기 때문에 그는 무엇인가가 이것들을 움직이게 한다고 하며 이 운동의 힘을 주는 원천을 제 1 원동력(Prime Mover)이라고 부르고 이것은 별 구체의 밖에 있다고 하였다.(1)

프톨레마이오스(서기 83~161)는 로마 지배하의 이집트에 살았던 그리스의 수학자로 아리스토텔레스의 우주 개념에 수학적인 바탕을 마련해 주어 그 개념을 실용화 시켰다. 아리스토텔레스의 이론을 그대로 따르면 행성의 움직임을 설명하기 어려운 경우가 종종 생기므로(예를 들면 행성이 지구에서 멀어지거나 가까워 지는 현상) 그는 그 이론을 약간 수정하여 이것이 사람들의 천체 관찰 결과와 일치하도록 하였다. 즉 그는 행성들 자체는 그것 대로 작은 원형의 궤도(주전원이라고 부름)를 그리고 있으며 이 작은 원형의 중심이 아리스토텔레스가 말한 행성의 구체에 놓여 있다고

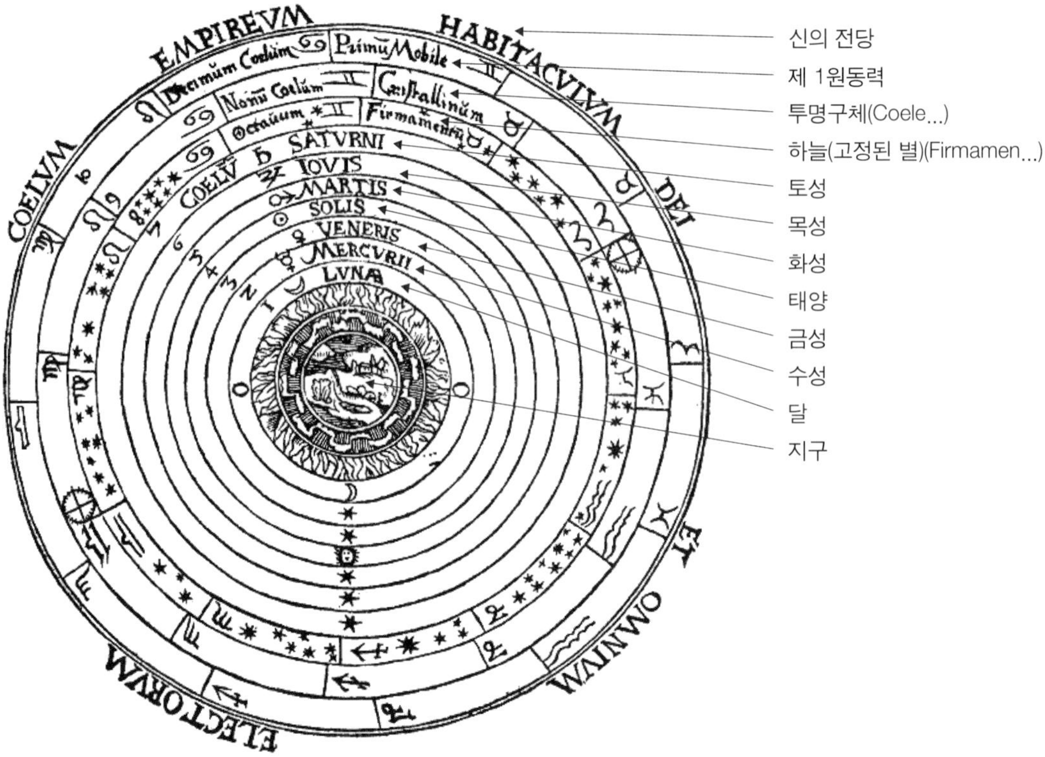

그림 2 아리스토텔레스의 우주관(*)

하였다. 그는 이 이론을 수학적으로 자세히 설명하여 사람들은 그의 계산법을 이용하여 행성들의 움직임을 예측할 수 있었고 따라서 16세기까지 농사 일자, 연중 행사 날짜, 또는 여행 방향을 알아내는 데에 이 방법을 사용하였다.

중세기의 위대한 신학자 토마스 아퀴나스(서기 1225~1274)는 그의「신학 전집」에서 신의 존재를 증명하는 방법에 5가지가 있다고 말하고 그 첫 번째 방법은 천체물의 운동을 보고 이것을 가능하게 하는 최초 원동력(First Mover)의 존재를 인정한 후 이 존재가 바로 신이라는 결론을 내리는 것이라고 하였다.[2] 많은 사람들이 이 최초 원동력이 바로 아리스토텔레스가 말한 제 1 원동력이라고 생각하게 되었고 따라서 그들은 최초 원동력 즉 신의 천국이 제 1 원동력이 존재하는 별 세계의 외각에 존재한다고

* 이 그림은 16세기의 그림이며 제일 밖에 있는 '신의 전당'은 아리스토텔레스의 우주관이 아니다.

믿게 되었다(그림 2 참조). 즉 기독교와 거리가 먼 아리스토텔레스의 우주관[3] 이 기독교의 한 전통의 근원이 되었다는 사실은 재미있는 이야기이다. 앞에서 본 바와 같이 아리스토텔레스의 우주관이 중세기의 종교 사상과 결합되면서 이것의 핵심적인 요소는 거의 성스러운 취급을 받게 되었고 따라서 이에 반대하는 사람들은 교회로부터 혹독한 비난을 받았다. 이 이론의 핵심적인 요소 중의 몇 개는 다음과 같다.

1. 모든 천체물은 균일한 속도로 원형으로 움직인다.
2. 천체물은 완전한 구체이며 또한 완벽한 물질로 되어 있어 그 근본 성질(예를 들면 광도)에는 변화가 없다.
3. 지구는 우주의 중심에 있고 모든 천체물은 지구를 중심으로 공전한다.

손수 만든 망원경으로 지구의 달의 산과 계곡, 그리고 목성의 달을 직접 목격한 후 아리스토텔레스가 틀렸다(즉 2번과 3번 각각 위반)고 말하여 교회로부터 큰 고난을 당한 갈릴레오의 이야기는 1.3장에서 하겠다.

1.2 니콜라스 코페르니쿠스

천체를 관찰하고 성경을 읽어서 알 수 있듯이[4] 지구는 우주의 중심에 고정되어 있다고 1,800년 동안 믿어 온 인류에게 그것이 틀리고 태양이 우주의 중심이며 지구는 다른 행성과 마찬가지로 태양의 주위를 돌고 있다고 말하여 그때까지의 우주 개념을 뒤집어 놓고 또한 성경을 재인식하도록 하고 한걸음 더 나아가 인간을 겸손하게 만든 사람이 코페르니쿠스이다.

그림3 니콜라스 코페르니쿠스

코페르니쿠스 이전에도 태양 중심의 우주론을 주장한 사람들이 있었으나 그들의 주장에는 과학적인 증거의 뒷받침이 없었기 때문에 그 주장은 무시당했다. 코페르니쿠스는 자신이 얻은 관측 자료와 기존하던 관측 자료를 모두 종합하여 이것을 수학적으로 자세히 분석하여 행성들이 태양을 중심으로 공전한다는 것을 증명하였다. 따라서 그를 현대 천문학의 아버지라고 부른다.

니콜라스 코페르니쿠스(1473~1543)는 현 폴란드의 토룬이라는 곳에서 부유한 상인의 4남매의 막내로 태어났다.[5] 그의 조상들은 독일인으로 그가 태어나기 약 200년 전에 현 폴란드 지역으로 이주하였다. 그가 10살 때 아버지가 돌아가시고 외삼촌이 4남매의 보호자가 되어 교육을 맡았다. 외삼촌은 학계에서 오랫동안 일한 후 성직자가 되었으며 그 도시에서 존경을 받는 유지로 나중에 주교까지 되었다. 그는 코페르니쿠스가 18살 때 폴란드의 수도 크라쿠프에 있는 크라쿠프대학에 보냈다.

이 대학은 중부 유럽에서 두 번째로 오래된 종합대학으로 각종 인문 과학을 가르쳤으며 특히 천문학 교육을 강조하였다. 그는 천문학을 전공할 계획으로 구체학(球體學), 유클리드 기하학 등 7가지의 천문학에 관련된 과목을 수료하였고 그리고 궁한 돈으로 3권의 값비싼 천문학 책까지도 구입하였다 (그는 이 책들을 그 후 50년 동안 간직하면서 애용하였다). 거의 4년을 이 대학에서 보낸 후 외삼촌의 요청에 의하여 집으로 돌아와 새로 바르미아 교구의 주교가 된 외삼촌을 도왔다. 1년 후 1496년에 외삼촌은 이번에 그를 자신이 교회법 박사학위를 받은 이탈리아의 볼로냐대학에 교회법 박사 공부를 하라고 보냈다.

15세기 말은 이탈리아의 문예부흥 활동이 활발했던 시기였다. 1492년에 콜럼버스가 신세계를 발견하였고 1495년에 다빈치는 '최후의 만찬' 을 그리기 시작하고 1496년에 이미 유명했던 21살의 미켈란젤로는 교황청 조각가로 로마로 초청되어 갔으며 2년 후에 '피에타' 를 조각하고 교황청은 성 베드로 대성전을 지을 준비를 하고 있었다. 천문학 역시 부흥기를 맞아 고전적인 아리스토텔레스와 프톨레마이오스의 사상을 재평가하게 되었다. 유명한 천문학자 레기오몬타누스가 1496년에 프톨레마이오스의 달 궤도 설명이 틀렸다고 하였고 볼로냐대학의 노바라 천문학교수는 그 몇 년 전에 프톨레마이오스의 지구 정지 이론은 틀렸으며 지구는 자전한다고 하였다. 이러한 분위기에 잠겨 있었던 이탈리아에서 코페르니쿠스는 볼로냐대학을 다니기 시작하였고 몇 달 후에 노바라교수의 집에 셋방을 얻었으며 그 교수와 천문학 토론도 하고 함께 천체 관측도 하였다.

그가 볼로냐에 있는 동안에 그의 외삼촌은 그가 프라우엔브루크 교회의 참사회 위원의 한 사람으로 선출되도록 도와 주어 1497년에 그는 참사회 위원 임명을 받았다. 참사회란 어느 지정된 교구에 소속된 보통 약 16명으로 구성된 성직자의 그룹을 말하며 여기의 회원들은 투표에 의하여 선출되며 그들의 사명은 교구의 행정 업무를 수행하는 것으로 평생 독신직이다.

볼로냐대학에서 4년 동안의 공부를 마친 후 학위 시험을 치지 않고 참사회 위원의 의무상 프라우엔브루크에 돌아가야 했다. 돌아가는 도중에 로마에 들러 여행자로서 구경도 하고 또한 학생들이나 귀빈들에게 수학 강의도 하면서 몇 달을 보낸 후 1501년에 프라우엔브루크에 도착하였다. 돌아와서 그는 다시 교구로부터 이탈리아에서 의학 공부를 하도록 허락을 요청하였으며 교구는 그에게 2년의 의학 공부 기간을 허락하였다. 그는 당시에 유럽에서 의학으로 가장 유명했던 파두아대학에 등록하고 의학 공부를 하였다. 2년 후에 프라우엔브루크에 돌아가야 했을 때 그는 7년 동안 이탈리아에서 공부하고 아무 학위 없이 프라우엔브루크에 돌아가면 참사회 위원들을 만날 면목이 없을 것이라고 생각하여 아무 학위나 받아야겠다고 생각하였다. 하지만 의사학위는 3년 동안의 교육이 필요하기 때문에 희망할 수 없었으므로 이미 지식이 풍부한 교회법으로 박사학위를 받을 작정을 하였다. 그런데 볼로냐대학이나 파두아대학의 박사 시험 비용 (시험관과 학위 축하 파티)이 거의 1년 수업료에 가깝기 때문에 이 비용이 훨씬 저렴한 페라라대학 (친구가 없어 학위 축하 파티 필요없음) 에 가서 시험을 치루고 그곳에서 1503년에 교회법 박사학위를 받았다. 이 박사학위를 받음으로써 12년에 걸친 그의 대학 교육은 드디어 끝이 났고 그는 30살에 폴란드로 돌아왔으며 이때부터 그는 평생 폴란드 북부 지역을 떠나지 않았다.

그의 처음 직책은 바르민스키의 주교인 그의 외삼촌의 개인 비서로 일하는 것이었다. 일을 하는 동안에 그는 천체를 관측할 기회가 많이 있었다. 이때에 그는 점차로 태양이 우주의 중심에 있다는 신념을 굳게 가지게 되었으며 1508~1510년 무렵에 이것에 대한 그의 연구가 절정에 도달하였다.(6) 7년 동안의 외삼춘의 보살핌을 마친 이때에 그는 성직자로서의 진급을 추구하라는 외삼춘의 권고를 물리치고 1510년에 그의 곁을 떠나 천문학을 연구할 시간이 좀 더 많을 것이라고 생각한 프라우엔브루크 성당으로 옮겨 왔다. 여기서 그는 참사회 위원의 한 사람으로 다른 위원들과 함께 일하였다. 참사회 위원들은 각각 성당 주변에 자신의 집을 가지고 살았으며 코페르니쿠스 역시 교구의 성 밖에 자기 집이 있었다. 1513년에 그는 자기 돈으로 800개의 벽돌과 석회를 교구로부터 사서 이 집 근처에 전망대를 짓고 주로 여기에서 천체 관측을 하였다.(7) 안개가 자주 끼는 지역이었지만 그는 별 다른 도리가 없었다.

그는 선천적으로 재다하였을 뿐만 아니라 또한 다양한 대학 교육도 받아 여러 가지 직책을 맡은 바쁜 위원이었다. 언어에도 소질이 있어 폴란드어, 독일어, 라틴어, 희랍어, 이탈리아어와 히브리어에 익숙했고 희랍 서한문집을 라틴어로 변역하여 출판하기도 하였다. 그의 임무는 교구 행정, 의사, 전쟁 평화 협상, 화폐 이론 논문 발표, 그리고 교황청의 달력 개조 위원회 회원 임무 등이었다. 그는 화술에도 뛰어나 자기의 초상화(현재 그것의 모사가 스트라스부르그성당에 걸려 있음[8])를 그리기도 하였다.

이러한 업무를 수행하면서도 그는 계속 틈을 내어 열심히 천체를 관측하였다. 1514년에 그는 지난 10여 년의 조사 결과를 바탕으로 하여 「천체의 움직임에 대한 가설(假說)의 설명」[9] 이라는 조그마한 책자를 쓰고 이것을 그의 옛날 크라쿠프대학의 교수를 포함한 가까운 전문가 친구들 몇 명에게 보냈다. 여기서 그는 7가지의 '가설' 을 제안하고 "차후에 더 큰 책에서 이 가설들을 수학적으로 증명하겠다" 고 하였다. 이 가설들은 다음과 같다.

1. 모든 천체물의 공통 중심이 없다.
2. 지구가 우주의 중심이 아니고 단지 달 공전의 중심이다.
3. 모든 행성의 원형 궤도는 태양을 중심으로 하며 따라서 태양이 우주의 중심에 있다.
4. 고정된 별들은 지구와 태양의 거리에 비교하여 상대가 되지 않을 정도의 먼 거리에 있다.
5. 별이 움직여 보이는 이유는 지구 자전 때문이며 지구는 24시간에 한 번씩 자전한다.
6. 태양이 움직여 보이는 이유는 지구가 태양을 공전하기 때문이다.
7. 행성들이 가끔 뒤로 물러나는 것으로 보이는 이유는 그것들이 실제로 물러나서가 아니고 지구의 운동 때문이다.

그는 여기서 또한 모든 행성들의 공전 주기는 각각 수성은 88일, 금성 225일, 지구 365일, 화성 687일, 목성 12년, 토성 30년이라고 하였다.

4번을 제외하고는 모두가 1800년 동안 믿어온 아리스토텔레스와 프톨레마이오스의 개념에 전면 도전한 것이며 그는 그의 여생 30년을 이 '가설' 을 증명하는 데에 바쳤다.

놀라운 사실은 그는 그 당시에 천체 연구가 활발했었던 대 도시에서 몇 천 리 떨어진 시골 성당에서 본직은 학자도 아닌 참사회 위원으로 본

직책에서 틈이 있을 때에만 외로이 천체 연구를 하고서도 이와 같은 혁명적인 결과를 얻었다는 사실이다. 그가 천체 연구에 사용했던 기구는 상한의(象限儀), 철각(凸角)자, 천측구(天測具) 등으로 모두가 고대 희랍시대 때부터 사용했던 것으로 그 당시의 최신식 기구는 하나도 없었다. 게다가 이것이 망원경이 발명되기 100년 전인 것이다.

그는 스스로 얻은 관측 자료와 기존하던 관측 자료를 자세히 분석하여 그 결과를 원고지에 기록하였다. 이 원고를 1515년에 쓰기 시작하여 17년 후에 그 원고의 대부분을 끝냈으나 그것을 출판하지는 않았다. 교회층의 불평을 우려하기 보다는 지식인들로부터의 조롱과 비난을 더 우려하였다. 그 이유는 그는 크라쿠프대학과 이탈리아의 여러 대학에 당시에 유명한 천문가들이 많이 있다는 것을 알았고 그들에 비하여 교수도 아니고 직업 천문가도 아니었으며 그의 국가 마저 그 당시 문명의 선진국이 아닌 폴란드였기 때문에 다른 전문가들이 그의 결론에 공평한 판결을 내리지 않을 것이라고 생각했기 때문이었다. 따라서 그는 새로운 관측 결과를 계속 그 원고에 추가하면서도 원고의 출판 요청에는 응하지 않았다. 그러나 그의 명성은 점점 퍼지고 있었다.

1536년에 이탈리아 카푸아의 니콜라스 쇤베르크대주교가 코페르니쿠스에게 "저는 귀하가 태양이 우주의 중심에 있고 지구는 그것을 공전한다는 것을 발견했다는 이야기를 들었습니다. 귀하가 편하신대로 그 발견 자료를 저와 다른 전문가들에게 보내주시기를 간청하며 거기에 필요한 비용은 제가 담당하겠습니다.(10)" 라는 편지를 썼다. 그는 이 편지를 무시하고 계속 출판을 꺼렸다. 그와 가장 가까웠던 참사회 위원 친구 티데만 기스가 그에게 몇 년 동안 출판을 권유하였으나 그것 역시 효과가 없었다. 그가 출판사들이 있는 대도시에서 멀리 떨어져 살았다는 것도 하나의 이유였다. 3년이 또 지나갔다.

1539년에 독일 비텐베르크대학의 수학자이자 천문학자인 25살의 레티쿠스교수가 코페르니쿠스로부터 천문학을 배울 목적으로 그를 방문하고 2년을 그와 지냈다. 그는 코페르니쿠스에게서 천문학을 배우면서 계속 그에게 원고의 출판을 권고하였고 또한 주교가 된 기스도 계속 권고하여 1541년에 코페르니쿠스는 드디어 그의 원고 출판을 허락하였다. 「천구(天球)의 공전(公轉)」이라는 제목의 이 책은 그가 세상을 떠나는 해인 1543년에 출판되었으며 본인은 임종 날에 출판된 책을 처음 만져보았다고 한다.

그의 나이 70살이었다. 이 책에서 그는 30년에 걸쳐 얻은 27가지의 새로운 관측 자료와 또한 기존하던 관측 자료 모두 함께 분석하여 그 결과를 발표하였다.

400페이지가 되는 이 책은 6권으로 되어 있으며 제 1권에서 천체물의 순서를 설명하였다. 즉 태양을 중심에 두고 그 다음에 차례로 수성, 금성, 지구, 화성, 목성, 토성, 그리고 제일 외각에 움직이지 않는 별의 구체가 있다고 하였다. 모든 행성들은 태양을 중심으로 하여 원형으로 돌고 있다고 하고 또한 태양에서부터 각 행성까지의 거리를 발표하였다(현대의 관측 결과와 큰 차이 없음). 또한 그는 지구가 자전, 공전, 그리고 세차(歲差) 운동을 한다는 것을 설명하였다. 그리고 30페이지에 걸쳐 여러 가지 기하 정리(定理)를 설명하고 이 정리들이 자기 이론의 증명에 쓰인다고 하였다.

제2권은 주로 수학 이론책으로 기하 이론을 더 자세히 설명하고 제3권에서 태양의 운동, 제4권에서 달의 운동, 그리고 제 5권과 6권에서 천체물의 위치를 계산하는 방법을 설명하였다. 그는 100페이지의 도표와 20,000개가 넘는 계산 수치를 이용하여 그가 30년 전에 발표한 「천체의 움직임에 대한 가설의 설명」에서 주장했던 이론들을 하나씩 자세히 증명하였다. 육안으로 보고 각도기나 자 등의 고대 기구를 사용하여 측정하고 계산기 없이 손으로 계산해 낸 이 결과가 현대의 측정 결과와 별 차이가 없다는 사실은 매우 놀라운 일이다.

이 책은 수학적으로 매우 어려운 책이었다. 그는 그 책의 서두에서 "유식하고 재능이 있는 수학자가 열심히 노력하여 이 책을 읽으면 나에게 동의할 것을 확신하며 …… 수학에 무식한 사람이 나를 공격하는 것은 전혀 걱정하지 않는다"고 하였다.(11) 코페르니쿠스의 이론이 옳다고 주장하여 갈릴레오가 벌을 받았으나 그 이론이 적혀 있는 코페르니쿠스의 책 자체는 출판 후 초기 60년 동안 교회의 비난을 받지 않았다. 이것의 정확한 이유는 알 수 없지만 보통 2가지 이유를 든다. 그 하나는 그 책을 초기에 읽은 사람이 많지 않았고 또 다른 하나는 그 책의 소개말 내용 때문이라고 한다.

먼저 소개말에 대해서 이야기하겠다. 코페르니쿠스는 레티쿠스에게 그의 원고의 출판 책임을 맡겼으나 레티쿠스가 그의 직장 이전 관계로 책임을 완수하지 못하고 그것을 그의 친구 오시안더에게로 넘겼다. 이 책의 소개말은 두 부분으로 구성되어 있으며 첫 부분의 제목은 "이 책의 가정에 대하여 독자에게 알림"이라고 되어 있다. 여기서 필자는 이 책은 하나의 가설을 설명하며 이 가설을 이용하면 천체 관측의 결과를 종전보다 훨씬 쉽게 이해할 수 있고 또한 관측 결과의 예측도 더 정확하게 할 수 있으며 따라서 이 가설이 꼭 진실일 필요가 없다고 말하였다. 이 소개말 때문에 이 책이 크게 논쟁의 대상이 되지 않았다고 한다.

이 첫 부분은 원고가 이미 코페르니쿠스의 손을 떠난 후에 쓰여진 것으로 보아 그가 쓰지 않았음에는 의심의 여지가 없다. 하지만 이것이 코페르니쿠스의 의도였는지 아니었는지에 대하여 논의가 있을 수 있다. 이것이 코페르니쿠스의 의도가 아니라는 것은 그의 오랜 동안의 친구인 기스 주교가 가장 잘 알았으며 그는 그 소개말을 읽고 분노에 차서 출판사가 소재한 도시의 시의회에 그 출판사에게 책의 수정 명령을 내리도록 요청하였으며 또한 레티쿠스에게 소개말의 첫 부분을 삭제하고 그 대신에 코페르니쿠스의 전기와 함께 지구가 태양을 공전한다는 것이 성경에 어긋나지 않는다는 것을 설명하는 글을 넣으라고 부탁하였다.(12) 기스주교의 반응에서뿐만 아니라 코페르니쿠스 자신의 편지를 통해서도 우리는 그의 의도를 알 수 있다. 출판 2년 전에 오시안더가 코페르니쿠스에게 그의 이론을 가설이라고 발표함으로 논쟁이 없도록 하라고 권고했을 때 그것을 거절했던 편지가 있다.(13) 이러한 점을 고려하면 오시안더가 쓴 이 첫 부분의 내용이 코페르니쿠스의 의도가 아니었다는 것이 확실하며 결국 이 사실은 1609년에 정식으로 공개 발표되었다.

코페르니쿠스의 진심을 우리는 또한 소개말의 두 번째 부분에서 알아볼 수 있다. 이것은 그 자신이 쓴 것으로 교황 폴 3세에게 보내는 편지이며 여기에서 그는 이 책의 출판 동기를 설명하면서 "본인의 관측 결과를 수학적 원칙을 응용하면 지구가 움직인다는 결론을 피할 길이 없습니다.(14)"라고 말하였다.

이 책을 읽은 사람이 초기에 많지 않았던* 이유는 그 내용이 어려웠다는 점과 또한 그것이 너무 혁명적인 이론이었다는 점이다. 저자 자신이 어렵다고 하였 듯이 천체 관측 자료를 수학적으로 분석한 것을 이해하기가

* 1959년에 케스틀러가 인기 있었던 자신의 「몽유병자들」속에서 코페르니쿠스의 책 「친구의 공전」을 "아무도 읽지 않은 책"이라고 하여 하버드대학의 깅거리치 교수는 이 말의 진가(眞假)를 알고자 30년에 걸쳐 세계 여러 나라를 방문하여 현재 남아 있는 제 1판(1543년)과 제 2판(1566년)의 약 600 권을 직접 검열하여 그 당시 대부분의 천문 전문가들이 이 책을 소유하였었고 또한 이것들이 여러 사람들의 손을 거쳤으며 많은 사람들이 그 책의 가장자리에 주석까지 달았다는 것을 확인하여 결국 이 책을 많은 사람들이 읽었다는 것을 보여 주었다(참고문헌 8 번 참조). 하지만 읽은 사람 중에 얼마나 이것을 완전히 이해하고 지구의 공전을 믿었는 지는 의문이다.

쉽지 않다. 또한 사람들은 이 이론이 전통적인 상식(아리스토텔레스의 사상뿐만 아니라 그 당시의 물리학 이론)과 어긋났기 때문에 이것을 간단히 무시하였다. 이론적인 어려움에 대해서는 다음 장에서 좀 더 자세히 설명하겠다.

이 책이 교회로부터 정식으로 비난을 받게 된 동기는 갈릴레오가 코페르니쿠스의 이론이 옳다고 주장하고 이것을 널리 알린 것이다. 1616년 2월에 교황청은 갈릴레오에게 코페르니쿠스의 이론이 가설이라고 말해야 한다는 명을 내리고 그 1달 후에 이 책을 교회의 "금지서 목록"에 올려 놓고 책의 몇 구절이 수정될 때까지 책이 금지된다고 하였다. 1758년에 교황 베네딕트 14세는 수정되지 않은 원본을 "금지서 목록"에서 제외시켰다.

그림 4 갈릴레오 갈릴레이

1.3 갈릴레오 갈릴레이

현대 물리학의 아버지 또는 현대과학의 아버지라고 불리우는 갈릴레오는 물리학자, 수학자, 천문학자 그리고 철학자로서 현대과학의 문을 열어준 사람이다. 그는 그 당시까지 아리스토텔레스를 좇아 추상적으로만 실시해 오던 과학 연구를 처음으로 체계적인 실험을 통하여 실시하였고 또한 이 실험 결과를 수학적으로 설명하였는데 이것이 바로 현대 과학의 방법이다

그는 물체의 가속 운동을 처음으로 체계적으로 연구하여 물체의 떨어지는 속도는 물체의 무게와 관계가 없다고 말했고 망원경을 개발하고 상대성(갈릴레오의 상대성) 이론을 발견하고 또한 목성의 4개의 달을 발견하였다. 하지만 그가 인류 사상의 진보에 가장 크게 이바지한 점은 코페르니쿠스의 태양 중심 이론이 옳다고 주장한 것이다. 이로 인하여 그는 교회로부터 종신 징역 형을 받고 여생을 자택 감금 상태로 보냈다.

갈릴레오 갈릴레이(1564~1642)는 이탈리아의 피사 근교에서 6남매의 맏아들로 태어났다.(15) 그의 아버지 빈센조 갈릴레이는 재능 있는 류트 연주가이자 음악선생이었고 음악 이론을 연구하기도 했다. 갈릴레오의 이름에 관하여 하나 알아야 될 사실은 이 이름은 세례명이며 그의 성은 갈릴레이이다. 우리가 이 사람을 갈릴레오라고 부르는 것은 마치 코페르니쿠스를 니콜라스라고 부르는 것과 같지만 이것이 전통이다.

10살 때부터 그는 수도원 학교에 다니기 시작하여 그 당시에 수도사가 될 생각을 했었으나 그의 아버지는 그가 의사가 되기를 원하여 그를 다른 수도원으로 옮긴 뒤 17살 때 피사대학에 의학 공부를 시킬 작정으로 등록을 시켰다. 그곳에서 그는 수학에 훨씬 더 흥미를 느껴 의학 공부를 소홀히 하고 수학과 물리 공부에 열중하였다. 3년 후에 아버지로부터의 학비 조달이 끊어져 학업을 중단하였다. 하지만 그는 계속 자습하여 수학과 물리 논문을 발표하여 학계의 인정을 받았고 25살이 되던 1589년에 피사대학의 수학 교수가 되었다.

여기서 그는 '피사의 사탑' 에서 물체를 떨어뜨려 그것들이 무게에 관계없이 모두가 같은 속도로 떨어지는 것을 보여 주는 실험을 하였다(이 실험이 실제로 실시되었는지 아닌지는 전문가들 사이에서 하나의 토론 대상이 되지만 그가 이러한 실험을 구상했던 것은 사실이다[16]). 따라서 그는 철공이나 새의 깃은 공기의 저항이 없으면 같은 속도로 떨어진다고 말하였다 (이 예측은 50년 후에 진공 펌프가 발명된 후 진공 속에서 실험을 실시하여 확인되었다[17]).

1592 년에 그는「운동」이라는 제목의 책자(출판되지 않았음) 속에서 물체의 낙하 현상을 논하였다. 그 후 그는 파두아대학으로 옮겨 이곳에서 1610년까지 교수로 있으면서 순수과학(유체역학, 상대성, 운동역학)과 응용 과학(물체의 강도, 망원경 개발 등)에 많은 업적을 쌓아 학계의 명성이 높게 되었다. 이곳에 있는 동안에 그는 베니스에서 배의 돛대 꼭대기에서 공을 떨어뜨리는 실험을 하여 그것이 떨어지는 장소가 배가 정지해 있거나 또는 움직이거나 같은 장소라는 것을 시위하여 소위 말하는 갈릴레오의 상대성 이론을 증명하였다[18](이 이론의 자세한 설명은 1.6.2장에서 아인슈타인의 상대성 이론을 설명할 때 하겠다).

그는 망원경을 발명한 사람이 아니다. 그 공적은 네덜란드의 리페르혜이에게 있다. 하지만 이 발명 소식을 듣고 1608년에 그 자신이 망원경을 만들어 천체를 관측하여 그는 최초로 망원경을 통하여 천체를 관측한 사람일뿐만 아니라 또한 처음으로 이것을 통하여 천체를 광범위하게 연구한 사람으로 그를 관측 천문학의 아버지라고도 부르는 것이다.

1610년에 자신이 만든 망원경을 통하여 그가 직접 목성 주위를 돌고 있는 4개의 달을 관찰하고 또한 지구 달의 표면에 산과 계곡이 존재함을 관찰하였다. 그는 곧 「별의 사자(使者)」라는 책자를 출판하고 그 속에서 자신의 이 2가지 발견을 발표한 다음 이 증거에 의하여 아리스토텔레스의 사상(모든 천체물은 지구를 중심으로 공전하며 지구를 제외한 모든 천체물은 표면이 완전 평탄하다)이 틀렸다고 하였다. 아리스토텔레스의 우주관의 결점을 몇 개 발견한 그는 그때부터 그의 우주관 전체가 틀렸고 코페르니쿠스의 태양 중심 우주론이 옳다고 믿게 되었다(1592년에 쓴 「운동」에서는 그는 지구 중심 우주론을 믿었다[19]).

또한 그 해에 그는 금성의 위상(位相)을 관찰하였다. 우리가 달을 보면 그 모양이 초승달 시기, 반달 시기, 그리고 보름달 시기에 각각 다르게 보이는데 이 달의 변하는 모양을 달의 위상이라고 한다. 보름달이 아닌 달을 보면 우리는 이것이 하나의 완전한 원반의 일부라는 것을 알게 되며 이 완전한 원반을 달 위상의 바탕 원반이라고 말할 수 있다. 달의 바탕 원반의 크기는 초승달 시기나 반달 시기 및 보름달 시기나 언제나 같으며 그 이유는 달의 거리가 지구로부터 항상 같기 때문이다.

금성에도 위상이 있는데 금성의 위상은 그 바탕 원반의 크기가 때에 따라 차이가 있다. 그 이유는 금성은 태양 주위를 공전하기 때문에 그것의 거리가 지구에서 가까울 때도 있고(큰 원반) 멀 때도(작은 원반)있기 때문이다. 만일 금성이 지구를 돈다면 그것의 거리가 지구로부터 일정하여 그 바탕 원반의 크기가 언제나 일정할 것이다. 금성 위상의 바탕 원반의 크기가 제일 클 때와 작을 때의 비율이 40 대 1이 된다고 측정한[20] (현대의 결과는 47대1) 후에 갈릴레오는 더욱 더 코페르니쿠스의 이론이 옳다고 믿었다.[21] 이 해에 그는 투스카니지역 대공(大公)의 전속 철학자 겸 피사대학의 종신 책임 수학자로 임명되었다.

이제 그가 태양 중심 우주론을 주장한다는 것이 널리 알려지게 되었으며 그것을 강력히 반대하는 사람들이 차츰 생긴다는 것을 그는 이미 1611년에 알고 교회 지도자들부터 설득해야겠다고 생각하고 이 해 3월에 로마로 갔다. 거기에서 그는 교황청에 있는 추기경 및 예수회의 많은 신부들과 코페르니쿠스의 이론을 토론하였으며 그 토론은 대체로 순탄하게 진행되었다.

1613년에 쓴 '태양 흑점에 관한 서한' 에서 그는 또 다시 아리스토텔레스가 틀렸다고 하였다. 이번의 이유는 아리스토텔레스에 의하면 태양은 완전 무결한 구체이어야 하는데 흑점(3.1.1 참조)이 있다는 사실은 완전

무결이 아니라는 뜻이기 때문이다. 또한 이 '서한'에서 그는 예수회 신부 샤이너를 심하게 공격하였다. 이 두 사람은 서로 누가 태양의 흑점을 먼저 발견하였나로 몇 년을 다투었다. 사실은 파브리치우스라고 하는 사람이 이 두 사람들보다 먼저 그것을 발견하였기 때문에 다툼은 무의미한 것이었지만 결국 이 '서한'이 그와 몇명의 예수회 신부들 사이를 나쁘게 하는 커다란 동기가 되었다.

갈릴레오 반대파의 소리가 점점 높아지기 시작하여 1614년에는 플로렌스교회에서 카치니라고하는 신부가 교회 설교에서 갈릴레오와 그의 추종자들은 모두가 이단자나 다름없다고 공격하였다.(22) 이런 분위기를 보고 충실한 교인인 그는 자신을 해명하기 위하여 1616 년에 다시 교황청으로 갔다. 교황청에서는 갈릴레오의 행위를 위주로 하여 코페르니쿠스의 이론이 이단인지 아닌지를 결정하려고 종교 재판을 열었다. 이 종교 재판의 판결은 태양 중심 우주론은 확실히 증명된 것이 아니고 또한 성경에 어긋나기 때문에 그는 그것을 믿거나 보호하거나 가르쳐서는 안되며 또한 이를 위반하면 감금될 것이라고 경고하였고 그는 이것에 동의하였다.(23)

1623년에 그는 「시금자(試金者)」라는 책자를 발표하였다. 이 책의 내용은 두 부분으로 나누어 볼 수 있는데 각각이 별도로 깊은 학술적 가치가 있다. 첫 부분에서 그는 과학이 철학이나 종교와 다른 종류의 학문이라는 점을 강조하고 물리학에서는 아리스토텔레스가 말한 질적인 표현을 구체적인 표현으로 옮겨야 한다고 하였다. 예를 들면 '불이 뜨겁다'고 할 것이 아니라 '불은 열을 방출한다'라고 하는 식의 표현을 물리학에서 사용해야 한다고 말하였다. 또한 여기서 그는 "우주는 수학적 언어로 적혀 있으며 이것의 글자는 삼각형이나 원 등이다."라는 유명한 말을 하였다.(24)

두 번째 부분에서 그는 혜성(彗星)이 무엇인지를 설명하였다. 그러나 그는 혜성을 설명하기보다는 많은 정력을 교황청 대학의 예수회 신부 그라시의 혜성 이론 공격에 바쳤다. 갈릴레오는 이 책에서 그 신부뿐만 아니라 그 대학의 여러 교수들을 비난하고 풍자하면서 자기의 혜성 이론이 옳다고 하였다. 이렇게 하여 그는 초기에 그를 지지하였던 신부들과도 사이가 좋지 않게 되었으며 이것이 두 번째 종교 재판의 씨앗이 되었다고 하는 사람들도 있다. 하지만 그 증거는 미약하다. 혜성 이론은 결국 그라시의 말이 진실에 가까웠다(그는 그것이 천체물이라고 하고 갈릴레오는 아니라고 하였다).

이해에 그의 친구이며 과학의 지지자인 발베리니추기경이 교황 울반8세로 취임되자 그는 태양 중심설에 관한 책을 쓸 용기를 얻게 되었고 이것을 쓰기 시작한 지 9 년 후인 1632년에 출판되었다. 이 책이 그에게 결정적인 신변의 변화를 가져다 주었다.

이 책의 제목은 「두 가지 우주관에 관한 대화」였으며 책의 형식은 그 당시에 유행했던 대화 형식이었다. 한 편이 자기의 우주관을 설명하면 상대방이 그것을 논리적으로 비평한 후에 그것에 대립되는 자신의 우주관을 제시하는 형식이다. 물론 여기서 지구 중심론을 주장하는 사람의 논리는 비논리적으로 기술되며 태양 중심론을 주장하는 사람의 이론은 논리적으로 설명된다. 한걸음 더 나아가 지구 중심론을 주장하는 사람은 어리석은 사람으로 기술되었으며 그리고 이 어리석은 사람이 바로 교황 울반 8세를 묘사한 것이라고 믿는 전문가들이 많다. 이제 그는 1616년의 종교 재판의 약속을 어긴 혐의로 다시 종교 재판을 받게 되었다.

여기서 당시의 태양 중심론의 상태를 간단히 알아보겠다. 코페르니쿠스는 지구가 태양을 공전한다는 것을 진리로 믿고 있었으나 이것을 직접 증명할 증거가 없었다. 즉 그의 이론을 관측 결과에 적용하면 그 결과가 쉽게 설명되었으나 그는 지구가 실제로 태양 주위를 돈다는 것을 증명할 수 없었다. 갈릴레오 역시 코페르니쿠스의 이론이 옳다고 증명할 수는 없었으나 아리스토텔레스가 틀렸다는 것은 증명할 수 있었다. 아리스토텔레스의 우주관의 몇 가지 요소가 틀렸으니 그 우주관 전체가 틀리고 그리고 한걸음 더 나아가 코페르니쿠스의 이론이 옳다고 말한 것은 하나의 이론적인 도약이다. 하지만 위대한 과학 이론에는 이러한 도약이 거의 필수 조건이라고 말할 수 있겠다.

그 당시 많은 지식인들이 이 이론을 받아들이는 데에 어려움을 느꼈던 이유가 몇 가지 있다. 우선 과학적인 면에서 2가지 큰 문제점이 있었다.[(25)] 그 첫 번째 문제는 시차(視差)였다. 시차가 무엇인지 예를 들어 설명하면 우리가 북쪽에 있는 어느 산을 본 후 그 장소에서 서쪽으로 얼마의 거리를 간 후 그 산을 다시 보면 그 산은 우리의 북쪽에 있지 않고 동북쪽에 있게 된다. 이것이 시차이다.

이와 마찬가지 이유로 지구가 태양 주위를 돈다면 북쪽 하늘에 있는 별은 6개월 후에(이 사이에 지구는 태양 궤도의 한쪽 끝에서 다른 쪽 끝까지 가게 되며 이 두 장소의 거리가 1.5억km임) 서북쪽에 있어야 하는데 실제로는 여전히 북쪽에 있다. 이것이 제일 큰 문제였다. 코페르니쿠스 자신이 이 점을 고민하여 별들은 틀림없이 엄청나게 먼 곳에 있다고 하였으나 그 당시 사람들은 별이 그렇게 먼 곳에 있다고 믿지 않았기 때문에 시차가 지구 공전을 설명하는 데에 심각한 문제가 되었다. 별의 실제 거리는 19세기에 들어 처음으로 알게 되었다.

두 번째 문제는 지구의 자전에 있었다. 만일 지구가 서쪽에서 동쪽으로 계속 자전하고 있다면 우리가 어느 지점에서 물체를 떨어뜨릴 경우 그 당시의 사고 방식에 의하면 그 물체는 그 수직되는 곳에 떨어지지 않고 그 곳의 약간 서쪽이 되는 곳에 떨어져야 했다. 왜냐하면 그 물체가 떨어지는 동안에 지구는 동쪽으로 회전하였기 때문이다. 하지만 실제로 그 물체는 수직되는 곳에 떨어짐으로써 이것이 문제가 되었다.

이와 같은 과학적인 이유 외에도 전통적이고 종교적인 이유에서도 이 이론을 믿지 않은 사람들이 많이 있었다. 이러한 사람들의 예로는 마틴 루터(26), 존 캘빈, 철학자 프란시스 베이컨 , 젊었을 때의 갈릴레오, 그리고 그 당시에 가장 유명했던 천문학자 티코 브라헤(우리는 1.4장에서 케플러를 다룰 때 이 사람을 잠깐 만나게 됨) 등이 있었다.

지구가 태양을 공전한다는 것을 인류가 완전히 인정하게 된 것은 그 50년 후에 뉴턴이 그의 만유인력의 법칙으로 케플러의 법칙을 설명함으로써 가능해졌고 지구의 자전은 19세기에 들어 푸코의 추(錘)가 확실히 증명해 주었다.

이 당시 가톨릭 교회의 공식 입장은 태양 중심설은 하나의 가설이며 이것은 성경의 구절(11)에 어긋나고 따라서 이것을 가설로 가르치는 것은 허용하였지만 진리라고 하는 것은 금지하였다. 갈릴레오 자신은 이것이 성경 구절에 어긋나지 않는다고 굳게 믿었다.(27) 교회 간부 중에 과학에 대하여 개방적인 입장을 가진 사람들도 있었으나 그들의 영향력은 미약하였다. 예를 들면 벨라르민추기경은 "만일 진실로 지구가 태양을 공전한다는 것이 증명된다면 우리는 지금까지 성경의 구절을 오해해 왔다고 말하여야 된다"라고 갈릴레오를 지지하는 어느 신부에게 편지를 썼다.(28)

1633년에 그는 1616년과는 달리 공개적인 종교 재판을 받게 되었고 여기서 그는 자신이 지난 재판의 약속을 어기고 태양 중심설을 진리라고 주장한 잘못이 있다고 무릎을 꿇고 고백하였다. 그가 일어나면서 "하지만 그것은 공전한다"라고 말했다고 한다. 이것이 과연 사실인지 전설인지에는 이견이 있다.(29) 재판의 판결로 종신 징역 형이 내려졌으나 그것이 곧 주택 감금으로 감소되고 그는 자기 집 또는 친구의 집에서 감금 생활을 하면서 여생을 보냈다.

1638년에 「두 가지 과학에 관한 대화」라는 대작의 과학 논문집을 출판하였다. 이 책에서 그는 무게와 무관한 물체의 낙하 속도, 가속도의 일정성, 진자(振子)의 주기, 관성의 법칙등을 설명하였다. 그는 이 법칙들을 정확한 수학적 표현을 사용하여 설명하였고 예를 들면 움직인 거리는 그 걸린 시간의 제곱에 비례한다고 하였다. 전문가들은 이 책이 뉴턴이 그의 역학 법칙을 개발하는 데에 커다란 자극을 주었다고 말한다.

그는 평생 결혼하지 않았으나 파두아대학에 있을 당시에 마리나 감바라는 여자와 인연을 가졌고 그들 사이에서 3아이를 낳았다. 딸 둘은 사생아라는 신분으로 결혼을 할 수 없는 처지였으며 수녀들이 되었고 아들은 후에 정당화되어 결혼을 하였다. 큰 딸 마리아수녀와 아버지의 사이는 특별히 가까웠고 그 서로의 지극한 아껴줌에 대해서는 많은 기록이 남아 있으며 그 딸이 갑자기 33살에 세상을 떠났을 때 그는 매일 써 왔던 위의 '과학'책에서 몇 달 동안 완전히 손을 떼었다.(30)

1642년에 장님의 몸으로 죽어가는 그에게 교황 울반8세는 임종 전 특별 기도를 보내 주었고 또한 플로렌스교회 내의 성지 매장을 허락하였다.(31) 1939년에 교황 비오 12세는 갈릴레오는 죽음도 두려워하지 않았던 영웅적인 학자라고 말했고 1990년에 라칭거추기경(현 교황 베네딕트 16세)은 "갈릴레오의 종교 재판 판결이 윤리와 사회적 입장에서 이성적인 결론이었다고 말하는 현대 철학자도 있지만 이러한 입장에서 그 판결을 정당화시키는 것은 우매한 일이다"라고 말하였다.(32) 1992년에 교황 존폴 2세는 "갈릴레오 사건에 대한 가톨릭교회의 공식 입장은 갈릴레오가 옳았고 가톨릭 교회가 틀렸다"라고 말하였다.(33)

1.4 요하네스 케플러

그림 5 요하네스 케플러

태양을 공전하는 행성들의 정밀한 운동 법칙 3가지를 발견하여 태양 중심 우주론에 확고한 기반을 마련해 준 사람은 독일의 요하네스 케플러이다. 그리고 뉴턴은 나무에서 떨어지는 사과를 보고서가 아니라 케플러의 3번째 법칙을 보고 만유인력의 법칙을 발견하였다. 그는 또한 물리 역학을 천체 연구에 처음으로 적용한 사람으로 천체 역학의 창시자로 알려져있다.[34]

독실한 기독교 신자인 그는 코페르니쿠스가 말한 행성의 원형 궤도를 창조주의 설계라고 믿고 이 원형을 확증하는 것이 그의 인생의 천명이라고 생각하였다. 이것에 15년을 바친 결과 그는 그들의 궤도는 원형이 아니고 타원형이라는 것을 발견하였다. 아리스토텔레스와 프톨레마이오스에서부터 코페르니쿠스와 갈릴레오에 이르기까지 모든 천체의 궤도는 원형이라고 믿어온 것을 교정해 준 사람이 케플러이다.

요하네스 케플러 (1571~1630)는 독일의 바일 데어 슈타트에서 태어났다.[35] 할아버지는 마을의 시장까지 지낸 사람이었으나 그의 아버지 때에는 가운이 쇠퇴하여 아버지가 용병에 가담하여 식구를 부양하였다. 그는 케플러가 3살 때부터 용병으로 집을 나가기 시작하여 케플러는 어머니와 함께 외할머니가 운영하는 여인숙에서 어린 시절을 보냈다. 아버지는 몇 번씩 장기간 집을 나갔다가 그가 17살 때 집을 나간 것이 그와의 생이별이 되었다. 그가 6살 때에 어머니와 함께 혜성을 구경하고 9살 때 아버지와 함께 월식을 구경한 것이 그에게 천체에 대한 관심의 씨앗을 심어주었다고 하였다.

케플러는 어렸을 때 가정 환경 때문에 불행하게 느꼈으나 그 어려움을 잊게한 것은 그의 하느님에 대한 신념과 학교 공부였다. 그는 일찍부터 수학에 뛰어나 할머니의 여인숙에 오는 손님들을 수학 솜씨로 놀라게 해 주었으며 곧 우수한 학생으로 인정받아 쉽게 장학금을 받을 수 있었다. 그 당시 정부는 우수한 학생들을 통상적으로 성직자로 인도하였고 그 자신은 그것을 기꺼이 받아들였다. 13살 때부터 아델베르그에 있는 기독교 수도회 학교에 다니기 시작하였고 18살 때는 튀빙겐대학에 신학생으로 입학하여 신학, 수학, 천문학을 공부하였다.

여기서 그는 아리스토텔레스와 코페르니쿠스의 두 우주론을 배웠고 당장에 그는 코페르니쿠스의 이론이 옳다고 믿었다. 이것이 논리적으로도 더 타당하게 생각되었지만 또한 신학적인 의미에서도 더 옳다고 믿었다. 그는 우주 모양은 삼위일체를 표시하여 우주 중심에 정지해 있는 태양은 성부를 나타내며 제일 외각에서 우주를 감싸고 있는 별들은 성자, 그리고 태양에서 방출되는 빛과 열은 성령을 나타낸다고 믿었다.(36) 그는 또한 태양을 중심으로 6개의 행성이 고정된 거리에 떨어져 있는 것을 오묘하게 느끼고 이것에 무슨 의미가 있을까 하고 숙고하였다.

그는 1593년에 튀빙겐대학에서 학사학위를 받고 그 대학에 남아서 성직자 준비 공부를 하였다. 그 이듬해에 오스트리아의 그라츠대학에서 튀빙겐대학으로 수학 교수 1명을 보내달라는 요청을 하였고 이때에 그에게 장학금을 주고 있었던 그 대학이 그를 추천하였다. 그는 마지못해 이것을 받아들였고 따라서 원하였던 성직자 교육을 중단하고 먼 이방의 그라츠대학으로 떠났다. 그의 나이 23살 때였다.

그라츠대학에서 수업을 가르치던 어느날 갑자기 그는 태양에서부터 모든 행성까지의 거리가 오묘한 기하학(幾何學)적 구조에 의하여 배치되어 있다는 생각을 하게 되었다. 그는 이 생각은 하느님이 준 영감이라고 믿고 이것이 자기 같은 '죄인' 에게 주어진 것에 대하여 베드로가 "주님, 저에게서 떠나 주십시오. 저는 죄 많은 사람입니다."라고 한 말을 상기하면서 눈물을 흘렸다고 하였으며 그 날짜(1595.7.19)를 기록해 두었다.(37)

이 기하학적 구조에 의한 거리 모델의 대강을 다음과 같은 예를 통하여 알아보자. 하나의 원을 그리고 그 원 밖에 그것에 접하는 정삼각형을 그린 후 그 삼각형 밖에 그것의 정점을 연결하는 더 큰 원을 그리면 이 두 원의 반경의 비율이 결정된다(이 경우에는 1 대 2). 이와 마찬가지로 행성들의 거리의 비율도 기하학적 구조에 의하여 결정된다는 식의 생각이다. 물론 케플러의 이론은 평면의 정삼각형이 아니고 다면의 입체들을 사용하였고 그 입체와 입체 사이에 접하는 공들의 반경이 행성의 거리에 해당한다는 이론이었다.

1596년에 그는 「우주의 신비」라는 책자를 발표하고 여기서 그는 우주에 있는 6개의 행성(그 당시의 전부)들의 궤도는 모두가 태양을 공통 중심으로 하는 구형이며(즉 6개의 공)이 공들 사이에 5개의 플라톤의 입체*가

* 플라톤의 입체란 다면체의 모든 면의 크기와 모양이 서로 똑같은 입체이다. 정육면체가 그 중의 한 예이다. 자연에는 오직 5가지 (4면체, 6면체, 8면체, 12면체, 20면체)의 입체가 존재하며 따라서 6 개의 공이 이 입체들을 접할 수 있다.

끼어 있다는 가설을 발표하였다. 자연에 오로지 5개의 플라톤의 입체가 존재하며 또한 단지 6개의 행성이 존재한다는 것이 그의 영감의 근원이 되었다고 하였다. 그는 그후 15년을 들여 이 가설을 증명하려고 노력하였다. 이것을 증명하는 데에 자세한 천체 관측 자료가 필요하였으나 근시(近視)인 그는 자신이 천체를 관측할 수 없었으며 따라서 다른 사람의 자료에 의존해야 했다. 그가 이 자료를 얻게 된 과정이 그의 오묘한 행성 거리 이론만큼 오묘하다.

1597년에 젊은 가톨릭 신자 페르니난드가 그 지역의 대공작이 되자 그는 신교 신자가 그 지역 내의 학교에서 가르치는 것을 금지하였고 1599년에는 그들이 가톨릭으로 개종하거나 아니면 그 지역을 떠나라는 명을 내렸다. 따라서 케플러는 프라하의 황제 수학자로 있었던 티코 브라헤에게 직장을 부탁하였다.

티코 브라헤는 그 당시에 명성 있는 천문가로 자신의 전용 천문대도 가지고 있었고 또한 그에게 30년 동안 얻은 천체 관측 자료가 있다는 사실도 널리 알려져 있었으며 이미 자신의 고유한 우주관까지 발표한 유명한 사람이었다. 그의 우주 이론은 프톨레마이오스와 코페르니쿠스의 중간에 해당하는 이론으로 태양은 지구를 공전하고 다른 행성들은 태양을 공전한다는 이론이다.

케플러는 1601년 초부터 프라하에서 티코 밑에서 일하기 시작하였다. 이 두 사람은 동상이몽(同牀異夢)을 하였다. 즉 티코는 자신의 자료를 분석하여 태양이 지구를 공전한다는 이론을 증명하기를 원했으나 그에게는 수학 실력이 부족하여 수학자인 케플러를 고용하여 그의 분석을 통하여 자신의 이론을 증명하려고 하였고 케플러는 티코의 자료를 분석하여 지구가 태양을 공전할 뿐만 아니라 자기의 기하학적 모델을 증명하려고 하였다.

티코는 자신의 자료를 엄격히 관리하여 그의 이론의 증명에만 필요한 자료를 케플러에게 주었고 케플러는 다른 자료들이 자기에게 필요하였으나 티코가 이것의 접근을 허락하지 않아 그들 사이에 갈등이 생겼다. 이러던 차에 티코가 갑자기 1601년 10월에 질병으로 사망하였다. 이로 인하여 케플러가 티코의 직책 후임자로 황제 수학자가 되었고 또한 그의 관측 자료도 모두 물려 받았다.

이제는 아무 간섭없이 그 자료를 분석할 수 있었다. 그는 티코가 가지고 있었던 화성의 자세한 자료를 수학적으로 분석하여 소위 말하는 케플러의 제 1과 제 2 행성운동 법칙을 발견하고 이것을 1609년에 「새로운 천문학」이라는 책에서 발표하였다. 케플러의 제 1법칙에 의하면 모든 행성은 태양을 하나의 초점으로 하는 타원형의 궤도를 돌고 있으며 제 2법칙에 의하면 태양과 행성을 연결하는 선이 1시간에 쓸어내는 면적(즉 면적속도)은 언제나 일정하다는 법칙이다. 즉 행성이 태양에 가까우면 빨리 움직이고 멀리 떨어져 있으면 천천히 움직여 그 쓸어내는 면적은 언제나 일정하다는 것이다.

1619년에 그는 「세상의 조화」라는 5권 짜리 책을 발표하고 이 책의 제 5권에서 그의 제 3법칙을 설명하였다.(38) 이 법칙은 행성이 태양을 한 바퀴 도는 데에 걸리는 시간(즉 주기)의 제곱은 태양에서 그 행성까지의 평균 거리의 세제곱에 비례한다고 하였다. 즉 예를 들어 행성 (가)의 평균 거리가 행성 (나)의 평균 거리의 2배라면 (가)의 주기 제곱은 (나)의 주기 제곱의 8 배(2 의 세제곱)가 되며 (가)의 주기 자체는 (나)의 주기의 2.8배(8의 제곱근)가 된다는 말이다. 이 법칙이 뉴턴의 만유인력의 법칙 발견에 어떠한 도움을 주었는지는 우리가 뉴턴을 알아 볼 때에 알게 될 것이다. 케플러는 그의 3가지 법칙을 화성의 관측 자료를 통하여 얻었으나 그는 다른 행성들이 화성과 다를 이유가 없다고 생각하여 화성에 관한 결론을 모든 행성에 적용하였다.

이 책에서 그는 그의 연구 결과가 처음에 기대했던 바와 어긋남에 대하여 그는 "이 새로운 발견은 그것대로 완전하며 이것이 내가 생각했던 바와 어긋나지만 그래도 나에게 적지 않은 즐거움을 준다"(39) 라고 하였다. 그는 또한 자기는 "천체 조화의 거룩한 장면을 보고 황홀에 빠졌다…… 나는 이집트인들로부터 금 그릇을 훔쳐서 그것으로 나의 하느님을 위하여 거룩한 신전을 만들었다. 그들이 나를 용서해 주면 다행이고 화를 내면 참겠다. 하지만 일은 결단이 났고 나는 이 책을 쓴다. 독자가 현 세대에 생기거나 후 세대에 생기거나 나에게는 상관이 없다. 첫 독자가 몇 백 년 후에 나타나도 상관없다. 왜냐하면 하느님 자신이 주시자(注視者)를 6천 년 동안 기다려 왔기 때문이다."(40)

케플러의 이 3법칙은 오늘날 대학교 물리학 과목의 한 주제로 되어 있으며 뉴턴의 역학 법칙, 만유인력의 법칙 그리고 미분과 적분을 사용하여 이 법칙들을 유도해 내고 있다. 하지만 케플러가 400년 전에 물리학이 제대로 발달되기 전에 육안으로 보고 얻은 천체 자료를 이렇게 정밀한 수식에 맞추어 놓았다는 것은 정말로 놀라운 사실이다. 그의 수학 실력도 우수하였지만 정밀한 자료를 제공한 티코의 천체 관측의 실력도 월등하였다(물론 티코의 실력은 케플러가 없었더라면 아무도 몰랐을 것이다).

그는「세상의 조화」를 다음과 같은 기도문으로 끝을 맺었다. "우리가 주님의 영광으로 인도되기를 소망하도록 우리에게 자연의 빛을 보여 주시는 자비하신 주님, 주님이 창조하시고 손으로 만드신 그 모든 것에 제가 기쁨을 느끼게 된 것을 감사하나이다. 저는 주님이 빌려 주신 모든 능력을 사용하여 주님의 심부름을 하였으며 이제 그 일을 마쳤나이다. 무한한 주님의 영광스러운 업적을 이 미약한 제가 알 수 있는 한계까지 남들에게 알려 주었습니다. ……… 제가 주님 업적의 아름다움에 휩쓸려 참된 길에서 벗어났거나 교만했거나 또는 저의 일 성공에서 온 명예를 즐겼으면 주님의 자비로 저를 용서하소서. 그 명예는 오로지 주님께 속하나이다. 창조주 주님, 제가 살아 있는 한 제 영혼이 주님을 찬미하도록 하소서……".[41] 그는 1630년에 레겐스부르크에서 여행 도중 갑자기 병사하였다.

갈릴레오가 태양 중심설을 그토록 지지하고 또한 자신이 운동학의 대가였으나 그는 케플러의 법칙을 믿지 않았다. 그 이유는 그는 자연체의 운동은 원형의 운동이라고 믿었고 이 점에서 갈릴레오는 아리스토텔레스의 사상에서 벗어나지 못하였으며 따라서 케플러의 타원형 운동을 받아들일 수 없었다. 즉 천문학을 아리스토텔레스의 물리학에서 해방시킨 사람은 결국 현대 물리학의 아버지인 갈릴레오가 아니라 케플러였다.[42]

1.5 아이작 뉴턴

그림6 아이작 뉴턴

인류 역사상 가장 위대한 과학자가 누구인지에 대해서는 여러 가지 의견이 있겠으나 그 사람이 뉴턴이라고 하는 사람들이 많이 있다. 버트런드 러셀은 자신의 「서양 철학사」에서 "현대와 구시대를 구별시켜주는 거의 모든 것은 과학에 의한 것이며 이 과학의 가장 놀라운 발전이 17세기에 있었다……. 이 발전 과정을 우렁찬 성공으로 결말을 지은 사람이 뉴턴이다"(43)라고 하였다.

현대 물리학자 스티븐 호킹은 "뉴턴이 쓴 「자연과학의 수학적 원칙」은 최초의 이론 물리학책으로 과학 역사상 가장 중요한 업적인 동시에 현대 세계관의 기반을 마련해 주었다."(44) 고 말하였다. 뉴턴은 만유인력의 법칙과 3가지 운동 법칙을 발견하고 미적분학을 발명하고 그리고 수학 급수, 광선, 색채, 망원경 등에 대하여 커다란 업적들을 남겼다. 그의 역학 수식 없이는 20세기에 인공 위성이 궤도에 올라갈 수 없었고 인류가 달에 갈 수 없었다.

아이작 뉴턴 (1643~1727)은 영국의 울스소프에서 작은 지주의 외아들로 태어났다.(45) 그의 아버지는 그가 태어나기 석달 전에 돌아가셨고 3살 때 30살인 그의 어머니는 근교에 사는 스미스목사와 재혼하였다. 그 목사는 의붓아들을 원하지 않아 그의 어머니는 뉴턴을 그의 외할머니에게 맡겼다. 어렸을 적에 그는 동네 학교를 다니면서 성경도 배우고 구구법도 배웠으나 외로웠고 버림을 받았다고 느꼈다. 그 당시에 그는 의붓아버지와 어머니가 집 안에 있을 때 그 집을 태웠으면 하고 소원했던 죄를 범했다고 대학에 다닐 때 자신의 '죄 고백서' 에 기록 하였다. 그가 10살 때 스미스 목사가 사망하자 그의 어머니는 울스소프에 돌아왔고 그 후 뉴턴을 킹스 학교에 보냈다.

여기서 그는 라틴어, 신학, 희랍어, 기하를 배웠다. 하지만 그는 공부에 열심하지 않았고 밖에 나가 개천가에서 물방아 등을 만들며 놀기 좋아하였다. 어머니는 그가 공부에 관심이 없음을 보고 16살 때 그를 집으로 불러와 농부로 만들 생각으로 농장 일을 시켰다. 그는 농장 일에 더 재미가 없어 양떼를 버려둔 채로 책을 읽거나 또는 물 소용돌이 등을 보면서 생각에 잠겼다. 이렇게 2년을 보내게 되자 그의 어머니는 자기 오빠(케임브리지대학 출신)와 뉴턴의 장래를 상의하고 그 두 사람은 뉴턴의 농부 전망이 공부 전망보다 더 어둡다고 결론을 내린 후 그를 대학으로 보내기로 작정하였다.

그는 1661년 18살 때 케임브리지대학교의 트리니티대학에 입학하고 여기서 그는 배움에 집착하였으며 아리스토텔레스 등의 고전책을 공부하였고 또한 이것을 하느님에 봉사하는 일이라고 생각하였다. 2학년 때 그는 공책에 '과학의 문제점' 이라는 서두로 물질과 원자(原子), 운동, 공간, 시간, 중력 등45개의 과제에 관하여 여러 가지의 문제점들을 기록하였고 이 문제점들은 그의 평생의 연구 과제가 되었다.

1665년과 1666년 1년 사이에 런던 인구의 1/5이 사망하게 된 대전염병이 이 도시에 돌았다. 케임브리지대학은 1665년에 문을 닫았고 뉴턴은 집으로 돌아왔다. 그는 집에서 아리스토텔레스, 유클리드, 갈릴레오, 케플러, 그리고 데카르트의 책을 열심히 읽고 혼자서 수학, 역학, 그리고 중력에 대해 연구하였다. 그의 천재적인 수학 실력(46) 이 곧 나타나기 시작하여 그는 무한 급수에 대한 이론과 미적분학 이론을 개발하고 또한 3삼차원 해석기하 문제들을 풀었다.

그는 또한 빛의 성질을 연구하였다. 자기 침실 창문에 막을 내려 놓고 그 막에 4mm크기의 원형 구멍을 뚫어 햇빛이 그 구멍을 통과하게 한 후 거기에 프리즘을 놓아 프리즘을 통한 광선이 벽을 비치도록 하였다. 놀랍게도 그 빛은 원형이 아니고 긴 타원형으로 나타났으며 그 속에 7개의 무지게 색깔이 있었다. 프리즘과 이것이 보여 주는 7가지의 색깔은 1세기 로마 시대부터 알려져 있었다. 그 후 1,500 년 간 사람들은 그 색깔이 생기는 이유는 빛이 프리즘을 통하면서 변경되기 때문이며 최소한으로 변경된 빛은 빨간색으로 나타나고 최대한으로 변경된 빛은 보라색으로 나타난다고 믿어 왔다. 뉴턴은 이 실험에서 프리즘 하나를 더 사용하여 첫 번째 프리즘을 통하여 나온 빨간 광선 뒤에 두 번째 프리즘을 두고 이 빨간 광선이 두 번째 프리즘을 통한 후에도 여전히 빨간색으로 있음을 발견하였다. 즉 프리즘이 빛을 변경시키지 않는다는 것을 발견하였다. 이 실험을 통하여 그는 흰 빛에 모든 색깔이 포함되어 있고 프리즘에서 여러 색깔이 나타나는 이유는 흰 빛 속의 각 색깔이 프리즘을 통과할 때 서로 분리되며 그 분리되는 이유는 색깔에 따라 굴절하는 각도가 각기 다르기 때문이라는 것을 알았다. 한걸음 더 나아가 그는 각 색깔의 굴절 각도를 측정하였다.(47) 이 모든 결과를 그는 그의 공책에 기록한 후 오랫동안 아무에게도 알리지 않았다 (그의 이러한 성격은 그의 생애에 커다란 영향을 주게 됨을 우리는 뒤에서 알게 된다).

그는 원운동을 하는 물체는 원심력을 가지고 있다는 것을 발견하고(하위헌스와 독립적으로) 또한 그 크기를 계산하였다. 그는 달의 원심력 크기와 지상에서 경험하는 중력의 크기를 비교하고 전자가 후자의 약 1/4,000이 된다고 계산하였다(이 계산 과정은 설명하지 않았다).(48) 그 다음에 그는 지상에서 경험하는 중력이 달에까지 미친다고 생각하고 만일 이 중력의 크기가 거리의 제곱으로 줄어든다고 가정하면 달의 거리가 지구 반경의 대략 60 배 되기 때문에 달에 미치는 중력이 지상에서의 중력의 1/3,600(=$1/60^2$)이 되며 이것은 그가 계산한1/4,000과 '대략 일치한다' 고 하였다. 이러한 계산은 그가 20년 후에 정확한 자료를 사용하여 다시 실시하며 만유인력의 법칙을 유도하는 데에 결정적인 역할을 하며 우리는 잠시후에 이것을 알게 된다.

그는 자신의 운동 법칙의 초안을 작성하고 또한 그 당시에 물리의 술어 정의에 심각한 문제가 있음을 깨닫고 질량, 관성, 힘, 운동 등 이것들의 정의와 크기 재는 문제를 생각하고 이것들을 답변하려고 노력하였다. 그는 후년에 "1665~1666년이 나의 절정의 해였으며 나는 그때에 수학과 과학의 연구를 어느 때보다 더 많이 하였다" 고 하였다. 그의 나이 23살 때의 이야기이다. 사람들은 1666년을 '(뉴턴의) 경이(驚異)의 해' 라고 한다.

1667년에 전염병이 사라진 후 그는 케임브리지대학으로 돌아왔고 곧 특별 연구원(봉급을 받으며 교회의 명령을 들어야 하고 결혼이 금지된 직책)으로 선출되었다. 그는 수학에 계속 획기적인 결과를 산출하여 그 대학의 수학 교수 배로로부터 특별한 인정을 받았다. 그가 교수직을 사임했을 때 그는 뉴턴을 추천하여 뉴턴은 27살 때에 케임브리지대학의 루카스 석좌 수학교수로 임명되었다.

그의 수학 강의에는 학생이 거의 없어서 빛과 색채에 대해서 강의하였고 연금술 연구도 하고 또한 이 당시에 망원경도 만들었다. 그는 굴절 망원경(렌즈를 사용한 망원경이며 그 당시의 모든 망원경이 이런 종류였음)의 영상이 뚜렷하지 않은 이유는 빛이 렌즈를 통과할때 굴절하며 그 굴절하는 각도의 크기가 색깔에 따라 다르기 때문이며 그 빛이 색깔에 따라 분산되어 한 점으로 모이지 않아 영상이 뚜렷하지 않다고 생각하였다. 따라서 그는 렌즈 대신에 거울을 사용하여 빛이 굴절하지 않고 반사하는 반사 망원경을 만들었다. 자신의 숙소에 있는 자그마한 용광로에서 합금을 구어낸 후 그것을 갈아 거울을 만들어 1669년에 역사상 최초로 반사 망원경을 만들었다. 길이가 15cm인 그가 만든 망원경은 그 당시 영국이나 이탈리아에서 가장 확대력이 컸던 굴절 망원경의 10분의 1 의 크기였지만 그들과 동등한 확대력을 가졌다.(49) 그러나 그는 그것을 아무에게도 알려주지 않았다.

그에게는 자신이 안다는 것은 중요하였으나 그것을 남에게 알리거나 남과 나누는 것은 중요하지 않았다. 우리는 이것을 그의 프리즘 실험에서도 보았다. 그와 라이프니츠 간에 누가 미적분학을 먼저 발명하였느냐에 대하여 치열한 분쟁이 오래 있었던 사실은 잘 알려져 있다. 이것 역시 그의 이러한 성격 때문에 생긴 것이다. 즉 뉴턴이 실제로 먼저 발명하였으나 그는 그것을 아무에게도 알리지 않았고 라이프니츠는 혼자 독립적으로 발명한 후 이것을 먼저 공개 발표한 데서 분쟁이 생겼다.(50)

뉴턴은 그의 망원경을 만든 지 2년 후에 그것을 배로교수에게 빌려 주었고 그는 그것을 가지고 런던에 가서 영국 학술회에서 과시하였다. 이것이 그와 영국 학술회가 인연을 맺기 시작한 계기가 되었다. 학술회는 뉴턴에게 그 망원경에 관한 논문을 발표하여 반사 망원경 발명의 공적을 인정받기를 요청하였다. 1년 후인 1672년에 이 요청의 응답으로 그는 학술회에 편지를 보내고 이 속에서 그는 빛의 굴절과 색채의 근원을 설명하고 또한 반사 망원경의 장점을 설명하였다.

이때에 그는 그의 장래의 숙적, 채찍자, 토론 상대자, 그리고 피해자가 될 로버트 후크라는 사람을 처음으로 접촉하게 되었다. 그는 학술회 총무까지 지낸 사람으로 자신이 이름있는 학자로 후크의 법칙을 발견하고 또한 현미경의 아버지로도 알려져 있지만 원만한 성격의 사람이 아니었다. 뉴턴 역시 원만한 성격이 아니어서 두 사람 사이에는 많은 분쟁이 있었다. 뉴턴이 무엇을 발표하면 후크는 자기가 벌써 그것을 알았다는 등의 말을 하여 뉴턴을 몹시 화나게 하여 그는 한때는 몇 달 동안 연구도 중단하고 침울에 잠겨 있었고 심지어 어느 때는 책을 쓰려고 하던 계획 마저 포기했었다. 반면에 어떤 때에는 그의 도전에 자극을 받아 좋은 논문을 쓰기도 하였다. 1676년에 그의 광 입자설에 관하여 후크에게 보낸 편지에서 그는 "내가 더 멀리 보았다면 그것은 내가 거인들의 어깨 위에 올라 서서 보았기 때문이다."(51) 라고 하였다. 이 말은 자주 인용되는 유명한 구절이지만 이 말이 과연 겸손에서 한 것인지(키가 작은) 후크를 빙자로 한 것인지에 대해서는 이견들이 있다.

1675년에 케임브리지대학 교수의 필수 조건으로 그는 영국교회의 성직자가 되어야 했다. 그는 성경 등 많은 종교 서적을 읽었으며 종교 공부를 마치 과학 연구와 같이 혼자서 독서하고 묵상하면서 하였다. 하지만 교회에는 거의 나가지 않았다. 그의 종교 이론은 결국 아리우스의 학설이 옳다는 것이었다.(52) 이 학설은 성부만이 신이고 예수와 성령은 신이 아니라고 믿는 사상이며 영국교회에서는 이것을 이단으로 취급하였다. 따라서 그는 양심적으로 영국교회의 성직자 선서를 할 수 없다고 생각하고 대학에서 사직할 각오까지 하였다. 그는 왕에게 루카스 석좌 교수는 성직자의 선서를 하지 않아도 된다는 허락을 내리기를 탄원하였으며 왕이 그것을 들어 주었다.

1684년에 핼리라고하는 학술회 회원이 뉴턴에게 편지를 보내면서 "만일 태양이 거리의 제곱에 반비례하는 힘으로 어느 행성을 잡아 당긴다면 그것의 궤도가 무엇일까?" 하고 묻자 그는 당장 "타원" 이라고 대답하고 "그 증명을 오래 전에 했었는데 지금 그 적어둔 종이를 못 찾겠으니 그것을 다시 증명해서 당신에게 보내주겠소" 라 하였다.(53) 몇 달 후에 그는 9페이지가 되는 '궤도를 돌고 있는 물체의 운동' 이라는 논문 편지를 그에게 보냈으며 여기에서 그는 그때까지 없었던 질량, 무게, 운동량, 힘 등의 물리학적 정의를 내리고 구심력을 설명한 후 거리의 제곱에 반비례하는 인력을 사용하여 케플러의 3가지 법칙 모두를 유도하였다. 이 편지를 읽어 본 학술회 회원들은 모두 놀랐다. 왕실 천문가 플램스티드는 이 편지의 소문을 듣고 "이 편지는 뉴턴의 친구들이 모두 읽은 후에야 내 차례가 오나?" 하고 불평하였다. 런던에서 핼리가 급히 케임브리지로 달려와 뉴턴에게 모두가 그 논문을 읽고자 하니 논문을 발표하고 페이지도 좀 더 늘려 설명을 추가하라고 간청하였다.

뉴턴은 그때부터 논문을 쓰기 시작하였다. 거의 2년을 주로 학교 숙소에서 보내면서 열병에 걸린 사람같이 잠도 거의 자지 않고 앉아서 쓰고 서서 쓰고 끼니를 굶으며 쓰고 서서 먹으면서 썼다. 몇 천 장의 원고가 그의 방 안 여기저기에 흩어졌고 그는 계속 썼다.(54) 그는 처음으로 자기가 쓴 글이 읽혀질 것을 확신하게 되었고 이에 환희를 느껴 이 같이 열정적이었다. 1686 년 4월에 완성된 이 책이 「자연과학의 수학적 원칙」이라는 책이다. 학술회가 그책의 출판을 책임졌는데 경비 관계로 지연되어 이것은 1687 년 7월에 출판되었다.

이 책은 현대 인쇄로 거의 500페이지이며 3권으로 되어 있다. 제 1권의 제목은 '물체의 운동' 이며 여기에서 그는 물리학 술어의 정의부터 시작하여 3가지 운동 법칙을 설명하였다*. 즉 관성의 법칙, 힘과 가속의 법칙, 작용과 반작용의 법칙을 설명하였다. 여기서 그는 또한 미분과 적분학의 개념을 설명하고 다음에 구심력을 설명하였다. 그는 달이 지구를 돌면서 앞으로 똑바로 가지 않고 지구 방향으로 휘는 이유는 그것에 구심력이 있기 때문이며 이 구심력은 지구의 고속 자전에도 불구하고 사과를 나무 아래로 매달리게(즉 옆으로 빗겨지지 않게) 하는 지구의 인력과 똑 같은 원리의 힘이라고 하였다. 그는 제 1권에서 '구심력의 발명' 이라는 제목 하에 한 물체가 다른 물체를 중심으로 공전하려면 그 공전하는 물체에 공전의 중심으로 향하는 힘(구심력)이 있어야 한다고 말하고 이 힘의 크기를 계산하였다. 그가 20년 전에는 원운동에 원심력이 필요하다고 생각하였으나 이제는(올바르게) 구심력이 필요하다고 하였다.(55)

구심력을 설명하기 위하여 경기장에서 달리고 있는 스케이트 선수를 예로 들겠다. 그가 가는 방향을 직선에서 원형으로 바꾸려면 한 발을 다른 발 앞으로 가로지른다. 그 이유는 가로지르는 발이 그의 몸을 원의 중심쪽으로 밀어주어 몸에 중심으로 향하는 힘 즉 구심력을 주기 때문이다. 쇼트트랙인 경우에는 선수들이 계속해서 한 발을 다른 발 앞으로 가로지르는 것을 보며 롱 트랙인 경우에는 커브를 돌 때만 한 발을 다른 발 앞으로 가로지르는 것을 볼 수 있다. 스케이트 선수들이 원형으로 달릴 수 있는 방법이 또 하나 있다. 그것은 선수 자신이 아니라 외부에서 구심력을 제공하는 방법이다. 예를 들어 중심에서 누가 그들을 줄로 잡아당기고 있으면 선수들 자신은 계속 똑바로 앞으로 달려도 그들은 결국 원형으로 달리게 된다. 즉 공전에 필요한 구심력은 공전하는 물체가 생성할 수도 있고 외부에서 제공할 수도 있다는 것이다. 먼 곳에서 원형으로 달리는 스케이트 선수를 보면 우리는 그 선수의 구심력의 근원이 이 둘 중에서 어느 것인지 알 수 없다.

뉴턴은 제 1권에서는 구심력의 근원을 다루지 않고 단지 공전하는 물

* 현대 대부분의 대학교 역학 교과서는 뉴턴의 "원칙"과 마찬가지로 술어의 정의와 뉴턴의 운동 법칙의 설명으로 시작된다.

체에는 언제나 구심력이 있다는 것을 강조하고 이것의 크기는 거리에 비례하며 주기의 제곱에 반비례한다는 것을 유도하였다. 이것은 일반적인 관계를 나타내며 구체적인 관계는 주기와 거리의 관계에 달려 있으며 예를 들어 주기가 거리의 1.5자승으로 변하면 구심력은 거리의 제곱에 반비례하게 되는 것을 계산하였다. 제 3권에서 그는 케플러의 제 3법칙(주기가 거리의 1.5자승으로 변함)을 직접 인용하여 이 경우에는 구심력이 거리의 제곱에 반비례한다고 하였고 이 힘이 지구 상에서 경험하는 인력과 같다는 것을 증명하여 결국 인력이 거리의 제곱에 반비례한다는 것을 증명하는 동시에 모든 천체물의 구심력의 근원은 인력이라는 것을 증명하였다. 이것이 바로 만유인력의 법칙이다.

그가 이 법칙을 증명하는 추리 과정을 직접 알아보기 위하여 이 증명의 핵심 구절(제 3권, 정리 #4)의 일부를 직역하여(그의 원래 논문은 라틴어로 쓰여졌으며 여기의 번역은 라틴어를 영어로 번역한 것을 번역함) 여기에 옮겼다. 물리 수식이 발달되지 않았을 때의 뉴턴의 문구를 현대의 수식으로 표현하여 아래 각주*에 실었다.

"달의 지구로부터의 평균 거리를 지구 반경의 단위로 재면 프톨레마이

---

* 그는 처음에 달의 구심력에 의한 가속도를 계산했다

$$a\_moon = \frac{v^2}{R\_moon} = \frac{(2\pi R\_moon/T)^2}{R\_moon} = 4\pi^2\frac{R\_moon}{T^2} = 4\pi^2\frac{60r\_earth}{T^2} = 4\pi^2\frac{60(L\_earth/2\pi)}{T^2} = 4\pi^2\frac{60(L\_earth/2\pi)}{T^2} = 120\pi\frac{L\_earth}{T^2}$$

여기서 a_moon은 달의 가속도, v는 달의 궤도 속도, R_moon은 달의 거리, T는 달의 주기, r_earth는 지구 반경, L_earth는 지구 둘레이고 π는 파이(=3.14159)이다. 이 가속도를 지구 상에서 계산하면 거리가 1/60로 줄기 때문에 그것이 3600배(=60×60) 증가한다. 물체가 움직인 거리 s는

$$s = \frac{1}{2}at^2$$

여기서 a는 가속도, t는 시간이다. 1초의 경우에는 $s=a/2$이며 위에서 계산한 a를 이 수식에 넣은 후 뉴턴이 인용한 수치를 이용하여 거리를 계산하면

$$s = \frac{1}{2}120\pi\frac{L\_earth}{T^2}3600 = 15.0093 ParisFeet$$

이것이 지구가 달을 끌어당기는 중력의 힘을 지구 상에서 계산하고 그 힘에 의하여 지구 상에서 물체가 1초에 떨어지는 거리를 계산한 것이다.
그는 그 다음에 실제로 지구 상에서 지구 중력에 의하여 움직이는 진주가 1초에 떨어지는 거리를 계산하고 이 두 답을 비교하였다. 진주의 길이를 L이라고 하고 g를 중력에 의한 가속도라고 하면 진주의 주기 $T_pendulum$은

$$T\_pendulum = 2\pi\sqrt{\frac{L}{g}}$$

주기가 2 초 되는 진주의 길이를 L_0라고 하면

$$2 = 2\pi\sqrt{\frac{L_0}{g}}$$

따라서

$$g = \pi^2 L_0$$

g의 가속으로 진주의 추가 1초에 아래로 떨어지는 거리는 $s = g/2$이고 따라서

$$s = \frac{1}{2}g = \frac{1}{2}\pi^2 L_0$$

뉴턴은 이 수식을 다음과 같이 표시했다. 즉

$$\frac{s}{L_0/2} = \pi^2$$

이제 뉴턴이 인용한 숫치를 넣으면

$$s = \frac{1}{2}\pi^2 L_0 = 15.0957 ParisFeet$$

즉 두 거리가 '일치' 한다는 것이 뉴턴의 요점이다.

오스와 대부분의 천문가들은 59, 하위헌스는 60, 코페르니쿠스는 60-1/3, ……이라고 하였고 여기에서 이것이 60이라고 가정합시다. 그리고 달의 한 주기가 천문가들이 측정한대로 27 일 7시간 43분이라고 합시다. 또한 지구 둘레가 프랑스 사람들이 잰 대로 123249600피트*라고 합시다.

이제 달이 갑자기 정지하여 그것이 궤도에서 돌고 있을 때 가지고 있던 모든 힘(정리 #3의계)을 가지고 지구를 향하여 떨어진다면 그것은 처음 1분 동안에 15-1/12 피트 떨어집니다. 이 결과는 이 책의 제 1권 정리 #36에 의하거나 또는(같은 말이지만) 정리 #4계 #9에 의하여 얻을 수 있습니다. 왜냐하면 달이 지구 반경의 60 배 되는 거리에서 1 분에 그리는 호(弧)의 버스트사인은 약 15 1/12, 더 정확하게 말하면 그것은 15피트 1인치 1-4/9선입니다. 이 물체가 지구로 가까이 오면 그 힘이 거리의 제곱에 비례하여 증가하며 [위에 말한 정리 #3의 계에 의하여] 따라서 지구표면에서는 그 힘이 60×60 배가 되며 그 물체는 지구 표면에서 1분에 15-1/12 ×60×60 피트를 떨어지며, 그리고 1초에는 15-1/12피트 떨어집니다[떨어진 거리는 시간의 제곱에 비례한다는 갈릴레오의 이론을 적용]. 정확하게 말하면 15피트 1인치 1-4/9선입니다. 지구 상에서 무거운 물체가 실제로 이런 속도로 떨어집니다. 파리에서 [주기가 2초되는] 진자의 길이는 3피트 8-1/2선입니다. 진자의 추가 1초에 떨어지는 거리와 진자의 길이의 절반의 비율은 원의 둘레와 지름과의 비율의 제곱과 같으므로 이것은 15피트 1인치 1-7/9선이 됩니다. 따라서 달을 그 궤도에 붙들어 두는 힘이 지구로 오면 그 크기가 지구 상에서의 중력과 같아지며 따라서(법칙 1 과 2에 의하여) 그것이 바로 우리가 통상 중력이라고 부르는 힘입니다. 왜냐하면 만일 중력이 이 힘과 다른 힘이라면 지상으로 떨어지는 물체에는 이 두 힘이 작용되어 그것은 2배의 속도로 즉 1초에 30-1/16피트 떨어질 것이며 이것은 실험 결과와 어긋납니다…….”[(56)] (여기서 [ ] 속의 글은 필자의 것.) 그는 결국 지상에서 보는 즉 진자를 흔들리게 하는 중력이 달에까지 미친다는 것을 증명하였다.

또한 그는 그 당시에 존재했던 모든 천체물 (6개의 행성, 지구 달, 목성 달, 토성 달)의 관측 자료를 이러한 인력을 적용하여 설명하고 다음에는 케플러의 제 1과 제 2법칙을 증명하였다. 이렇게 하여 그는 지상에서 경험

---

* 여기서 말하는 모든 거리 단위는 파리 단위 (1 파리 피트=0.324828m).

하는 인력과 똑같은 인력이 천체물에도 존재한다는 만유인력의 법칙을 증명하였다. 이 인력의 정확한 크기는 100년 후에 영국의 캐번디시가 실험실에서 2개의 납 덩어리가 서로 끌어당기는 힘을 측정하여 알아냈다. 뉴턴은 또한 이 책에서 지구의 남북 지름이 동서 지름보다 짧은 이유, 지구의 자전 축이 회전(즉 세차 운동)하는 이유, 조수가 생기는 이유 등 여러 가지 자연 현상을 만유인력의 법칙에 의하여 설명하였다.

뉴턴은 만유인력의 존재는 증명하여도 그 근원을 설명할 수 없는 것에 대하여 불만이었다. 그는 "인력 법칙이 존재하고 또한 그것이 내가 설명한 대로 작용하며 이것을 적용하면 모든 천체 운동을 설명할 수 있는 것은 틀림없다. 하지만 나는 지금까지 만유인력의 근원을 알아내지 못했다. 그러나 나는 가설을 제안하지는 않겠다. 왜냐하면 그것은 관측 결과에 의한 것이 아니기 때문에 실험 과학에서 받아들일 수 없다."(57)고 말하였다. 인류가 이 만유인력의 근원을 알려면 200년 이상을 기다려 아인슈타인을 만나야 했다(다음 장에서 그를 만남).

뉴턴은 처음에는 우주에 한계가 있다고 생각하였다. 이것은 아리스토텔레스 때부터 있었던 개념으로 거의 2,000년 동안 믿어져 왔다. 아리스토텔레스는 무한히 큰 존재에는 중심이 존재할 수 없고 우주에는 중심(즉 지구)이 있기 때문에 우주는 유한하다고 하였다. 하지만 뉴턴이 만유인력을 발견한 후에는 그에게 이 유한한 우주가 문제가 되었다. 그는 모든 별들 사이에 인력이 있기 때문에 별 세계에 한계가 있다면 그 별들은 결국 그 집단의 중심으로 모두 붕괴될 것이라고 생각하였다. 그 이유는 중간에 있는 별들은 사방에서 끌어당겨 안정되겠으나 제일 외각에 있는 별들은 안쪽에서만 잡아당기고 그 반대쪽에서는 잡아당기지 않기 때문에 안쪽으로 끌려들어 결국 모두가 중심을 향하여 붕괴된다고 생각하였다. 그는 만일 별 세계가 무한히 크다면 외각이 없을 것이며 따라서 제일 외각의 별이 없어 모든 별들은 사방에서 잡아당기기 때문에 별 세계가 붕괴되지 않는다고 하였다.(58) 즉 그는 무한한 별 세계를 주창하였다. 하지만 그의 이론에는 수학적인 오류가 있으며 정적(靜的) 상태에 있는 별들은 그 숫자가 유한이던 무한이던 간에 뉴턴의 인력에 의하여 언제나 붕괴된다는 것이 수학적으로 증명된다.(59)

그는 1696년에 35년 동안의 케임브리지대학의 직을 사임하고 국가 조폐국 국장이 되었고 1703년에 학술회 회장으로 선출되었다. 이 두 직책은 그가 세상을 떠날 때까지 지니고 있었다. 그는 신장결석으로 장기간 고생한 후 84살이 되던 1727년에 사망하였다. 서민에게 처음 허용된 장엄한 국가 장례식이 그를 위하여 거행되었으며 그는 웨스트민스터 애비 교회에 8일 동안 정장(正裝) 안치된 후에 그곳에 묻혔다.

1.6 앨버트 아인슈타인

1.6.1 생애

그림7 앨버트 아인슈타인

인류 역사상 가장 위대한 이론 물리학자(60) 라고 불리우는 아인슈타인은 물론 과학의 천재이지만 그는 정치 망명자요 평생의 평화주의자였고 또한 인도주의자였다. 20세기 말에 타임지가 지난 100년 동안 우리에게 가장 큰 영향을 준 사람으로 그를 '세기의 인물' 로 선정했던 사실도 충분히 이해할 수 있는 일인 것이다.

아인슈타인의 연구가 우리 현대 생활의 텔레비젼이나 컴퓨터 개발에 근본적인 기초를 마련해 주었지만 그것보다 더 중요한 업적은 그가 우리에게 시간과 공간에 대한 개념을 완전히 올바르게 가르쳐 주었다는 점이다. 시간과 공간은 서로 독립되어 있지 않고 밀접하게 연결되어 있어 모든 일은 4차원(3차원의 공간 더하기 시간의 차원)의 세계에서 이루어진다는 사실을 알려주었다. 또한 그는 공간 자체가 커질 수도 작아질 수도 있고 또한 그것이 무(無)에서도 생성될 수 있다는 것을 가르쳐 주었다. 그는 말하기를 "전에는 사람들이 모든 것이 없어지면 공간과 시간만 남는다고생각하였는데 상대성 이론에 의하면 모든 것이 없어지면 공간과 시간도 없어진다." 고 말하였다.(61)

앨버트 아인슈타인(1879~1955)은 남부 독일의 울름이라고 하는 곳에서 유태인 부모를 모시고 두 남매 중의 첫 아이로 태어났다.(62) 그가 1살 때 그의 아버지와 작은 아버지가 뮌헨에서 전기제품 제조 판매업을 시작하여 식구 모두 그곳으로 이사하였다.

5살 때 그의 부모는 입학 준비를 위해 그에게 가정 교사 한 사람을 붙여 주었다. 하지만 그 여교사는 오래 가르치지 못했다. 아인슈타인이 그 교사와 같이 있던 어느날 자기 마음에 거슬리는 일이 생겼을 때 그는 갑자기 성미를 못 이겨 얼굴이 창백해지며 의자를 교사에게 던지는 일이 일어나 교사가 도망간 후에 다시 나타나지 않았다. 하지만 이런 성미는 금방 줄어들기 시작하여 7살 무렵부터는 그것이 완전히 사라졌다.(63) 6살 때 초등국민학교 입학 당시에 뮌헨에 유태인 학교가 없어 그는 가톨릭 학교에 입학하였다. 교실에 70여 명의 학생들이 있었으나 그가 유일한 유태인이었고 그는 외롭게 느꼈다. 그러나 원래 홀로 있기를 좋아했고 친구들이나 친척들과도 잘 놀지 않았으며 강한 개성이 일찍이 나타나기 시작했다.

그는 학교의 엄격한 교육을 싫어하였고 특히 조직된 단체 훈련을 더 싫어하였다. 그는 단체의 균일성을 중요시하는 군대와 또한 그들의 주 임무인 전쟁을 한 평생 증오하였다. 학교를 싫어했지만 그의 학교 성적은 상당히 우수하였다. 항간에 아인슈타인이 학생 때 공부를 못했다는 이야기도 있지만 '그것은 공부를 잘하지 못하는 학생들의 부모를 위로하기 위해 지어낸 이야기이며 아마 이것은 또한 아인슈타인 자신이 이 이야기를 웃음으로 받아 넘겼기 때문에 퍼지게 된 것이다' 고 한다.(64)

아인슈타인의 소년기 교육의 발전에 커다란 영향을 준 사람은 막스 탈마이라는 사람이었다. 아인슈타인의 아버지는 유태인의 전통을 따르지 않는 점이 많았으나 1가지 따르는 것이 일 주일에 한 번씩 가난한 유태인 법 학자를 점심에 초청하는 것이었다. 탈마이가 이 초청에 응하여 온 손님이었으며 그는 아인슈타인보다 11살 위의 의과 대학생으로 아인슈타인이 10살 때부터 15살 때까지 그 집에 다녔다. 그는 처음에는 아인슈타인에게 대중용 과학책을 갖다 주었고 그가 빨리 독해하는 것을 보고 그 다음에는 부흐너의 「힘과 물질」 그리고 20권으로 된 「대중을 위한 과학」이라는 시리즈물 과학책 그리고 5권으로 된 「우주」등을 갖다 주었다. 12살 때 그는 아인슈타인에게 자그마한 기하책 한 권을 갖다 주고 매주 그들이 만날 때 그가 혼자 1주일 동안 풀어 온 문제를 탈마이에게 보여 주었다. 탈마이는 그의 빠른 진보 속도에 놀랐고 얼마 안되어 곧 그가 수학에서 아인슈타인을 좇아갈 수 없음을 알게 되었고 따라서 이제는 대화가 철학으로 옮겨졌다. 그는 아안슈타인이 13살 때 칸트의 「순수 이성의 비평」이라는 철학책을 갖다 주고 함께 그것을 공부하였다.(65)

아인슈타인은 또한 이 무렵부터 음악에 흥미를 갖기 시작하였다. 그의 어머니(우수한 피아니스트였음)는 그에게 6살 때부터 바이올린 교육을 시켰으나 본인이 그때까지 재미를 느끼지 못하다 이 무렵에 자기가 좋아하는 곡을 발견하게 되자 이때부터 그는 바이올린을 즐기기 시작한 후 평생

동안 그것을 즐겼다.

아인슈타인의 위대한 지능력에 관하여 많은 연구가 있었으며 그 주 목적은 선천적인 재능 외에 어떠한 외계의 영향이 그의 재능 발전에 도움을 주었는지 알고자 하는 것이다. 아인슈타인은 그의 자서전에서 "우리의 경험과 전통적인 개념이 충돌될 때 우리는 경이로운 호기심을 갖게 되고 이 충돌이 아주 심할 때 이것은 우리의 정신 세계에 결정적인 영향을 미친다. 나에게 이러한 경험이 처음 생긴 것은 내가 4살 내지 5살 때 나의 아버지가 나에게 나침반을 주었을 때였다. 나는 그것의 바늘이 아무런 접촉없이 정확하게 움직이는 것을 보고 여기에 틀림없이 심오한 진리가 숨어 있다고 믿었다.(66)" 그는 또한 "12살 때 두 번째의 경이의 호기심 경험을 하였다. 그것은 누가 나에게 작은 기하책을 주었을 때였다. 거기서 나는 예를 들면 삼각형의 세 수선(垂線)이 한점에서 맞나는 것이 정확하게 증명된다는 사실이 나에게 잊을 수 없는 인상을 남겼다(67) (이 기하책에 대해서 앞에서 말했다).

그가 15살 때 아버지의 회사가 뮌헨 도심지 전기 공사 계약을 획득할 목적으로 모든 자원을 거기에 바쳤으나 결국 시청으로부터 계약을 받지 못하여 회사가 문을 닫게 되었다. 그의 아버지와 그는 계약을 못 받은 이유를 회사가 유태인 회사였기 때문이라고 생각하게 되었고 따라서 아버지는 독일을 떠나 이탈리아에서 사업을 계속하려고 아인슈타인을 제외한 모든 식구들을 데리고 이탈리아의 미란과 파비아 지역으로 이사하였다. 아인슈타인은 뮌헨에 있는 어느 친척 집에 남겨 두어 고등학교를 마치도록 하였다.

하지만 몇 달 후에 그는 아프다는 핑계로 그 학교로부터 학교 이전 허락서를 받고 이탈리아 부모집에 돌아왔다. 놀라고 실망한 아버지를 위로하기 위하여 그는 유명한 스위스연방공과대학에 입학하겠다고 약속하였다. 이 학교에는 입학 연령이 18살 이상이라는 규정이 있었다. 그는 1년 자수 후 16살 때 특별 허가를 받아 시험을 보았으나 언어 성적 미만으로 합격을 못 하였다. 하지만 그의 수학과 물리 성적은 우수하여 베버교수는 아인슈타인에게 대학 2학년의 물리 강의의 청강 허가를 주었다. 그 다음 해에 아직도 6개월 미만이었지만 이번에는 합격하였다. 또한 이 해에 그는 독일 시민권을 포기하였다. (5년 동안 국적 없이 보낸 후 1901년에 스위스 시민권을 받았다).

1896년 10월에 그는 스위스연방공과대학교 교육대학 수학 및 과학과 학생으로 입학하였다. 여기에 다니는 동안 그는 학교 강의에 흥미를 많이 느끼지 못하였다. 그 이유는 과목 내용이 너무 고전 자료이고 또한 교수 방침이 너무 딱딱하다는 점이었다. 그는 당시의 새로운 이론 물리에 관심이 많았으나 물리 강의에서는 주로 뉴턴의 역학만 가르쳤고 그가 특별히 관심이 많았던 전자기학도 새로 발전된 지식을 가르치지 않았다. 그 당시에 이미 맥스웰은 그의 수식을 완성시켰고 헤르츠는 맥스웰이 예측한 전파를 실험으로 탐지하여 무선 전기시대 도래의 전조(前兆)를 보여 주었고 볼츠만은 원자론을 바탕으로 한 새로운 통계 역학을 개발하고 전문가들 사이에 에테르의 본질에 대한 토론이 왕성할 때였다. 하지만 그 대학에서는 이것들에 관하여 별로 가르치지 않았고 따라서 그는 자신이 혼자 문헌을 읽으면서 이것들에 관하여 열심히 공부하였다.

1900년 7월에 대학을 졸업하고 직장을 찾기 시작하였다. 대학 조교 자리를 구하려고 많은 교수들한테 편지를 보냈고 또한 동시에 학술 논문도 쓰고 박사학위 논문도 썼다. 하지만 박사논문도 통과되지 못하고 대학 조교 자리도 구하지 못한 채 2년이 지났다. 이때에 그의 대학 친구의 아버지가 베른에 있는 직장 하나를 소개해 주어 그곳의 심사에 합격하여 스위스 연방 특허 사무소 제 3급 기술전문가(세 계급 중 최하급)로 1902년 6월에 취직하였다. 2년 동안 그는 궁한 생활비에 고생하면서(친구에게 보낸 취직을 알리는 편지에서 그는 "이제 굶는다는 귀찮은 일은 끝났다"고 하였다[(68)]) 직장을 구하였으나 그러는 도중에도 그는 계속 열심히 연구하여 23살의 그가 이 특허소에 취직했을 때 그는 벌써 전자기학뿐 아니라 열 이론, 통계역학, 기체 운동론, 금속학, 전자이론 등 여러 방면의 물리에 지식이 많았고 또한 이것들의 문제점을 알았을 뿐만 아니라 그것을 풀겠다는 굳은 마음을 가지고 있었다.

1903년 초에 그는 대학교에서 동급생이었던 밀레바 마리치라는 세르비아 여인과 5년 이상의 연애 후 드디어 베른에서 결혼하였다. 그들에게는 벌써 리제를이라는 딸이 있었으나 일찍이 어느 집에 양녀로 보냈고 결혼할 때에는 그들 둘만이 있었다. 그 후에 그들 사이에 두 아들이 태어났다.

그의 특허 사무소 업무는 주로 전기제품의 특허 신청을 검정하는 것으로 그의 넓은 물리 지식이 적절히 사용되었다. 그는 직장 일에 매주 48시간을 소비하였으나 그래도 틈을 내어 따로 연구하며 학술논문을 쓰기 시작하였다.

드디어 1905년이 왔다. 이해는 물리학계에서 '경이(驚異)의 해(Annus Mirabilis)' 라고 부르는 해이다(앞에서 본 바와 같이 뉴턴의 '경이의 해' 도 있으나 현대에 '경이의 해' 하면 보통 1905년을 말한다). 유럽 물리학회에서 2005년을 "아인슈타인의 '경이의 해' 100주년 기념 해"로 지정하였고 국제 물리학회, 유엔, 그리고 미국 국회에서 역시 이해를 "세계의 물리의 해"라고 지정하였다. 이 해를 '경이의 해' 라고 부르는 이유는 이해에 아인슈타인이 5편의 획기적인 논문을 발표하는 놀랍고 경탄할 일이 일어났기 때문이다.

그는 3월에 "광전자 효과" 논문(그의 1921년 노벨상 수상 업적), 4월에 "분자의 크기 결정" 논문(그의 취리히 대학의 박사학위 논문 – 그가 졸업한 연방공과대학에서는 1911년 후부터 박사학위를 수여하기 시작), 5월에 "브라운 운동 설명" 논문(몇 십 년 동안 설명할 수 없었던 브라운 운동을 새로이 설명하는 이론), 6월에 "특수 상대론" 논문(이 이론의 간단한 설명은 이 장의 끝에서 하겠음), 그리고 9월에 "에너지와 질량의 동등성 논문을 각각 발표하였다. 광전자 효과 논문, 브라운 운동 논문, 그리고 특수 상대론 논문, 이들 하나하나가 노벨상 자격의 논문이라고 전문가들은 말한다.

그는 대학교 직장을 계속 구하였으나 위와 같은 논문들이 발표되었음에도 불구하고 원하는 직장을 찾지 못하였다. 하지만 특허소에서는 그 다음 해에 그를 제 2급 기술전문가로 승급시켰다. 그 1년 후에 드디어 그는 베른대학의 시간 강사직을 얻게 되었다. 그의 강의 시간은 특허소의 근무시간을 피하여 아침 일찍 또는 저녁 늦게 있었다. 이 무렵에 그의 논문을 읽은 어느 독일대학 교수가 그에게 쓴 편지에서 "나는 당신이 매일 사무실에서 8시간을 보내야 한다는 글을 읽고 놀랐습니다. 하지만 역사에는 우습지 않은 농담이 많이 있습니다."[(69)]라고 하였다. 2년 후 1909년에 그는 드디어 취리히대학으로부터 6년 계약의 교수직을 얻어 특허소를 사임하게 되었다.

이때부터 그는 학계의 인정을 받아 직장 염려는 하지 않아도 되었다. 1911년에는 오스트리아 황제가 그에게 종교와 시민권 문제가 있었음에도 불구하고 그를 프라하에 있는 독일대학의 정교수로 임명하였고 1년 후에는 취리히의 스위스연방공과대학(그가 졸업한 대학)이 그를 교수로 데려

갔다. 그 다음 해 1913년에는 독일 빌헬름 황제 2세가 그를 베를린대학의 교수 겸 프로이센 학술회 회원으로 임명하고 또한 곧 설립될 프로이센 학술회 소속 이론 물리 연구소 소장직을 약속하고 그를 독일로 불렀다. 그는 이 직책을1933년(미국으로 망명한 해)까지 유지하였다.

직장을 여기저기로 옮기면서도 그는 계속 연구에 몰두하였다. 1907년 말엽에 그가 아직 특허소에 근무하고 있을 때에 그는 일반 상대론 연구에 착수하였다. 그해에 어느 학술지 편집자에게 보낸 편지에서 그는 특수 상대론을 확장하여 일반화시키고 또한 중력이 적용될 수 있는 상대성 이론의 개발에 열중한다고 말하였다. 1922년에 그는 일반 상대론의 개발 동기에 대하여 "나는 모든 자연법칙을 특수 상대론 입장에서 논할 수 있는데 중력만은 이것에서 제외된다는 것을 깨닫고 그 이유를 알려고 하였다."고 말하였다.(70)

일반 상대론을 완성시키는 데에 그에게는 8년의 어려운(71) 노력이 필요하였다. 그 이유 중의 하나는 그는 이 이론의 개발에 완숙한 비유클리드 기하학의 지식이 필요함을 느끼게 되었고 이것을 얻는 데에 많은 시간을 들여야 했기 때문이다. 1915년 말에 이 이론을 완성시키고 1916년 초에 이것을 발표하였다(이 이론의 간단한 설명도 이 장의 끝에서 하겠음). 그는 이것을 적용하여 곧 수성 궤도의 세차 운동 문제점을 해결하였다. 수성의 궤도에서 그것이 태양에 가장 가까울 때의 위치(근일점)가 해가 가면서 서서히 회전하는데(이것을 세차 운동이라고 함) 측정된 회전의 각도 크기를 그때까지 몇 십 년 동안 전문가들이 정확하게 설명할 수 없어 이것이 학계에서 하나의 커다란 문제점이었는데 그의 일반 상대론이 이것을 깨끗이 설명하였고 따라서 이 이론은 임시적이며 긍정적으로 받아들여졌다.

이 이론은 기존 현상을 설명하였을 뿐만 아니라 또 한 가지 새로운 천체 현상을 예측하였다(이것이 소개말에서 미룬 과학 이론의 또 하나의 예측의 예임). 이 이론에 의하면 빛이 무거운 물체 옆을 지나갈 때에 그 물체의 인력 힘을 받아 회절하는데 아인슈타인은 태양의 경우에 일어날 회절 각도가 1.7초(1초 = 1/3600°)라고 발표하였다. 뉴턴의 이론을 믿는 사람들은 그 이론도 태양 주변에서의 빛의 회절을 예측한다고 말하고(빛 에너지를 질량으로 환산하고 뉴턴의 만유인력의 법칙 적용) 그 각도를 계산하여 그것이 0.87초라고 발표하였다.(72)

이제 이 각도의 측정이 누구의 이론이 옳은가를 결정하는 계기가 되었다. 이것은 일식 때에 태양에 가까이 있는 별의 빛이 태양 쪽으로 휘는 각도를 정확하게 측정하는 실험으로 기술적으로 어려웠을 뿐만 아니라 비용도 많이 드는 일식관측 탐험대가 필요하였고 그 당시에는 영국에 그러한 능력이 있었다. 영국 왕실 천문가 겸 그리니치천문대 소장 다이슨경이 앞장 서서 영국의 뉴턴이 옳은지 아니면 스위스의 유태인 아인슈타인이 옳은지를 알려고 하였다. 케임브리지대학의 천문가 에딩턴은 처음부터 아인슈타인의 이론을 믿은 사람으로 일식 탐험관측이 필요없다고 하였다. 2년의 계획 끝에 1919년에 두 탐험대가 영국을 떠났다. 에딩턴이 한 팀을 이끌고 서 아프리카의 섬으로 향했고 다른 팀은 브라질 북부로 향했다. 두 팀 모두가 구름 낀 하늘의 불운을 당했으나 그들은 결국 일식의 장면을 어느 정도 촬영할 수 있었다

그 촬영 결과가 영국 학회에서 발표되자 런던타임즈는 그 다음날 (1919.11.7)에 "과학혁명 – 새로운 우주론 – 뉴턴 이론 무너짐"이라는 머리기사를 보도했다. 그 다음 날 미국 뉴욕타임즈가 이 사실을 보도했고 따라서 아인슈타인의 이름은 일약 세계적으로 유명해졌으며 그의 상대성 이론도 널리 알려지고 또한 이것을 믿는 전문가들도 많아지게 되었다. 물론 이론을 믿는다는 것과 이해한다는 것은 전혀 다른 두 상태를 의미한다.

이 이론을 이해하기가 어려웠다는 사실에 대해서 몇 개의 재미 있는 이야기를 하겠다. 뉴욕타임즈가 아인슈타인의 이론 소식을 발표한 며칠 후 그 신문 사설은 "극히 유식한 사람들에게만 빛이 태양쪽으로 휜다는 것을 이해할 수 있는 능력과 권리가 있다는 사실은 우리들의 마음을 무척 어지럽게 한다"고 말하고 며칠 후에 다시 "이 이론을 잘 이해하지 못하는 사람들은 밀리컨교수가 아인슈타인의 논리를 의심했다는 것에 만족을 느껴야 한다."고 하였다.(73)

또 하나는 위에서 말한 일식 촬영 결과를 발표한 영국학회가 끝난 후에 어느 학자가 에딩턴에게 묻는 말이 "에딩턴씨, 아인슈타인의 상대성 이론을 이해하는 사람이 단지 셋만이 있다고 하는데 귀하가 그 중의 한 사람이겠지요?" 그런데 그가 아무 말 없이 묵묵히 있자 그는 다시 "에딩턴씨, 그렇게 너무 겸손해 마십시요"라고 했다. 그러자 그는 "천만의 말씀입니다. 저는 지금 그 세 번째 사람이 누군가 하고 생각하고 있었습니다"라고 대답했다고 한다.(74)

마지막 예로 아인슈타인이 그의 상대성 이론으로 가장 유명하지만 그

것으로는 노벨상을 받지 못하였다. 그 이유에 대해 알아보자. 1919년 영국학회에서 일식 관측의 결과가 발표된 후부터 아인슈타인의 이름이 학계에서뿐만 아니라 일반 대중에게도 널리 알려지자 노벨상 위원회는 그에게 노벨상을 주어야 한다는 외부의 압력을 받았다. 그 이듬해에 구성된 노벨상 자격 심사 위원회에서는 우선 모든 사람들이 그의 일반 상대론을 논하고 있으니 그 이론이 수상 자격이 있는지를 심사하기로 하였다. 하지만 유감스럽게도 그 심사위원회 회장(노벨 화학상 수상자)을 비롯하여 모든 회원들은 상대성 이론을 잘 이해하지 못해 그것을 틀린 이론이라고 결론짓고 그 해의 노벨 물리상을 스테인리스 강철을 발명한 사람에게 주었다. 그 이듬해(1921년)에는 압력이 더 강해졌다. 또 노벨상 자격 심사 위원회가 구성되었고 이번에는 다른 학자가 회장이 되었다. 그러나 그 사람(노벨 의학상 수상자)이나 회원들 역시 상대성 이론에는 모두 문외한이어서 그것의 노벨상 가치를 깨닫지 못하였다. 당황 끝에 회장은 그해 노벨 물리상을 1년 연기한다고 발표하였다. 1년 후에 또 다시 노벨상 심사 위원회가 구성되었고 회장은 전 해와 같았다. 하지만 이번에는 그 회원 중에 기발한 생각을 가진 물리학자가 하나 있었다. 그는 일반 상대론은 잘 이해 못해도 아인슈타인이 1905년에 발표한 광전자 효과 이론은 잘 이해했으며 또한 이것은 많은 다른 사람들이 이해하고 과학 발전에 공헌한 바도 크니 이것으로 노벨상을 주자고 하였고 회원들은 모두 그것에 찬성하였다. 따라서 아인슈타인은 1922년에 광전자 효과 이론으로 노벨상(1921년 해당)을 받았다.(75)

그 자격 심사회 회장이 아인슈타인의 상을 상대성 이론으로 주지 못한 것에 대하여 거북했던 심정을 우리는 그의 편지를 통하여 알 수 있다. 노벨상 수상자는 수상식에서 소위 말하는 '노벨 강연'을 할 의무가 있는데 전통적으로 그 과제가 자기의 수상 업적이다. 하지만 그 회장은 아인슈타인에게 "노벨 강연의 제목을 상대성 이론으로 하여 주면 지극히 감사 하겠습니다."고 하였다.(76) 광전자 효과 이론은 빛이 단계적인 에너지를 가진 입자(광자)로 구성되어있다는 이론으로 양자 역학 발전에 근본적인 바탕이 되었으나 상대성 이론과는 전혀 관계가 없다.

아인슈타인은 훗날에 어느 동료에게 쓴 편지에서 "상대성 이론의 개발을 왜 다른 사람이 하지 않고 내가 하게 되었나 하고 생각해 보면 그 이유는 성인들이 공간과 시간에 대하여 숙고하게 되면 그들은 그것을 이미 어린 아이 때에 생각해 보았다고 믿고 간단히 지나쳐 버리는데 나는 워낙 발달이 느려 내가 성인이 되었을 때에 처음으로 공간과 시간에 대하여 숙고하게 되었고 따라서 보통 아이보다 더욱 깊게 파고 들어 갈 수 있었다."고 하였다.(77)

그는 베를린대학의 교수로 있으면서 1931년부터 1933년까지 연 초의 2달을 미국 캘리포니아공과대학(칼텍)의 초빙교수로 로스앤젤레스 근교에서 보냈다. 1933년 3월에 칼텍 임무를 마치기 직전에 히틀러의 나치당이 독일의 정권을 잡았다는 소식을 듣고 그는 "나는 모든 시민의 자유와 평등이 보장되는 곳에서만 살겠으며 독일은 현재 그러한 나라가 아니기 때문에 나는 그곳으로 돌아가지 않겠다."고 선언하고 곧 베를린대학에 사표를 제출하였다. 그해 가을부터 그는 새로 창설된 프린스턴대학의 첨단과학 연구소(Institute for Advanced Study)에서 연구하게 되었고 여생을 그곳에서 보냈다.

1939년에 동료 학자들(위그너, 스릴라드, 텔러)이 "유럽의 최근 핵연구 결과에 의하면 원자탄의 제조가 가능해 보이며 또한 독일에서 원자탄 제조가 진전되고 있다는 소문도 있다."고 그에게 말해 주고 미국 루즈벨트대통령에게 원자탄 개발 권고의 편지 쓰기를 격려하였다. 그는 1939년과 1940년 두 차례에 걸쳐 대통령에게 그런 내용의 편지를 보냈다. 루즈벨트대통령은 드디어 1941년 11월(일본이 펄 하버를 폭격하기 한 달 전)에 '맨해튼 사업' 이라고 불리는 원자탄 제조 사업의 시작을 명령하였다.

그의 특수 상대론(즉 질량과 에너지의 등가 원리)이 원자탄 제조를 근본적으로 가능하게 하였고 또한 그가 두 번씩 편지로 대통령에게 이것의 개발을 권고했으나 실제로 이 개발사업이 시작되었을 때 그는 사업에 참가하지 못하였다. 정부 비밀 담당 책임자는 아인슈타인의 한 평생의 반전쟁 사상, 그의 평화주의적 입장, 또한 그의 꺼림없이 말하는 성격을 고려하여 그에게 이 사업 참가에 필요한 비밀 정보 사용 허가를 거부하였다. 그는 이 사실을 무척 섭섭하게 생각했지만 그래도 기회만 있으면 미국의 전쟁사업에 도움이 되려고 애를 썼다. 1943년에 미 해군에서 어떤 소위가 그에게 폭발물에 관한 고문관으로 일하겠느냐고 묻자 그는 지극히 만족하여 기꺼이 승락하였다. 64살의 그는 친구들에게 이 일을 하는 데에 자기의 머리를 짧게 깎지 않아도 되어서 다행이라고 하면서 이 일을 자랑하였다. 그는 어뢰 발사의 방향 등에 관한 계산을 하여 실험 발사의 회수를 줄여

군비 절약에 도움을 주었다.

또 한번은 '저작가의 전쟁 기금 위원회' 에서 아인슈타인에게 그의 1905년의 특수 상대론의 원고를 기부할 것을 요청했다. 그들은 그것을 경매하여 그 돈을 전쟁 기금에 바칠 계획이었다. 하지만 아인슈타인은 젊었을 때 자기가 쓴 논문이 일단 출판되면 그 원고는 버리는 습관이 있어 그 원고가 없었다. 이 말을 듣고 그 위원회에서는 출판된 논문을 다시 손으로 복사할 수 있느냐고 묻자 그는 기꺼이 승낙하였다. 그가 손으로 복사한 논문이 1944년 2월에 650만 달러에 팔렸고 그의 또 다른 원고는 500만 달러에 팔렸다.(78) 이 두 논문을 산 사람들은 그것을 미국 국회도서관에 기증하였다.

1952년에 이스라엘의 초대 대통령 바이츠만이 죽자 이스라엘 정부가 아인슈타인에게 그 나라의 대통령(이스라엘의 대통령은 대체로 의례직)이 될 것을 요청해 왔을 때 그는 크게 감동하였으나 결국 자격이 없다는 이유로 사절하였다.

아인슈타인은 미국에 온 이래로 대체로 고독한 학자의 생을 보냈다. 첫 부인과 이혼 후 1919년에 재혼한 그의 두 번째 부인이자 그의 사촌인 엘자는 1936년에 사망하였고 그 후 20년을 그는 그의 비서와 엘자의 딸과 함께 프린스턴대학 근처에 있는 한 커다란 집에서 살았다. 그가 고독하게 된 데에는 2가지 큰 이유가 있다. 첫 번째는 그가 양자 역학이 옳지 않다고 주장했던 이유이다. 양자 역학은 그 당시에 가장 활발했던 연구 과제로 대부분의 물리전문가들이 이 이론이 옳다고 믿었고 또한 이 연구에 집중하고 있었다. 이 이론의 핵심은 자연 현상이 확률에 의하여 결정된다는 것이고 이것이 그에게는 가장 받아들일 수 없는 점이었다. 그는 "신은 노름을 하지 않는다.(79)" 고 하면서 이 이론을 받아들이지 않았다. 따라서 많은 학자들이 그와 물리에 관한 토론을 하기를 꺼려하였다. 두 번째는 그는 일반 상대론을 마치고 1920년 무렵부터 생의 끝까지 '통일장(統一場)이론'을 집중적으로 연구하였다. 이 이론은 자연에 존재하는 네 가지 힘 (강력, 약력, 전자기력, 그리고 중력)*을 총괄적으로 지배하는 하나의 자연 법칙을 발견하려고 하는 연구로 워낙 어려운 분야로 간주되어 이 연구에 종사하는 사람이 많지 않았다. 따라서 이 연구에 관해서도 얘기할 동료가 별로

* 현대 이론에 의하면 약력과 전자기력의 원천이 같으며 따라서 자연에 강력, 전자약력, 그리고 중력의 3가지 힘이 존재함.

없었다. 이 이론은 이론 물리학의 하나의 '꿈 이론' 이라고 불리우며 현재에도 이 연구에 전적으로 종사하는 학자가 많지 않다.

1950년에 의사들이 아인슈타인의 동맥류가 점점 더 커진다는 것을 발견하였으며 따라서 그는 그의 여생이 길지 않다는 것을 알았고 그해 3월에 유서를 작성하고 여기에서 그의 모든 문서를 예루살렘에 있는 헤브라이대학에 기증하였다. 76살이 되던 1955년 4월에 그가 위장 부근에 심한 통증을 느꼈을 때 의사는 위장 동맥류의 출혈이라고 믿고 그에게 수술을 권고하였으나 그는 "나는 내가 원하는 때에 가고 싶다. 인공적으로 수명을 연장하는 것은 품위가 없다." 고 하고 닷새 후에 위장 동맥류가 터져 숨을 거두었다. 그는 그 전에 이미 "죽음은 오래된 빚과 같이 언젠가는 갚아야 하는데 사람들은 그것을 본능적으로 연기하려고 한다.(80)" 고 하였다. 그는 이 본능을 초월하였다. 후세대의 두뇌 연구를 위하여 병원의 의사가 그의 두뇌를 따로 보관한 후에(81) 그의 시체는 화장되었고 그 재는 아무도 모르는 장소에 뿌려졌다.

아인슈타인의 두 상대성 이론은 우리들의 우주 현상 이해와 관련이 많기 때문에 여기서 이들에 대하여 간단히 알아보겠다.

1.6.2 특수 상대론 개요

움직이고 있는 비행기 속에서 공을 위로 던지면 그것은 다시 우리 손으로 떨어진다. 비행기가 앞으로 가고 있는데 공은 왜 바로 아래고 떨어질까? 이것이 자연의 법칙이고 이것을 갈릴레오의 상대성 법칙이라고 한다. 즉 이 법칙에 의하면 모든 균일한 속도로 움직이고 있는 체계에서는 똑같은(뉴턴의) 운동법칙이 적용된다. 비행기가 날고 있던 정지해 있던 간에 그 체계 속에서 같은 운동 현상이 일어난다(우리는 앞에서 갈릴레오가 400년 전에 배에서 이러한 실험을 실시한 것을 알았다). 하지만 활주로에서 달리던 비행기가 갑자기 정지하면 그 공은 우리 손으로 떨어지지 않는데 그 이유는 이때 비행기의 속도는 균일한 속도가 아니며 따라서 이 법칙이 적용되지 않기 때문이다.

물체의 균일한 속도가 빛의 속도에 가깝거나 그것과 일치하면(예를 들면 빛의 경우) 갈릴레오의 상대성 법칙이 적용되지 않는다. 이러한 속도에서도 적용되는 법칙이 아인슈타인의 특수 상대성 법칙이다. 즉 이 법칙은 물체의 속도에 관계없이 어떤 물체에도 적용되며 그 속도가 빛의 속도보다 훨씬 낮을 때에는 이것이 갈릴레오의 법칙과 일치한다. 다시 말하면 갈릴레오의 법칙은 아인슈타인 법칙의 특별한 경우인 것이다.

아인슈타인은 다음과 같은 2가지 가정을 세우고 이것을 바탕으로 하여 그의 상대성 이론을 유도하였다. 그는 이 가정을 자연의 진리로 믿었으나 당장에 그것을 증명할 방법이 없었기 때문에 이것을 정식으로 '가정' 이라고 하였다. 해가 지나면서 전문가들은 그의 '가정' 이 과연 진리이며 아인슈타인이 이 가정을 그렇게 일찍이 진리라고 믿었다는 것은 그가 천재라는 것을 나타낸다고 말한다. 그 가정은 다음의 2가지이다. (1) 모든 관성계에서는 모든 물리 법칙이 동등하게 적용된다. (2) 진공에서 빛의 속도는 언제나 일정하다. 가정 (1)의 의미를 잠깐 알아보자. 관성계라는 것은 서로가 상대적으로 일정한 속도로 직선으로 움직이는 체계를 말하며 이 가정은 관성계의 속도 크기에 관계없이 한 관성계에 적용되는 법칙은 그것이 역학 법칙이던 전자기학(즉 광학) 법칙이던 간에 다른 관성계에도 적용된다는 말이다. 그런데 가정(2)에 의하여 광속이 관성계의 속도에 관계없이 일정하다는 말은 광속을 유도하는 전자기학이 갈릴레오의 상대성 법칙(관성계의 속도가 물체의 속도에 추가됨)을 따르지 않는다는 것을 의미한다. 아인슈타인이 특수 상대론을 발표한 논문의 제목이 "움직이는 물체의 전자기학에 관하여" 라고 말한 이유가 전자기학이 적용되는 상대성 이론을 개발하려고 한 것이다. 이 두 가정을 적용하여 그는 여러 가지 놀라운 결과를 유도하였으며 여기에 몇 가지만 소개하겠다.

(1) 절대 시간은 존재하지 않는다.
(2) 물체가 빨리 움직일수록 그것의 시간이 천천히 흐른다.
(3) 물체가 빨리 움직일수록 그것의 길이가 수축된다.
(4) 질량과 에너지는 동등하다($E=mc^2$).
(5) 무게가 있는 물체의 속도는 광속에 도달할 수 없으며 무게가 없는 물질(예로 광자)은 언제나 광속으로 움직인다.

질량과 에너지의 동등성은 별 빛의 근원과 우주의 시초 과정을 설명하는 데에 절대적으로 필요한 원칙이며 따라서 우리는 차후에 이것이 어떻게 응용되는지를 알게 된다. 제 2결론은 천문학을 떠나 흥미있는 화제이므로 여기에서 2가지 예를 들어서 간단히 설명하겠다. 이 결론은 보통 '시간의 팽창 (Time Dilation)' 이라고 부르며 이것의 가장 뚜렷한 실제적인 증거는 고에너지 실험실에서 볼 수 있다. 이 실험실에서 자주 관측되는 뮤온이라는 입자는 보통 수명이 백만 분의 이초여서 이 시간 후에는 그것이 다른 2개의 입자로 붕괴된다. 하지만 이 입자를 고속기에 넣어 거의 광속에 가까운 속도로 달리게 하면 그것의 수명이 약 10배로 늘어난다. 즉 그것의 '시계' 가 천천히 갔다는 증거이다.

이번에는 현재까지 실제로 관측하지는 못하였으나 먼 장래에 가능할지도 모르는 공상적인 예를 생각해 보겠다. 이것은 널리 알려진 소위 말하는 '쌍둥이의 역설(逆說-Paradox)' 이다. 이것은 쌍둥이 중의 한 사람이 거의 광속에 가까운 속도로 우주선을 타고 먼 별에 갔다 와서 지구에 남아 있던 다른 쌍둥이와 만나면 장거리 여행을 하고 온 쌍둥이가 훨씬 더 젊어 있다는 것이다. 어떤 사람들은 "이것은 틀렸다. 왜냐하면 상대론의 상반성에 의하여 여행자의 입장에서 보면 지구에 남은 사람이 거의 광속으로 움직였으며 따라서 그가 여행자보다 더 젊기 때문이다."라고 말한다. 하지만 여행자가 왕복 여행을 했다는 말은 그가 언젠가는 그의 방향을 반대로 바꾸었다는 말이며 따라서 그의 속도는 언제나 균일한 것이 아니기 때문에 상반성이 적용되지 않고 따라서 여행자가 더 젊다는 결론이 나온다. 이것은 아인슈타인이 그의 특수 상대론 논문(1905년)에서 이미 설명하였다. 하지만 전문가들 사이에 이것에 대한 간혹적인 논쟁이 오랫동안 지속되다가 1957년과 1959년 사이에 이것이 갑자기 맹렬한 지경에 이르러 드디어 이론의 결판이 났다. 그 결론은 이 '역설' 은 과연 역설(즉 진실)로 인정되었다. 이것의 자세한 수학적 증명은 참고서에 미루겠다.[(82)] 특수 상대론 전문가가 아닌 사람들 중에 이것을 아직도 의심하는 사람이 있다는 것은 놀랄 일이 아니지만 이 책을 읽는 우리는 이것이 진실이라는 것을 알아야 하겠다.

1.6.3 일반 상대론 개요

아인슈타인은 특수 상대론을 완성시킨 후 곧 이것을 더 진보시켜야겠다고 생각하였다. 특수 상대론이 균일한 속도로 움직이는 체계에만 적용되며 속도가 변하는 즉 가속되는 체계에는 적용되지 않는다는 것이 그에게는 받아들이기 어려운 점이었으며 또한 뉴턴의 중력 이론이 이 이론에 어긋난다는 것도 불만이었다(예를 들면 뉴턴의 중력 이론에 의하면 중력이 순간적으로 전파되는데 특수 상대론에서는 순간 전파가 허용되지 않음). 그가 1907년에 특수 상대론의 개략 논문을 쓰면서 특수 상대론의 진보 생각을 가지게 되었다는 것을 우리는 앞에서 그가 쓴 편지를 통하여 알았다.

특수 상대론이 역학과 전자기학에 적용되며 뉴턴의 중력 이론에는 적용되지 않는다고 설명한 이 논문의 초반을 마친 후 아직 후반을 쓰기 전 1907년 11월 초기 어느날 특허소 사무소에서 일하고 있던 그는 갑자기 '지붕에서 중력의 가속을 받으면서 떨어지는 사람은 떨어지고 있는 동안에 그 중력을 느끼지 못 한다' 는 것을 깨닫게 되었고 따라서 가속과 중력이 동등하다는 것을 인식하게 되었다. 이 두 힘의 동등성의 개념을 그는 '내 일생의 최고의 행운의 개념' 이라고 말했으며 이것을 인식함이 그의 일반 상대론 개발의 시초점이라고 말하였다.(83) 12월에 끝낸 앞에 말한 논문의 마지막 부분에 "상대성 원칙과 중력" 이라는 제목을 붙이고 그 속에서 그는 특수 상대론을 어떤 체계에도 적용될 수 있도록 일반화시키는 것과 중력을 상대성적으로 취급하는 것이 서로 밀접하게 관련된다고 말하였다.(84) 이로서 그의 일반 상대론 연구가 시작되어 앞에서 본 바와 같이 8년의 어려운 노력 끝에 이것을 완성시켰다. 이 이론에 의하면 모든 물체는 공간(그리고 시간)을 휘게 하며 그것의 무게가 무거우면 무거울수록 공간을 휘게하는 정도가 크다. 이 공간의 휨 때문에 주위의 물체가 그 방향으로 가게 되며 우리는 이것을 인력이라고 부른다. 즉 휜 공간(Curved 또는 Warped Space)이 인력의 근원인 것이다. 물리학자 존 윌러는 "물질은 공간에게 어떻게 휠 것인가를 말해 주고 공간은 물질에게 어떻게 움직일 것인가를 말해 준다." 고 하였다.

갈릴레오는 물체가 떨어질 때 자연적으로 가속되는 현상에 대하여 "현재는 이 가속의 근원을 조사할 때가 아니다."(85)고 하였다. 50년 후에 뉴턴은 이 가속의 근원은 만유인력이라고 설명하였다. 하지만 그는 "이 만유인력의 근원을 발견할 수 없었다."(86) 고 하였다. 200여 년 후에 아인슈타인은 만유인력의 근원은 물체가 그 주변의 공간을 휘게 하기 때문에 생긴다고 하였다.(87)

휜 공간을 설명하기 위하여 흔히 고무 보자기를 예로 사용한다. 우리가 고무 보자기를 사방으로 잡아당기고 그 위에 무거운 공을 놓으면 그 공의 주위가 가라 앉아 휘게 되고 그 주변에 가벼운 공을 놓으면 이 공은 무거운 공이 있는 곳으로 굴러갈 것이다. 일반 상대론에서 말하는 인력 현상은 이것과 유사하다. 즉 물체가 공간을 휘게 하며 그 휘어진 공간 속(즉 보자기 위)에서 물체는 (외계의 힘이 없으면) 가장 가까운 거리를 가려고 한다. 따라서 빛이 고무 보자기의 표면을 따라오다가 태양 근처에 오면 보자기 표면이 휘었기 때문에 그것이 태양 근처에서 휘게 되는 것이다. 또한 우리가 큰 공을 꺼내면 그 자리가 다시 평평하게 될 것이며 이 평평해진 효과가 작은 공에 빛의 속도로 전파된다. 따라서 태양이 만일 어느 순간에 갑자기 없어진다면 지구 상에 있는 우리는 8분 후에야 그 영향을 느끼게 된다. 하지만 뉴턴 이론에 의하면 우리는 그 영향을 그 순간에 바로 느끼게 된다.

많은 전문가들은 특수 상대론은 아인슈타인이 아니었어도 몇 년 내에 어떤 다른 학자가 그것을 개발했겠지만 일반 상대론은 아인슈타인이 없었더라면 50년이 더 지난 후에야 그것이 개발되었을 것이라고 말한다. 왜냐하면 그 당시에 이러한 이론의 개발을 필요로 하는 문제되는 실험 결과가 없었으며 단지 한 사람의 지적 불만이 이것의 개발을 필요로 하였기 때문이다.(88) 하지만 이 이론이 개발된 후에 이것이 우주학 발전에 기여한 바를 생각하면 이 이론이 지나치게 빨리 개발된 것은 결코 아니다. 오히려 우리가 뒤에서 알게 되듯이 이 이론이 우주 관측 결과를 설명하는 데에 곧 사용된 점으로 보아 그때에 개발되었다는 사실이 천만다행이다. 일반 상대론의 결과가 여러 가지가 있으나 다음의 3가지가 이 책의 내용과 직접 관련이 되며 이것들은 각각 뒤에서 자세히 설명된다.

1. 중력 렌즈(3.4 장 참조) - 중력이 렌즈의 역할을 하여 커다란 은하가 그것의 중력에 의하여 더 먼 곳에서 오는 빛을 휘게 하여 먼 곳의 은하가 가까이 보임
2. 블랙홀 존재(4.5.2 장 참조) - 일반 상대론의 수식이 블랙홀의 존재를 예측
3. 수학적 우주모델 제공(6.2.1 장 참조) - 일반 상대론의 수식이 우주의 시작, 진전, 그리고 종말을 묘사

2. 우주 관측 기술

2.1 가시 광선과 비가시 광선

다른 모든 과학과 마찬가지로 우주 천문학 역시 관측에서 시작되며 따라서 우리는 우주 천체물의 특성을 알아보기 전에 그것들의 관측 방법에 대하여 먼저 알아보겠다. 천체물을 관측하는 가장 간단한 수단은 우리의 눈이며 그 다음이 눈으로 직접 보는 망원경이다. 우리의 눈으로 볼 수 있는 광선을 가시(可視) 광선이라고 부르며 눈으로 볼 수 없는 광선을 비가시 광선이라고 한다.

비가시 광선에는 다음과 같은 여러 종류가 있다. 야시경을 사용하여 칠야에 사람이나 자동차들을 볼 수 있는데 그것은 그 물체가 방출하는 적외선을 탐지하는 것이다. 공항에 있는 항공 교통 관제관은 라디오파를 이용하여 구름 속에 가려져 있는 비행기를 볼 수 있으며 병원에서는 엑스선을 사용하여 우리 몸 속을 볼 수 있다. 우리는 이러한 비가시 광선을 특수 장비를 통하여 볼 수 있다. 가시 광선과 비가시 광선은 모두가 전자기파의 일종으로 두 종류에 있어 근본적인 차이점은 없으며 단지 파장의 길이가 서로 다를 뿐이다.

파장을 설명하기 전에 먼저 파동을 설명하자면, 에너지가 진동하면서 전달될 때 그 진동을 파(波)또는 파동(波動)이라고 한다. 예를 들어 우리가 연못에 돌을 던지면 연못 표면에 파동이 생기며 이것은 돌이 떨어진 곳에서부터 사방으로 퍼지는데 이것은 떨어진 돌이 제공한 에너지가 물 표면을 진동시키면서 사방으로 전달되는 현상이다. 이때에 물 표면에 정상(頂上)과 저점(底點)이 생기며 두 정상(또는 저점)의 간격을 파장이라고 한다. 전자기파의 경우에는 그것의 강도가 장소에 따라 높았다 낮았다 하며 강도가 높은 (또는 낮은) 두 점 사이의 거리를 파장이라고 한다.

전자기파의 파장의 길이에는 한계가 없으나 우리가 통상 이용하는 전파는 파장의 길이가 백분의 일 미크론 (1미크론=0.0001cm~머리카락의 약 5,000분의 1)인 감마선에서부터 몇십 미터가 되는 라디오파가 있다. 그림 8에서 보는 바와 같이 파장의 길이에 따라 그것을 엑스선, 가시 광선, 적외선 또는 라디오파 등으로 부른다(이것들의 경계선은 뚜렷하게 구분되어 있지 않다). 우리 눈의 망막은 파장이 0.4~0.7미크론의 광선에 반응을 보이며(따라서 이 파장의 광선을 가시 광선이라고 부름) 야시경은 적외선에, 공항의 레이더는 라디오파에, 그리고 엑스레이 필름은 엑스선에 반응을 보인다. 현대 기술은 거의 모든 종류의 전파를 탐지할 수 있으며 따라서 이 모든 전파들은 천체물의 관측에 사용된다.

여러 가지 전파를 사용하여 천체물을 관측하는 이유는 크게 두 가지가 있다. 첫 번째 이유는 천체물에 따라서 그것이 방출하는 전파가 다르기 때문이다. 즉 적외선, 엑스선, 또는 라디오파만을 주로 방출하는 천체물들이 있으며 따라서 이것들을 관측하려면 그것이 방출하는 전파를 사용해야 한다. 이러한 예로 적외선 관측 인공 위성 아이레스(Infrared Astronomical Satellite, IRAS)를 들 수 있으며 이것은 우주에 올라가 그때까지 볼 수 없었던 35만 개의 새로운 적외선 방출 천체물을 발견하였다. 두 번째 이유는 광선의 종류에 따라 그것의 기체 투과력이 다르기 때문에 만일 우리가 관측하려는 물체가 어떤 가스나 먼지에 둘러싸여 있으면 그것을 투과하는 광선을 사용해야 하기 때문이다. 예를 들어 천체물을 지구상에서 관측하려면 구름이나 대기를 투과하는 라디오파 망원경이 적합하고 은하수의 중심 부근을 자세히 관측하려면 그곳을 둘러싼 우주 먼지를 투과하는 적외

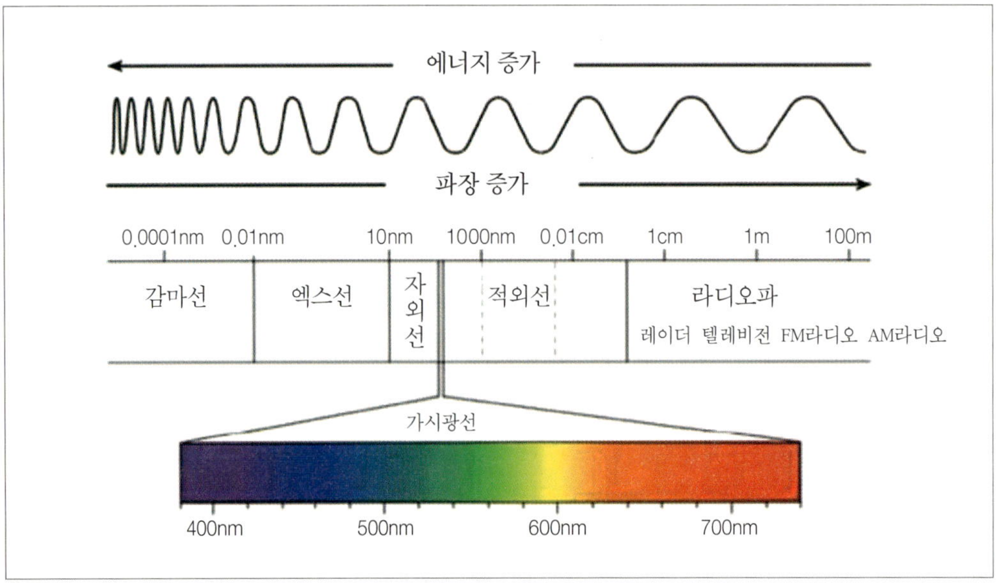

그림8 각종 전자기파의 파장

선 망원경이 적합하다.

여러 가지 천체물을 측정하려면 여러 가지 전파를 이용하여야 한다는 것을 일찌기 인정한 미국항공우주국 (National Aeronautics and Space Administration, NASA)은 1968년에 이미 "대 관측소 사업"이라는 인공 위성 사업을 계획하고 전자기파를 적외선, 가시광선, 엑스선, 감마선 등의 4 부분으로 나누어 각 광선의 탐지를 전문으로 하는 망원경을 하나씩 인공 위성에 실려 우주로 올릴 계획을 세웠다. 이것에 대해서는 잠시 후에 설명하겠다.

2.2 관측 장비

20세기에 들어 우리의 우주에 대한 지식이 급진적으로 진보할 수 있었던 가장 커다란 이유는 천체물의 관측 장비가 급진적으로 발전한 것이라고 말할 수 있다. 망원경 제조 기술, 사진기를 비롯한 전자 기술, 그리고 인공 위성의 제조 기술 등이 20세기에 급격히 발달하였으며 이것이 천문학의 발전을 이끌었다. 또한 관측된 결과를 이해하는 데에 필수적인 역할을한 양자 역학과 상대성 이론이 20세기에 개발되어 이론과 관측이 서로 발을 마추어 발전하였다. 이러한 관측 장비들에 대하여 좀 자세히 알아보겠다.

2.2.1 망원경

망원경은 빛을 모으는 장비로 마치 버킷의 통이 넓으면 빗물을 많이 모을 수 있듯이 망원경의 구경이 크면 빛을 많이 모을 수 있다. 모아지는 빛의 양은 구경의 면적 즉 지름의 제곱에 비례한다. 예를 들어 지름이 2배가 되면 빛을 모으는 힘이 4배로 커지며 이렇게 되면 우리는 2배로 먼 곳을 볼 수 있다 (그 이유는 거리가 2배 되면 빛의 강도(광도)가 1/4로 줄기 때문임). 구경이 큰 망원경의 또 하나의 장점은 물체를 세밀하게 볼 수 있다는 것이다. 세밀하게 본다는 말은 예를 들면 서로 접근하여 있는 2개의 별을 하나의 덩어리로 보는 것이 아니라 분리되어 있는 2개의 별로 볼 수 있다는 말이며 해상도(解像度)가 높다는 뜻이다.

앞에서 최초의 망원경은 네덜란드의 리페르헤이가 1608년에 만들었고 갈릴레오가 그다음 해에 자신이 만든 망원경으로 천체물을 관찰했던 것을 언급했는데 그 당시 그가 사용하였던 망원경의 렌즈 지름이 약 2.5cm였다. 현재 그 지름이 10m 이상 되는 망원경이 세계에 5개 이상 있다. 여기서 말하는 망원경은 광학 망원경(Optical Telescope) (즉 "빛"을 보는 망원경)을 말하며 그것이 탐지하는 전파는 주로 가시 광선 또는 그것에 가까운 적외선이나 자외선이다.

이 망원경들의 크기를 알아보기 전에 먼저 망원경의 종류에 어떤 것이 있는지 알아보겠다. 망원경의 종류는 굴절 망원경, 반사 망원경, 그리고 이 둘을 결합한 반사 굴절 망원경 등 3가지로 구분되다. 굴절 망원경은 렌즈를 이용하는 망원경으로 갈릴레오의 망원경을 비롯한 최초의 망원경들이 모두 이런 종류였으며 우리가 흔히 보는 카메라나 쌍안 망원경도 이런 종류이다. 여기서는 광선이 렌즈를 통과하며 이때에 그것이 굴절하며 그 후에 망원경의 초점에 모인다. 뉴턴은 굴절 망원경의 결점을 이해하고 이 결점을 극복하기 위하여 반사 망원경을 만들었다는 사실을 우리는 앞에서 확인하였다. 반사 망원경은 거울을 이용하며 광선은 반사만 하기 때문에 색깔의 차이에 의한 영상의 흐려짐(이것을 색수차(色收差)라고 하며 이것이 굴절 망원경의 결점임)이 없다. 이 장점뿐만 아니라 커다란 거울을 제조하는 것이 커다란 렌즈를 제조하는 것보다 기술적으로 용이하고 또한 가격이 훨씬 저렴하여 현대의 거대한 망원경들은 모두 반사 망원경이다. 현재 세계에서 제일 큰 굴절 망원경은 100년 이상 전에 제조된 미국 위스콘신주(시카고대학 소속)에 있는 지름이 1m인 여키스 망원경이다.

적외선 망원경은 지상에 많지 않은데 그 이유는 천체물에서 오는 적외선의 일부가 대기에 흡수되어 지상에서 그 광선의 강도가 약하기 때문이다. 현재 가장 큰 적외선 망원경은 하와이에 있는 영국 소유의 유키르트 망원경 (United Kingdom Infrared Telescope, UKIRT)이며 이것의 지름은 3.8m이다. 우리는 앞에서 라디오파가 대기를 투과한다는 것을 알았다. 따라서 라디오파를 탐지하는 지상 망원경은 커다란 것들이 세계 6대륙에 흩어져 있는데 구경이 10m에서(효과적으로) 600m까지 되는 것이 약 60개 존재한다.

현재 세계에서 제일 큰* 망원경은 미국 애리조나주 그레이엄산에 있

* 여기서는 거울 단편 하나의 크기를 말하며 여러 개의 단편을 조립하여 만든 망원경은 더 큰 것이 많이 있으며 이것에 대 해서는 잠시 후에 곧 알게 된다.

는 '거대 쌍안 망원경 (Large Binocular Telescope, LBT)' 이다. 이것은 이름대로 쌍안경의 구조로 장치된 2개의 거울을 가지고 있으며 거울 하나의 지름이 8.4m이다. 여기서 이 거울의 제조 과정을 간단히 알아보겠다.

미국 애리조나대학의 스튜어드연구소는 이 망원경을 제조하기 위하여 일본으로부터 21t의 특수 유리 덩어리들을 수입하여 이 연구소에 있는 2층 건물로 된 용광로에서 이것들을 녹이기 시작한 후 그것의 유동성이 지정된 정도에 도달했을 때에 그 용광로를 회전시키기 시작하였다. 액체를 회전시키면 그것의 표면이 포물면이 되며 또한 표물면이 빛을 그것의 초점으로 모으는 특성이 있기 때문에 이 녹은 유리 표면이 바로 원하는 거울의 표면이다. 회전속도를 조정하면 거울의 제조 규격에 맞는 정확한 포물면을 얻을 수 있다. 이 설비의 이러한 능력을 이용하여 이 연구소는 현재까지 많은 포물면 거울을 제조하였다. 일단 원하는 포물면을 얻은 다음에는 그 표면을 닦아야 한다. 싸구려 거울을 들여다 보면 우리 얼굴이 찌그려져 보이는 수가 있는데 그 이유는 거울 표면이 완전히 평평하지 않기 때문이다. 이와 마찬가지로 흠이 없는 영상을 얻으려면 그 거울의 표면을 완전히 매끈하도록 닦아야 한다. 그림 9(가)는 거울을 닦는 작업 중의 한 장면이며 천장에 매달려 있는 둥그런 기구가 거울 표면을 첫 단계로 닦는 기구이다(왼쪽 위 부분에 한 기술자가 서 있음). 그림 9(나)는 이 망원경의 기본 구조이다. 천체에서 오는 빛은 제 1거울에서 위로 반사되며 이것이 제 2거울에서 다시 아래로 반사된 후 제 3거울에서 90° 로 방향을 바꾸어 가운데로 반사된다. 이 두 거울의 효과를 동시에 종합하여 관측하면 지름이 11.8 m인 망원경의 효과를 나타낼 수 있다.

1년 이상이 걸려 표면을 닦는 작업이 완료되었으며 그 결과는 수학적으로 거의 완전한 포물면이 성취된 것이다. 정확하게 말하면 거울 표면이 수학적으로 완전한 표물면에서 최대로 어긋나는 곳의 차이가 28nm (1 nm는 100만분의 1mm를 말함)였다.(89) 이 오차의 크기는 비율적으로 보아 100km 길이의 매끈한 도로에 1/10mm 높이의 언덕이 있는 것과 같다. 이 거울을 완성시키는 데에 총 6년이 걸려 2004년에 끝났다 (두 번째 거울은 3년에 완성).

큰 거울을 제조하는 데에 이렇게 오랜 기간이 걸린다는 사실을 현대 학자들은 속수무책으로 받아들일 수 없다고 생각하여 대책을 개발하였고 이제 이것에 대해 알아보자.

(가)

(나)

그림 9 애리조나주 그레이엄산에 위치한 세계에서 제일 "큰" 거울을 가진 '거대 쌍안 망원경'
(가) 거울 닦는 과정(사진 판권 소유자: 애리조나대학 스튜어드 거울 연구실)
(나) '거대 쌍안 망원경' 구조(그림 판권 소유자 : 막스 플랑크 천문학 연구소(하이델 베르크)

활동적 거울 (Active Optics)

우리는 앞에서 20세기의 전자 기술의 발달이 천체 관측 기술의 발달을 촉진시켰다는 것을 확인하였다. 첨단의 전자 기술이 망원경의 성능을 2가지 면에서 향상시킬 수 있다. 즉 망원경의 구경을 통하여 할 수 있고 또한 사진기를 통하여 할 수 있다. 망원경 구경에 사용되는 방법에 또한 두 가지가 있으며 그들은 활동적 거울과 적응적 거울이다. 활동적 거울을 먼저 설명하겠다. 앞에서 본 바와 같이 커다란 거울을 만드는 것이 어렵다는 것은 쉽게 이해되며 따라서 전문가들은 작은 거울 여러 개를 조립하여 하나의 큰 거울의 효과를 얻는 방법을 오랫동안 연구해 왔다. 여러 개의 거울 단편(斷片, Segment)들이 조립되어 하나의 큰 거울 효과를 나타내는 구경을 '단편 조립 거울 (Segmented Mirror)' 이라고 부르며 이 종류의 구경을 최초로 이용한 천체 망원경은 1988년에 설치되었다. 현재 세계에서 첫 번째부터 네 번째까지 큰 망원경은 모두 이런 종류의 거울을 사용하며 앞에서 본 재래식의 '거대 쌍안 망원경' 은 단편 하나를 사용하였으며 구경 전체의 크기로 보면 이것은 다섯 번째로 큰 망원경이다(커다란 망원경은 현재 세계적으로 경쟁하듯이 유럽과 미국에서 더 큰 것들이 계속 개발되고 있기 때문에 크기의 등수가 곧 변경될 것이다). 제 1번 거울(빛이 최초로 닿는 거울을 말함)이 단편으로 조립된 거울은 현재 존재하는 큰 망원경의 대부분이 가지고 있을 뿐만아니라 현재 제조 계획 중인 큰 망원경들의 대부분도 이것을 가지고 있기 때문에 여기에서 이 단편들이 어떻게 조립되어 하나의 커다란 거울의 효과를 나타내는지를 한 망원경의 예를 통하여 좀 자세히 알아보겠다.

하와이섬 마우나케아산 정상 가까이에 위치한 켁(Keck)망원경(그림 10 참조)은 제 1거울이 단편 조립 거울로 된 망원경으로 현재 세계에서 두 번째로 큰 망원경이다. 이 망원경의 제 1거울은 36개의 단편 거울로 구성되어 있으며 단편 하나는 폭이 1.8m되는 6변형의 거울이며 단편들이 조립된 거울의 지름은 10m가 되는 쌍곡면의 거울이다.(90)

이 단편들의 조립은 마치 지름이 10m인 쌍곡면의 거울이 36개의 조각으로 부서진 것을 다시 조립하여 원상 복귀하려는 것과 같다. 즉 서로 인접된 단편들의 가장자리 사이에 높이 차이가 전혀 없이 매끈해야 한다. 이렇게 하기 위하여 기술자들은 높이 차이를 재는 장치를 각 단편의 가장자리에 달아서 높이 차이를 잰 후에 그 차이에 해당하는 신호를 단편 뒷면에 붙어 있는 높이 조정기에 보내어 이것이 그 가장자리를 올리거나 내리거나 하여 높이 차이를 없앤다(그림 10(가) 참조). 높이 차이가 없도록 단편들이 일단 조립된 후에 망원경을 운영하면 단편들 사이에 다시 높이 차이가 생기게 되는데 그 이유는 별을 관찰할 때 지구 자전 때문에 망원경을 계속 회전시켜야 같은 별을 관찰할 수 있으며 이 회전의 힘과 또한 단편의 중력 때문에 단편들은 제자리에 고정되어 있지 않으며 따라서 망원경을 운영할 때 단편들의 높이를 계속 조정해야 한다.

이 거울에는 168개의 높이 차이 측정기(각 가장자리에 2개)와 108개의 높이 조정기(각 단편에 3개)가 붙어 있으며 이 모든 것이 1초에 2번씩 작동하여 높이를 조정하며 이 조정의 정밀도는 1mm의 10만분의 1이다. 이것은 고성능 컴퓨터와 정밀 측정기 없이는전혀 불가능한 작업이며 이렇게 거울 표면을 조정하는 거울을 활동적 거울이라고 한다. 이것은 우리가 흔히 보는 자동 초점 카메라의 렌즈의 작용과 비슷하다. 카메라의 경우에는 렌즈 전체가 움직이며 망원경 경우에는 거울의 일부가 움직여 영상을 분명하게 만든다.

그림 10(나)는 이 망원경의 기본 구조이다. 먼 천체물에서 오는 빛이 처음에 제 1거울에서 반사되어 제 2거울로 향하고 여기에서 반사된 후에는 제 3거울로 간다. 이 거울은 빛의 방향을 90° 로 바꾸어 주는 동시에 거울 자체가 회전할 수 있어 빛을 필요에 따라 왼쪽 광 탐지기 또는 오른쪽 광 탐지기에 보낸다. 켁관측소에는 이와 같은 망원경이 2개 있으며 이것들은 단독적으로 사용될 수도 있고 종합적으로 사용될 수도 있다.

현재 세계에서 제일 큰 '카나리섬의 대망원경' 은 지름이 10.4m이며 그것은 36개의 6변형 거울 단편을 조립한 것이다. 현재 제조 중이며 2016년경에는 세계에서 제일 클 것으로 예상되는 지름이 30m인 망원경(이름이 '30m 망원경')은 492개의 6변형 거울 단편들을 조립하여 제 1거울을 만든다. 2개의 켁망원경 (켁 1, 켁 2)을 제조하는 데에 총 1억 4,000만 달러가 소요되었으며 이 자금은 전부 켁 재단(개인 재단)에서 부담하였다. '30m망원경' 은 현재 예상이 7억 달러이며 모어 재단(개인 재단)이 이미 2억 달러를 기부하였다.

(가) 망원경의 전경

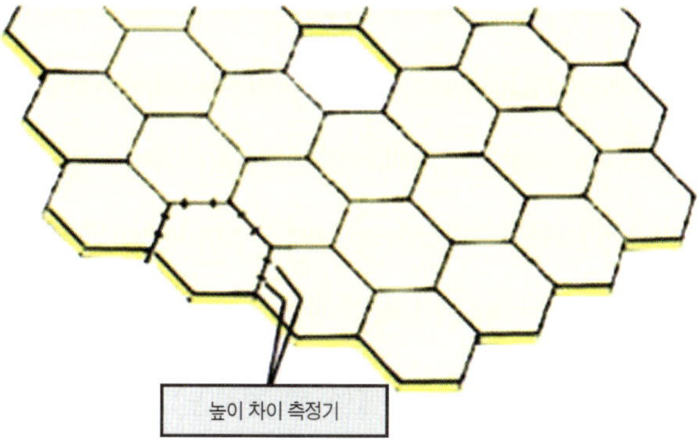

(나) 인접된 거울 단편의 높이 차이 측정기

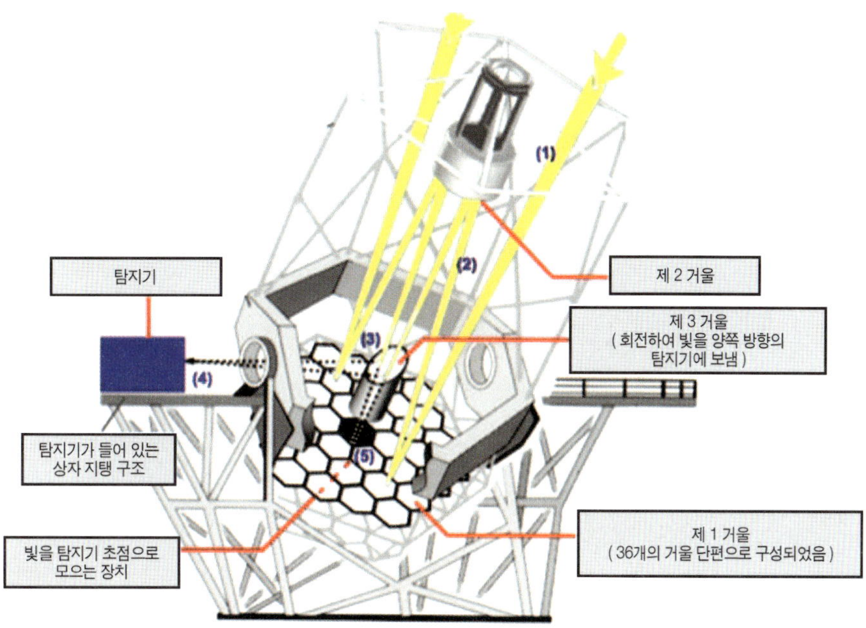

(다) 망원경의 제 1, 2, 3 거울과 영상 탐지기

: **그림**10 하와이섬 마우나케아산에 위치한 세계에서 두 번째로 큰 켁망원경

적응적 거울 (Adaptive Optics)

별 빛의 일부가 대기에 흡수된다는 점 외에 또 하나의 지상 관측의 단점은 별 빛이 반짝거린다는 점이다. 별이 반짝거리는 이유는 대기의 계속적인 운동이 별의 진로를 계속 변경시켜 별의 영상이 계속 움직이기 때문이다. 반짝이는 별의 사진을 찍으면 사진기 노출시간 동안에 별의 영상이 계속 움직여서 결과적으로 우리는 별이 아니라 그것이 움직인 흔적의 사진을 찍게 된다. 노출시간을 줄이면 영상의 움직임은 줄지만 필름에 기록된 빛의 양도 줄어들어 영상이 희미하게 되며 따라서 이것은 좋은 해결책이 아니다. 별 영상의 움직임은 거울 표면의 질이나 크기와 아무 관련이 없다. 우리는 앞에서 대규모의 천체 망원경을 제조하는 데에 막대한 비용이 든다는 것을 알았는데 이렇게 거대한 비용을 들여 별의 움직인 자취를 나타내는 확산되고 분명치 않은 사진을 찍으려고 했을까? 그러지 않았을 것이다. 대기의 운동 효과를 제거하는 방법이 있기 때문에 이러한 비용의 가치가 있다고 생각한 것인데 이 방법이 적응적 거울이다.

별의 영상 움직임이 대기의 운동 때문이라면 우리는 그 영상의 움직임을 측정하여 대기의 운동을 알아낼 수 있을 것이며 이 결과를 이용하여 그 운동과 반대되는 방향으로 거울을 움직여 주면 움직이는 영상에서 대기 운동의 효과를 제거하여 별의 영상을 정지시킬 수 있을 것이다. 이것이 적응적 거울의 원리이다. 그런데 문제는 미지의 천체물의 영상에는 대기 운동에 의한 영상의 확산 외에 그것의 본질 (예를 들어 근접된 2개의 별 또는 별 주위에 쌓여 있는 기체 등)에 의한 영상의 확산이 섞여 있기 때문에 대기 운동에 의한 확산을 별도로 측정하여 그것을 제거해야 한다. 대기 운동을 알아내는 하나의 방법은 우리가 알고 있는 별을 관측하면 우리는 이것의 영상이 분명하여야 한다는 것을 알며 따라서 그것의 영상이 확산되어 보이면 그것은 대기 운동 때문이라는 것을 알게 된다. 따라서 알고 있는 별(안내 별이라고 부름)과 미지의 천체물을 동시에 관찰하고 이 두 빛이 망원경 속의 특수 거울에서 반사된 후에 이 두 빛을 갈라지게 한다. 갈라져 나온 안내 별의 영상 운동을 특별 장치에서 측정하고 이 시그널을 특수 거울에 도로 보내어 이 거울을 영상 운동의 반대 방향으로 움직여 주면 안내 별의 영상과 미지 천체물의 영상에서 대기 운동의 효과가 제거된다.

대기가 빠른 속도로 움직이기 때문에 그것을 교정하는 특수 거울 역시 빠른 속도로 움직여야 하며 이것은 보통 1초에 약 500번씩 움직인다. 어떠한 거울이 이렇게 빨리 움직일 수 있을까? 이 특수 거울은 종이장 같이 얇으며 이것을 '변형할 수 있는 거울 (Deformable Mirror)' 이라고 한다.[91] 즉 '변형할 수 있는 거울' 을 사용하여 대기 운동의 영향을 제거하는 방법이 적응적 거울 방법이라고 하는 것이다. 이 방법의 실천에는 고급 광학 이론, 첨단 광학 전자품, 그리고 고성능 컴퓨터 등이 필요하며 현재에도 계속 진보되고 있다. '거대 쌍안 망원경' 과 켁망원경을 포함한 현대의 모든 커다란 지상 망원경이 이 기술을 이용하고 있거나 또는 이용할 계획에 있다. 아래의 사진은 미국 캘리포니아주 팔로마산에 위치한 팔로마 천문대의 헤일망원경(지름 5.1 m)을 통하여 찍은 쌍성 (IW Tau)의 사진이다. 그림 11 (가)는 적응적 거울 방법을 사용하지 않은 대기의 운동 흔적이 포함된 사진이고 그림 11 (나)는 적응적 거울 방법을 사용하여 그것을 제거한 사진이며 이 방법의 장점이 뚜렷하게 나타난다.

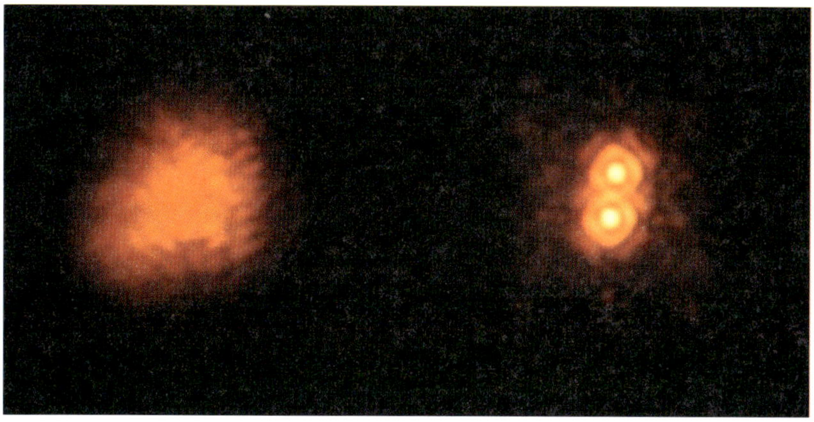

(가) (나)

그림11 쌍성 (IW Tau)의 사진

(가) 적응적 거울을 사용하지 않은 사진 (나) 적응적 거울을 사용한 사진

2.2.2 사진기

현대의 모든 천체 망원경은 사진기를 이용하여 관측된 천체물의 영상을 기록한다. 과거에 사용하였던 종이 필름이 전자 필름(즉 광 탐지기)으로 대치되고 이 광 탐지기의 감광도가 높아지면서 우리는 점점 더 먼 곳을 촬영할 수 있게 되었다. 사진기는 노출 시간을 조절할 수 있다는 특징이 있으며 이것이 우리의 육안에 비하여 가장 큰 장점이라고 할 수 있다. 희미한 장면을 우리가 아무리 오래 들여다 보아도 그것이 더 분명하게 보이지 않는 이유는 우리 눈은 광자를 저장할 능력이 없기 때문이다. 그러나 사진 필름이나 전자 필름은 광자를 저장할 능력이 있다. 사진기의 노출 시간을 길게 한다는 말은 영상에서 오는 광자를 오랫동안 수집한다는 것을 뜻한다. 현대의 모든 천체 망원경은 광 탐지기(전자 필름) 를 사용하며 이것은 보통 몇 백만 개의 픽셀로 구성되어 있다. 예를 들어 우리가 흔히 듣는 1메가픽셀 카메라는 그것의 광 탐지기가 1백만 개의 픽셀로 구성되어 있음을 뜻한다. 픽셀은 자그마한 전자기 단위로 빛을 전자로 전환할 능력이 있으며 또한 거기에는 전자를 저장할 버킷이 달려있어 전환된 전자는 그 버킷으로 수집되고 이것이 어느 정도 모이면 이것들을 다른 더 큰 버킷으로 옮겨 저장된다 (필름지에서는 이 옮기는 작업이 불가능함). 이 옮기는 작업은 여러번 할 수 있기 때문에 현대 천체 망원경이 장기 노출 사진을 찍는 것이 특별히 어려운 일이 아니다. 허블 우주 망원경이 찍은 지구에서 가장 먼 거리의 우주 장면의 사진(Hubble Ultra Deep Field, HUDF; 허블의 초장거리 장면 - 그림 15)은 총노출 시간이 11일 이상이었으며 이 사진을 찍는 데에 4개월이 걸렸다. 이 사진 촬영에는 광전자를 저장할 커다란 버킷도 필요했지만 또한 계속 움직이는 망원경의 시선을 11일 동안 정확한 방향에 고정시킬 수 있었던 최첨단의 시선을 통제하는 전자 기술도 필요하였다. 이 장면은 전자 기술의 발달이 없었다면 전혀 볼 수 없는 것이다.

2.2.3 인공 위성

우리는 앞에서 지상 망원경의 단점은 대기의 광 흡수와 그것의 운동이라는 것을 알았다. 그림 12는 대기에 흡수되는 광선의 파장을 보여 준다. 화살표가 100%에서 끝나면 그것은 100% 대기에 흡수되어 대기를 통과한 후에는 그런 광선이 없다는 것을 의미하고 화살표가 0%까지 내려오면 그 광은 대기를 투과하여 지상까지 온다. 이 그림에서 제일 왼쪽이 감마선과 엑스선이며 그 다음에 색깔로 표시된 광선이 가시 광선이며 그 다음이 적외선과 라디오파이다(그림 8참조). 여기에서 보는 바와 같이 감마선, 엑스선, 그리고 많은 부분의 적외선이 대기에 흡수됨으로 이러한 광선을 방출하는 천체물을 지상에서 관측할 수 없다. 반면에 라디오파는 대기를 쉽게 통과하여 우리는 앞에서 거대한 라디오파 망원경이 6대륙에 흩어져 있다는 것을 알았다. 감마선과 엑스선이 대기에 흡수된다는 사실이 그 종류의 천체물 관측에는 지장을 주지만 우리들 건강에는 무척 다행한 일이다. 만일 그렇지 않았더라면 우리 모두가 암에 걸렸을 것이다. 또한 라디오파가 대기를 투과하는 덕분에 우리는 천체를 관측할 뿐만 아니라 텔레비전을 볼 수 있고 라디오를 들을 수 있다.

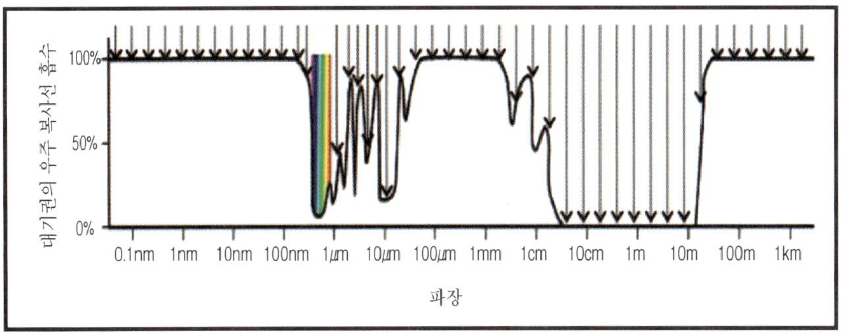

그림12 대기권의 우주 복사선 흡수와 복사선의 파장 관계

대기의 운동은 적응적 거울을 사용하여 그 피해를 제거할 수 있다는 것을 알았다. 하지만 대기권 밖의 우주에서는 그 피해가 없으므로 별이 반짝거리지 않으며 또한 대기에 의한 광선의 흡수도 없다. 이것이 인공 위성의 장점이다. 하지만 커다란 망원경을 우주에 올리는 것이 기술적으로나 경제적으로 용이하지 않으므로 우주 궤도에는 커다란 망원경이 많지 않다. 천문학 발전에 중대한 역할을 한 우주 망원경 중에서 널리 알려진 것 몇 개만 소개하겠다. 제일 잘 알려진 허블 망원경에 대해서는 이 장의 뒷부분에서 설명하겠다.

- **아이레스 적외선 관측 인공 위성** (InfraRed Astronomical Satellite, IRAS) – 앞 (2.1장)에서 간단히 설명하였던 이 위성은 1983년에 궤도에 올라가 10개월의 수명(액체 헬륨 양이 고갈되었음*)동안 약 35만 개의 새로운 적외선 방출 천체물을 관측하였다.

- **콤프턴 감마선 관측소** – 미국 나사 '대 관측소 사업' 의 하나로 감마선을 탐지하는 망원경으로 그 이름은 엑스선과 감마선을 연구하여 콤프턴 효과를 발견한 미국 물리학자 아서 콤프턴의 이름을 딴 것이다. 1991년에 발사되어 2000년까지 작동하면서 수많은 감마선 방출 천체물을 발견하였다.물을 발견하였습니다.

- **찬드라 엑스선 관측소** – 이것 역시 미국 나사 '대 관측소 사업' 의 하나로 엑스선을 탐지하며 그 이름은 '찬드라세카르 한계' (4.3.2 장 참조)를 발견한 인도 출신의 미국인 찬드라세카르의 이름을 딴 것이다. 1999년에 발사되어 현재까지 작동하고 있으며 엑스선을 방출하는 많은 새로운 천체물을 발견하였다.

- **스피처 우주 망원경** – 이것도 미국 나사 '대 관측소 사업' 의 하나이며 적외선을 탐지하는 망원경으로 그 이름은 인공 위성을 통한 우주 관측의 중요성을 오랫동안 역설해 온 물리학자 라이먼 스피처의 이름을 딴 것이다. 지름이 85cm되는 이 망원경은 2003년에 궤도에 올라가 2009년에 탐지기 냉동용 액체 헬륨이 떨어질 때까지 작동하였다. 이 망원경은 태양계 밖에 있는 행성을 처음으로 발견한 명성이 있으며 또한 우주 먼지에 쌓여 있어 가시광선으로는 볼 수 없는 은하수 중심을 적외선을 통하여 관찰하여 현재까지 가장 자세한 은하수 중심의 사진을 찍어 은하수의 내부 구조에 대하여 새로운 발견을 하였다는 명성도 얻었다. (3.3 장 참조).

- **코비(우주 배경 복사선 탐지기 - Cosmic Background Explorer, COBE)와 더블유맵(윌킨슨 우주 배경 복사선 탐지기 - Wilkinson Microwave Anisotropy Probe, WMAP)** – 우주 배경 복사선 측정을 목적으로 발사된 이 두 인공 위성은 제 9장에서 자세히 설명하겠다.

위의 것들은 미국 나사가 주최가 된 사업이며 유럽 우주국이 주최가

* 적외선 탐지기는 냉동시켜야 작동되며 이 냉동에는 보통 액체 헬륨(영하 269° C)을 사용한다. 이것은 증발하는 소모 물질이므로 이것을 사용하는 탐지기의 수명은 헬륨의 양에 달려 있다.

된 사업 중에서 유명한 우주 망원경 2개만 설명하겠다.

• **허셜 우주 관측소** – 현재 작동하는 인공 위성 망원경 중에서 제일 큰 이 망원경은 허셜(3.3 장 참조)의 이름을 딴 것이다. 이것은 지름이 3.5m 되는 반사 망원경이며 우주에서 처음으로 원(遠)적외선을 측정한다. 2009년에 탐지기 작동에 필요한 2,000L의 액체 헬륨을 가지고 궤도에 올라갔으며 이 헬륨은 약 3년 동안 지속될 것이라고 예상한다.

• **플랑크 인공 위성** – 위에 말한 미국 나사의 더블유맵보다 우주 배경 복사선을 3배 더 자세하게 그리고 10배 더 예민하게 측정하는 탐지기를 가진 망원경이다. 이것은 플랑크 상수를 발견하여 양자 역학의 탄생을 가능하게 한 독일인 막스 플랑크의 이름을 딴 인공 위성으로 2009년에 허셜 우주 관측소와 동시에 우주에 발사되었다.

• **허블 우주 망원경**

20세기의 천문학 발전에 가장 커다란 공헌을 한 망원경으로 우주 팽창을 발견한 허블(5.1장 참조)의 이름을 딴 것이다. 지름이 2.4m이며 가시광선과 이에 근접한 적외선을 측정하는 이 망원경은 나사의 '사업'의 첫 번째 망원경으로 오랜 계획 끝에 1978년에 미국 정부로부터 자금이 확보되어 본격적 제조에 들어갔다. 퍼킨엘머회사가 이 망원경의 거울 시스템을 제조하고 록히드회사가 망원경의 모든 나머지 구조를 제조하였다. 그 당시에 최대의 우주 망원경으로 12년의 기간과 25억 달러의 자금을 소모하고 또한 유럽 우주국의 협조까지 받은 이 망원경은 많은 사람들의 커다란 기대 속에 1990년 4월 24일에 스페이스 셔틀 31번에 의하여 우주 궤도에 올랐다.

하지만 전 세계가 기대했던 이 망원경의 최초 사진들은 모든 사람들을 크게 실망시켰다. 망원경의 초첨이 잘 맞지 않아 예상보다 10배로 확산된 분명치 않은 영상이 나타났다. '미국 나사가 당황했다' 고 말하는 것은 크게 줄잡아 하는 말일 것이다. 나사 당국은 곧 제트추진연구소(JPL) 소장 알렌 박사를 실패 조사단 단장으로 임명하고 실패 원인을 찾기에 나섰다. 4개월 후에 발표된 조사단의 보고서(92) 에 의하면 망원경 제 1거울의 표면 가장 자리가 규격대로 닦여지지 않았기 때문이었고 이런 실수가 생긴 이유는 그 거울 표면의 곡선을 측정하는 기구 자체에 이상이 있었기 때문이었다고 하였다. 그들은 이 망원경에 '안경' 을 씌워야 한다는 결론을 내리고 2개의 거울을 이 망원경에 추가하여 제 1거울의 흠을 교정하기를 추천하였다. 나사는 망원경 발사 3년 후에 실시된 첫 궤도상 정비작업(1993년) 때에 2개의 거울로 된 '안경'을 씌웠다. 이 작업에 의하여 허블 망원경은 규격대로의 성능을 완전히 회복하였고 이 후에 현재까지 5번의 궤도상 정비작업이 실시되었으며 그때마다 최신 장비가 설치되어 이 망원경은 현재까지 수많은 훌륭한 사진을 찍었다. 앞에서 말했던 이 망원경이 4개월에 걸쳐서 찍은 사진은 우주의 가장 먼 거리(130억 광년)의 장면을 보여 주며 10,000개의 은하를 사진 1장에서 볼 수 있다(그림 15). 허블 망원경이 우주학에 기여한 공적은 엄청나다. 한 통계에 의하면 허블 망원경의 관측 자료를 바탕으로 한 학술지에 발표된 논문의 숫자가 8,000편 이상이 된다고 한다. 현재에도 이 망원경을 사용하는 대규모의 관측 사업이 계속 진행되고 있다. 그림 13은 궤도상의 허블 망원경을 보여 준다.

• 제임스 웹 우주 망원경

미국 우주 비행의 초창기에 나사의 국장(1961~1968) 으로 지냈던 제임스 웹의 이름을 딴 이 망원경은 허블 우주 망원경의 후계 망원경으로 허블 망원경을 여러 가지 점에서 향상시킨 것이다. 우선 이것의 제 1거울의 지름이 6.5m로 허블의 2.4m에 비하여 2.7배가 된다. 우리는 앞에서 지름이 2배가 되면 2배로 먼 곳을 볼 수 있다는 것을 확인하였다. 실제로 관측할 수 있는 거리가 이론대로 2.7배가 되지는 않겠지만 허블보다 훨씬 더 멀리 볼 수 있다는 것은 분명하다. 이 제 1거울은 18개의 6변형 거울 단편으로 되어 있으며 이것들은 발사 때에 접혀 있고 궤도 상에서 제 자리로 펴진다. 허블에 비하여 또 하나의 큰 장점은 이것의 적외선 관측 능력이다. 이 망원경의 광 탐지기는 광범위한 적외선(0.6~28미크론)을 측정하도록 되어 있으며 허블은 이것에 비하여 범위가 좁다(0.8~2.5미크론). 적외선은 먼 곳을 관측하는 데에 적합한 파장이다. 다음 장에서 적색 이동에 대해 나오는데 먼 곳에 있는 천체물이 옛날에 방출한 광선은 적색 이동을 크게 하여 그 광선이 대체로 적외선이 되어 지구에 도달한다. 따라서 적외선을 사용하는 것이 먼 곳의 천체물을 탐지하는 데에 유리하다.

그림13 허블 우주 망원경

그림14 제임스 웹 우주 망원경

우리는 앞에서 적외선을 탐지하려면 그 탐지기를 냉동시켜야 한다는 것을 알았다. 이러한 이유 때문에 웹 망원경은 허블 망원경처럼 지구 주위를 돌지 않고 지구에서 많이 떨어진 곳에서 지구와 함께 태양 주위를 돈다. 그것의 위치는 태양과 지구를 연결한 직선에서 지구보다 태양에서 더 먼 쪽에 있다(이곳을 두 번째 라그랑주 지점이라고 함). 이곳에서는 태양, 지구, 그리고 달이 모두 거의 하나의 직선 상에 있어 이것들로부터 오는 열을 쉽게 차단할 수 있어 망원경과 탐지기를 냉동 상태로 유지하기가 비교적으로 용이하다.

이 망원경의 주 사명은 우주 초기의 현상을 자세히 관찰하는 것이며 이것을 위하여 광범위한 적외선 능력을 가지게 되었다. 구체적으로 이 망원경은 최초의 별이 언제 생성되었으며 또한 그 별들이 언제 우주에 존재하는 수소 원자들을 다시 이온화 시켰는지(이것을 재이온화(Reionization) 라고함), 또한 최초의 은하들이 언제 어떻게 생성되었는지 등을 알아보려고 한다. 전문가들은 최초의 별이 대강 우주 시작 후 5억 내지 10억 년에 생성되었다고 생각한다. 별이 생성되기 전에는 우주에 빛을 내는 것이 없어 이 시기를 암흑 시대 라고 부른다. 즉 이 망원경을 이용해 암흑 시대가 언제 끝이 났는지를 확인하고자 하며 현재 2018년에 발사하는 것을 계획하고 있다.

2.3 우주 장거리의 의미

인류 역사의 연구와 우주 역사의 연구 사이에 크게 다른 점 중 하나는 우주 역사 연구에서는 먼 옛날에 일어난 장면을 직접 볼 수 있다는 점이다. 이런 면에서 우주 역사 연구처럼 정확한 역사 연구가 없다고 본다. 우리가 어떤 물체를 본다는 것은 그것에서 나온(방출 또는 반사) 빛을 보는 것을 말하며 빛의 한정된 속도 때문에 그 빛이 우리에게 오는 데에 한정된 시간이 걸리는 것이다. 즉 먼 곳에서 오는 빛은 먼 옛날에 그곳을 떠났으며 그 빛이 언제 그곳을 떠났는지를 알려면 그 거리를 빛의 속도로 나누면 된다(이것은 우주 팽창을 무시했을 때의 경우). 앞에서 우리는 태양에서 지구까지 빛이 오는 데에 8분이 걸린다는 것을 알았다. 즉 우리가 태양을 보면 우리는 그것의 8분 전의 모습을 보는 것이다.

태양 다음으로 지구에서 가까운 별이 프록시마 켄타우리인데 거기에서 여기까지 빛이 오는 데에 약 4년이 걸린다. 빛이 1년 동안 가는 거리를 1광년(光年)(약 9,500조km)이라고 하며 따라서 이 별은 4광년의 거리에 있다. 즉 우리는 그 별의 4년 전 모습을 보고 있으며 현재 그 별이 사라졌는지 그대로 있는지는 알 수 없다. 만일 그 별이 4년 전에 폭발했다면 우리는 현재 그 폭발 장면을 관찰할 수 있을 것이며 만일 오늘 폭발한다면 우리는 4년 후에야 그 폭발의 순간을 관찰 할 수 있을 것이다.

장거리의 사진이 먼 옛날의 장면을 보여 준다는 사실이 우주 역사 연구에 커다란 도움을 준다. 즉 10억 년 전의 우주 모습을 알려면 10억 광년의 거리에 있는 장면을 관찰하면 되고 100억 년 전의 모습을 알려면 100억 광년의 거리에 장면을 관찰하면 된다. 그림 15는 앞에서 말한 사진기 노출 시간이 11일인 '허블 초장거리 장면' 사진이다. 이것은 초장거리 사진인 동시에 초고대 사진이다. 130억 광년의 거리에서 오는 빛은 130억 년 전 장면을 보여 준다. 이 희미한 빛을 오랫동안 모아 우리는 우주 시작 후 약 10억 년 되었을 때 장면을 보게 되었다. 인간의 평균 나이를 80세라고 하면 이것은 대략 6살 때의 사진을 보는 것과 같다. 천체 관측에서 먼 거리의 과거 장면을 보는 장점이 있는 반면에 그곳의 현재 장면을 보지 못하는 단점이 있다.

: 그림15 허블 초장거리 장면

3. 우주 천체물

3.1 태양계

태양계에는 태양과 여러 개의 행성이 있다. 몇 년 전까지만 해도 태양계에 지구를 포함하여 9개의 행성이 있다고 했었는데 그 중 하나가 목록에서 빠져 현재는 전부 8개이다. 왜 그렇게 되었는지에 대해서 행성을 다룰 때에 밝히겠다.

3.1.1 태양

태양! 하면 우선 먼저 떠오르는 생각이 그것은 뜨거운 불 덩어리로 우리에게 열과 빛을 주어 이 세상 만물의 존재를 가능하게 한다는 것이다. 태양은 우리가 밤 하늘에서 수없이 많이 보는 별들과 똑같은 것이며 따라서 이 별들을 이해하려면 태양을 이해하면 된다. 이 사실이 우리에게는 정말 다행한 일이다. 왜냐하면 만일 태양이 아니였더라면 우리는 별을 연구하기 위하여 그 다음으로 가까운 별을 연구해야 하는데 이것은 앞에서 말한대로 지구로부터 빛이 4년 걸리는 거리에 있으며 태양은 빛이 8 분 걸리는 거리에 있다. 만일 우리가 이 별에 인공 위성을 보내어 별을 연구해야 한다면 태양에 인공 위성을 보내는 데에 6개월이 걸렸다는 것을 생각하면 이 별에 인공 위성이 가는 데에는 13만 년이 걸릴 것이다. 태양이 이와 같이 가까운 거리에 있다는 장점을 이용하여 지구 위에 많은 태양 관측 전용 망원경이 설치되어 있으며 또한 우주에도 10개 이상(소호, 요코, 트레이스 등)의 태양 관측 인공 위성이 있다. 이들 중에서 제일 유명한 소호(태양과 태양권 관측소-Solar and Heliospheric Observatory, SOHO) 인공 위성은 미국과 유럽의 협조로 1995년에 궤도에 올라갔으며 여기에는 태양 외각 측정기, 태양 흑점 측정기, 태양 '지진' 탐지기 등 12가지 측정기가 있어 태양의 여러 가지 현상을 계속 측정하며 그 결과를 즉시 지구로 보내고 있다.

태양은 고대로부터 인간의 관심체였으며 20세기에 들어 관측 기술과 이론이 발달함에 따라 수천 명의 전문가들이 태양을 연구하게 되었고 이들이 수십 년 동안에 알아낸 태양 관련 지식은 막대하며(93)이 모든 지식이 우리가 밤하늘에서 보는 별에 직접 적용된다. 태양은 그 무게의 98%가 수소와 헬륨인 하나의 커다란 가스 덩어리이며 부피는 지구의 100만 배(지름은 100배)이고 무게는 지구의 30만 배이다. 즉 이것의 평균 밀도는 지구의 약 1/3이며 지구의 평균 밀도가 5.5(제 3.1.2 장 참조)라는 것을 생각하면 태양의 평균 밀도는 1.8이다.

이것은 물(밀도가 1.0)의 밀도보다 높은 것으로 태양 가스의 대부분이 압축되어 있다는 것을 의미한다. 가스 자체의 중력에 의하여 압축된 이 가스는 태양의 내부로 들어갈수록 압력과 온도가 올라가 핵심의 온도는 700만°C에서 1,500만°C까지 된다. 태양 내부 깊이 있는 기체는 그것의 고온 때문에 팽창하려는 동시에 그것의 무게 때문에 압축되려고 하여 결국 이 두 힘이 서로 균형을 잡아 태양은 옛날부터 지금까지 그 크기와 모습에 변함없이 존재하여왔다. 열이 생성되는 이 핵심 지역의 크기는 태양 반경의 약 1/5정도 이며 이곳은 압축된 수소와 헬륨으로 구성되어 있으며 그 밀도는 납의 13배가 된다. 이 물질의 상태는 흙반죽과 같으며 이것으로 벽돌을 만든다면 이 벽돌의 무게는 납 벽돌 무게의 13배가 될 것이다.

핵심 지역의 압력이 지구 대기 압력의 1~2천 억 배가 되지만 태양의 가장자리에 오면 이것이 지구 대기 압력의 약 1/1,000로 떨어진다. 태양 가장자리의 외각에 태양의 대기가 있으며 이것을 3부분으로 나눈다. 가장자리 제일 가까이 있는 것은 높이가 500km 되는 광구(光球-Photosphere)이며 그 다음에는 높이가 2,000km 되는 채구(彩球-Chromosphere)가 있고 그 밖에 광환(光環-Corona)이 있다. 이 중에서 광구만이 우리 눈에 보이기 때문에 태양의 크기를 말할 때는 태양의 광구까지를 포함한다. 채구와 광환은 특수 장비를 통하여 볼 수 있다. 그림 16의 (가)는 소호가 찍은 태양 흑점, (나)는 일식 때 보이는 광환, 그리고 (다)는 요코가 찍은 태양의 엑스선 장면이다.

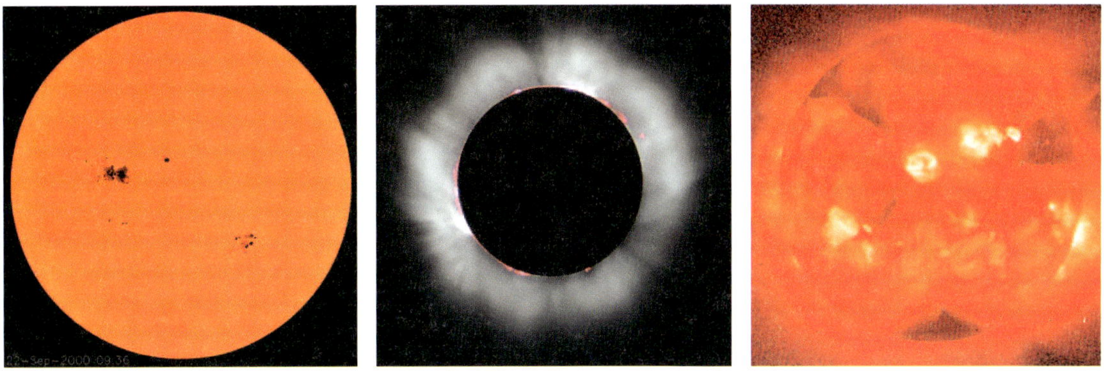

(가) (나) (다)

: **그림 16** 태양의 3가지 모습

(가) 태양 흑점(소호 인공 위성 사진) (나) 일식 때의 광환 (사진 판권 소유자: 룩크 비아투르)
(다) 엑스선 장면(요코 인공 위성 사진)

태양의 열은 핵심에서만 생성되며 7백만 °C 가 넘는 이 온도가 태양 표면까지 오면서 점점 내려가 표면에서는 약 6,000K(절대 온도 = 섭씨 온도 +273)가 된다. 태양 핵심의 열이 표면까지 전달되는 데에는 오랜 시간이 걸린다. 좀 더 구체적으로 말하면 태양 핵심에 있는 높은 에너지의 광자가 표면까지 새어 나오는 데에 여러 가지 충돌이나 에너지 전달 과정을 거쳐 결국 10만 년이 걸린다.[(94)] 6,000K의 태양 광선이 지구에 도달하여 지구 표면의 $1m^2$의 면적 당 약 1,400와트의 에너지를 뿌려준다. 이것은 100와트의 전등 14개에 해당하는 에너지로 적지 않은 양의 에너지이다. 인간은 어떻게 하여 이렇게 많은 에너지가 태양에서 계속 생성되는가 하는 의문점을 오랫동안 품어 왔다.

19세기까지 사람들은 태양의 내부는 석탄으로 되어 있으며 이것이 계속 타면서 열이 방출된다고 믿었다. 19세기에 들어 전문가들은 이 이론이 틀렸음을 알아내었다. 즉 태양만큼 큰 석탄이 그만한 열을 계속 방출할 경우에는 2,000년이면 석탄이 모두 타버린다는 것을 알았다. 그 후에 좀 더 그럴듯한 이론이 베를린대학의 물리학 교수 헬름홀츠(전자기학의 대가)에 의하여 제안되었으며 그는 태양의 열은 태양이 자체의 중력에 의하여 압축될 때 중력 에너지가 열 에너지로 전환되어 방출된다고 하였다. 켈빈

(절대 온도를 켈빈 온도라고도 함)은이 이론을 태양에 적용하면 태양은 약 2,000만 년 전에 탄생하였다는 결론이 나온다고 하였으며[95] 이것은 지구보다 더 짧은 역사이므로 사람들은 헬름홀츠의 이론도 틀렸다는 것을 알게 되었다.

1920년에 케임브리지 대학의 에딩턴교수(우리는 이 사람을 아인슈타인과 관련하여 알아 보았다)는 태양 에너지의 원천은 수소가 헬륨으로 융합되는 과정에 있다고 하였다. 즉 "4개의 수소 원자가 융합하여 1개의 헬륨 원자를 만들 때 4개의 수소 원자의 무게가 1개의 헬륨 원자보다 0.8% 무거우므로 이 반응에서 잔여 물질이 생기며 이 잔여 물질이(아인슈타인의) 질량과 에너지 등가원리에 의하여 에너지로 전환된다."[96]고 하였다. 이것이 태양열 원천의 올바른 설명이며 또한 수소 폭탄의 기본 원리이다. 에딩턴의 이 개념을 바탕으로 하여 1938년에 한스 베테가 별 속에서 이러한 반응이 일어날 수 있는 구체적인 과정을 핵물리학적으로 자세히 설명하여 별 속에서의 수소 융합이론이 확고히 설립되었으며 베테는 이 공로로 1967년에 노벨 물리상을 받았다.

태양의 광구 성분은 수소가 73%이며 헬륨이 25%이다(광구가 태양을 둘러싸고 있기 때문에 우리가 직접 측정할 수 있는 것은 광구이다). 태양이 처음 생성되었을 때에는 태양 전체가 대략 이런 성분이였으나(좀 더 자세한 것은 4.1장 별의 탄생에서 나옴) 시간이 가면서 핵심에서 수소가 헬륨으로 계속 융합되어 그 부분은 현재 헬륨이 60%를 차지한다. 태양에서 방출되는 열을 고려하면 우리는 태양 핵심에서 수소가 1초에 4백만 톤 정도가 탄다는 것을 알 수 있다. 이것은 우리들의 기준에 의하면 많은 양이나 태양의 무게를 생각하면 적은 양이다. 이러한 소모율로 태양은 지난 45억 년 간 수소를 태워 왔다. 현재 남아 있는 수소를 이러한 속도로 다 태워버리고 나면 태양의 종말이 오고 따라서 지구에도 종말이 올 것이다.

하지만 우리는 한동안 이 걱정을 하지 않아도 된다. 왜냐하면 태양에는 아직도 45억 년을 더 태울 수소가 남아 있기 때문이다. 태양 핵심에서 엄청난 온도가 생성되는 원리가 수소 폭탄의 원리와 같다고 하여서 이 반응의 장면이 수소 폭탄이 터지는 장면과 비슷하다고 생각하면 큰 오산이다. 태양 핵심에서는 수소가 지극히 서서히 타며 그 온도가 높은 이유는 타는 물질의 양이 많기 때문이다. 이것은 마치 커다란 퇴비(堆肥)가 썩으면서 높은 열을 내는 것과 같다.

앞에서 본 바와 같이 뜨거운 가스 덩어리인 태양에서는 여러 가지 신기한 현상이 많이 일어나며 그들 중에 어떤 것은 우리 생활에 커다란 영향을 주기도 한다. 이런 것 중의 하나인 태양의 흑점(黑点-Sunspot) (그림16 (가) 참조)에 대해서 간단히 설명하겠다. 이것은 또한 17세기 초에 갈릴레오가 망원경을 통하여 직접 목격한 후 이것의 최초 발견자가 누구인지에 대하여 그가 커다란 분쟁에 참여하였다는 사실을 우리는 앞에서 알았다. 태양 표면에 주기적으로 여러 개의 흑점이 나타나는데 이 흑점들의 크기는 보통 지구의 1배에서 3배 정도가 되며 개수는 최소 몇 개에서 최대 200개가 넘을 수도 있다. 이 숫자의 늘고 주는 기간을 태양 주기 또는 태양 자장(磁場) 활동 주기라고 한다. 즉 그 숫자가 많은 해에서 다음 번에 많은 해까지가 한 주기이며 이 기간은 보통 9~14년(평균 11년)이 된다. 이 숫자가 클 때를 태양 최대 자장기라 부르며 이때에는 지구의 온도도 조금 올라간다. 이때에는 또한 폭발 플레어(Solar Flare)현상도 종종 일어나 인공 위성 통신에 지장을 주기도 한다. 다행히 폭발 플레어 현상은 몇 분 내지 몇 십 분 후에 잠잠해 지며 흑점 자체는 2주 내에 90% 이상이 사라진다. 최근의 태양 최대 자장기는 2000년에 있었다.

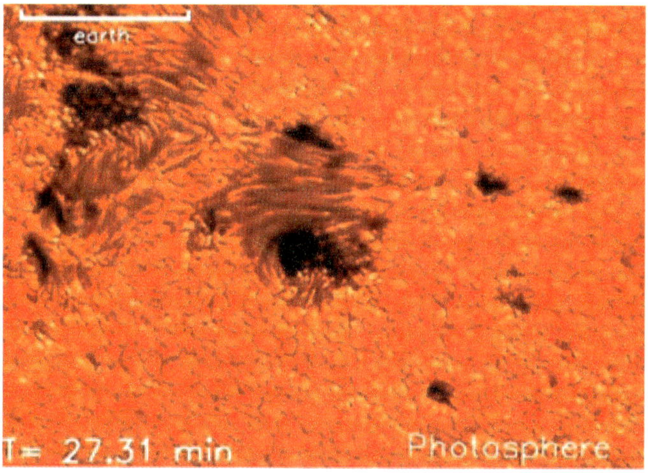

그림16 (라)태양 흑점 확대 장면

이 흑점이 생기는 이유를 간단히 알아보겠다. 태양은 하나의 가스 덩어리이므로 태양이 자전할 때 태양 전체가 같은 속도로 자전하지 않고 태양 적도의 자전 속도와 양 극 지역의 자전 속도가 다르다. 즉 적도의 자전 주기는 25일이며 양 극 지역에서는 34일이다. 이렇게 표면의 중간이 빨리 회전하고 양 끝이 천천히 회전하기 때문에 그 표면이 뒤틀어지게 되고(그림 16(라) 참조) 시간이 갈수록 점점 더 뒤틀어져 어느 때에 이르면 이 뒤틀림의 한계에 도달하여 드디어 이것이 곧게 되기 시작한다. 이것은 마치 우리가 한 밧줄의 위와 아래를 붙잡고 그 중간을 뒤틀면 어느 한계에 도달하면 우리가 그것에서 손을 떼어 그것이 다시 곧게 되거나 아니면 밧줄이 끊어지는 현상과 같다. 뒤틀어진 커다란 가스 덩어리의 모든 지역이 한꺼번에 곧게 될 수 없으며 따라서 처음에 곧게 되는 지역이 생기며 시간이 가면서 점차로 이러한 지역의 숫자가 증가한다. 곧게 되는 장소의 자장이 주위보다 훨씬 높아지고 이 높은 자장 때문에 가스의 순환이 저지되고 따라서 그곳의 온도가 주변보다 낮아진다. 결국 곧게 된 지역의 온도는 주위보다 1,500 °C 가량 낮아지며 온도가 낮은 이 지역이 우리에게는 검게 보여 우리는 이 지역을 흑점이라고 한다.

3.1.2 지구와 기타 행성들

우리가 중학교 다닐 때에 태양계에 수성, 금성, 지구, 화성, 목성, 토성, 천왕성, 해왕성, 명왕성 등 9개의 행성이 있다고 배웠다. 그런데 최근에 국제 천문학 연맹이 행성의 정의를 교정하여 현재는 명왕성은 행성에서 제외되었다. 이렇게 행성 정의가 변하게 된 이유는 천체 관측 기술이 발달함에 따라 새로운 천체물들이 발견되었으며 태양계 안에서 명왕성 크기만한 천체물이 2005년에 새로 발견되었기 때문이다. 이것은 에리스(Eris)라고 불리우며 크기는 최소 명왕성 정도이다. 따라서 문제는 이 새로운 천체물을 행성 목록에 포함시키느냐 아니면 명왕성을 그 목록에서 삭제하느냐 였다.

국제 천문학 연맹이 2006년 8월에 발표한 새로운 행성 정의에 의하면 태양계 행성은 (1) 태양 주위를 돌고 (2) 둥근(Round) 모양의 천체물이며 (3) 자기 궤도 주변을 깨끗이 치워야 한다고 하였다. 명왕성은 부피가 해왕성의 약 9,000분의 일이되는 작은 행성이라는 단점도 있지만 그 궤도 주변에 여러 개의 천체물이 존재하여 그것이 그 주변의 천체물과 별다른 점이 없다는 것, 즉 (3)번에 의하여 행성의 자격을 잃고 현재는 왜(矮)행성 그룹에 속하게 되었다.

그림 17은 모든 행성들의 상대적 크기를 보여 준다. 태양에 근접한 4개의 행성과 그 다음의 4 행성의 크기 차이가 뚜렷함을 알 수 있다.

그림17 태양과 행성들 (미국 나사 제공 - 행성들의 크기 비례는 실제와 같으나 거리 비례는 실제와 다름)

행성들은 그들의 정의 외에 다음과 같은 공통된 특징이 있다.(97)

(1) 모든 행성은 같은 방향으로 태양을 공전하며 그들의 궤도 평면은 거의 일치한다

(2) 2개를 제외한 모든 행성과 태양은 같은 방향으로 자전한다

(3) 태양에 가까운 4행성은 토질형 행성이고 그 다음 4개는 가스 자이언트 또는 얼음 자이언트 행성이다

(4) 행성들의 표면 온도는 금성을 제외하고는 모두 태양에서 멀수록 낮다

(5) 자이언트 행성들이 가지고 있는 달과 고리(Ring)의 숫자는 토질형 행성들이 가지고 있는 달과 고리의 숫자의 몇 십 배가 된다

이러한 특징이 생기게 된 경과를 하나씩 자세히 알아보자.

(1) 모든 행성은 같은 방향으로 태양을 공전하며 그들의 궤도 평면은 거의 일치한다

목성, 토성, 천왕성, 해왕성은 지구에 비하여 5배, 10배, 20배, 30배 먼 곳에서 태양을 공전하지만 그들의 궤도 평면이 지구의 궤도 평면과 이루는 각도는 모두가 2.5°미만이다. 즉 이렇게 먼 곳에 있는 천체들의 궤도가 모두 지구 궤도와 이처럼 평행한 것은 매우 놀라운 현상이다. 이것들이 평행한 이유는 태양의 시작 과정을 이해하면 쉽게 이해할 수 있다.

태양 시작의 자세한 과정은 별의 탄생(4.1장)을 다룰 때에 알게 되므로 여기서는 단지 결론만 요약하겠다. 커다란 우주 가스와 먼지 덩어리가 회전하면서 그 주위의 물질을 끌어당겨 점점 더 커지고 그리고 그후에 커다란 원반으로 변형되고 이 원반이 압축되면서 그 가운데에서 태양이 생성되었다는 것만 알면 된다. 이 우주 먼지의 집단이 회전하는 이유는 나중(4.1장)에 설명하겠는데 이것이 원반으로 되는 이유는 회전하는 피자도우가 언제나 납작한 원반으로 되는 것과 같은 이유이다. 이 큰 원반의 가장 안쪽이 태양이 되고 그 밖의 잔여 물질(1% 미만)이 모여 행성들이 되었다. 즉 모든 행성들은 회전하고 있었던 하나의 커다란 원반에서 시작되었기 때문에 모두가 같은 방향으로 회전하며 또한 그것들의 궤도 평면이 거의 일치하게 된다. 8개의 궤도 평면 중에서 각도 차이가 제일 큰 것이 수성의 궤도 평면이며 그것이 지구 평면과 이루는 각도는 7°이다.

(2) 2 개를 제외한 모든 행성과 태양은 같은 방향으로 자전한다

금성과 천왕성을 제외한 모든 행성과 태양이 같은 방향(태양계를 위에서 내려 보았을때 시계 바늘 반대 방향)으로 자전하는 이유는 이 모두가 하나의 광대한(태양계 전체 만한) 회전하는 원반에서 생성되었기 때문이다. 금성과 천왕성이 그 반대 방향으로 자전하는 이유는 먼 옛날 그들이 다른 천체물과 충돌하여 자전축이 거의 뒤집어졌기 때문이다. 태양과 6개의 행성이 같은 방향으로 자전하지만 그들의 자전축은 서로 평행하지 않으며 모두가 각각의 궤도 평면과 90°미만의 각도를 이루고 있다. 이 각도

를 경도(傾度)라고 하며 지구의 경우에는 이것이 23°이다(이 각도 때문에 4계절이 생긴다).

(3) 태양에 가까운 4 행성은 토질형 행성이고 그 다음 4개는 가스 자이언트 또는 얼음 자이언트 행성이다

태양에 가까운 4개의 행성을 지구형 또는 토질형 행성이라고 부르며 그들은 주로 흙과 바위와 철분으로 구성되어 있다. 이에 대조하여 그 다음 4개는 가스 또는 얼음으로 되어 있으며 이것들을 목성형 행성 또는 자이언트 행성이라고 부른다. 그들은 처음 4개보다 훨씬 크며(그림 17 참조) 목성과 토성은 주로 수소와 헬륨 기체와 액체로 되어 있으며 이들을 가스 자이언트(Gas Giant)라고 하고 천왕성과 해왕성은 주로 물과 다른 휘발성 물질이 얼어 있는 상태이므로 아이스 자이언트(Ice Giant)라고 한다. 자이언트 행성들의 표면이 고체가 아니기 때문에 여기에 우주선이 날라 가도 착륙할 수 없고 그냥 속으로 빠져 버린다. 이렇게 구성 물질이 다른 이유가 무엇일까?

하나의 원반에서 태양계가 생성되었을 때 원반 중심의 온도가 제일 높고 밖으로 나갈수록 온도가 감소했다. 태양을 생성한 중심과 그 곳에 가까운 지역의 온도는 몇 천 도가 되었으며 따라서 이 지역에는 그 온도를 견디어 낼 수 있는 내화성(耐火性) 물질만이 남아 있게 되었고 이것들이 모여서 내화성 물질로 주로 구성된 토질형 행성 4개를 생성하였다. 원반 중심에서 먼 곳에는 내화성 물질뿐 아니라 휘발성 물질도 남아 있게 되었으며 이것들이 모여 자이언트 행성 4개를 생성하게 된 것이다.

(4) 행성들의 표면 온도는 금성을 제외하고는 모두 태양에서 멀수록 낮다

행성의 표면 온도는 수성이 163°C, 지구 15°C, 화성 -63°C, 그리고 차례로 내려가 해왕성이 -215°C이다. 금성만이 예외로 이 경향을 벗어나며 온도가 464°C이다. 행성에 도달하는 태양의 열 양과 행성의 표면에서 방출되는 열 양이 동등하게 균형을 잡는 온도가 행성 표면의 온도라고 생각하고 이것을 계산하면 우리는 태양과의 거리가 멀수록 행성의 온도가 낮아진다는 결론을 얻게 되며 계산해 낸 온도와 실제의 온도가 거의 일치한다. 금성의 온도가 예외인 이유는 그것의 대기 속에 많은 탄산가스(대기의 97%)와 수증기가 존재하여 대기의 온실 효과가 일어나기 때문이다(참

고로 지구 대기의 탄산가스 농도는 0.04%이다).

(5) 자이언트 행성이 가지고 있는 달과 고리의 숫자는 토질형 행성들이 가지고 있는 달과 고리의 숫자의 몇 십 배가 된다

토질형 행성들 전체에 3개의 달(지구 1, 화성 2)이 있고 고리는 하나도 없다. 이것에 비교하여 자이언트 행성들에는 커다란 달만도 7개(작은 것까지 합치면 162개)가 있으며 또한 행성 각각이 몇 개의 고리를 가지고 있다. 그 이유는 태양과 행성들이 생성된 후에 중심(즉 태양) 부근에는 태양의 인력 때문에 잔여물이 많지 않았고 또한 이곳의 행성들은 크기가 작아 잔여물을 끌어당길 힘이 약하였다. 수성과 금성에는 달이 없으며 화성은 우연하게 자그마한 소행성 2개(지름이 8 km 와 14 km)를 끌어당겼다. 지구의 달은 화성만큼 큰 천체물이 지구와 충돌하여 생긴 것이다. 원반의 중심에서 먼 곳에는 잔여물도 많았고 또한 자이언트 행성들이 이 물질을 끌어당길 인력도 강하여 많은 달과 고리가 자이언트 행성 주위에 생성된 것이다.

토성 고리

모든 자이언트 행성들은 고리를 가지고 있으며 그 고리에 각각의 특이성이 있으나 여기서는 지구에서 가장 잘 보이는 토성 고리에 대해서 간단히 설명하겠다. 이것은 넓은 폭의 고리인데 그 폭이 모두 연속되지 않고 여러 개의 틈이 있어서 이 고리를 총 7개의 고리로 나눈다. 고리의 구성 분자는 99.9%가 얼음 덩어리이며 그 크기가 모래알 크기부터 집 크기만 하다. 이런 것들이 촘촘히 나열되어서 정확한 원형으로 토성 주위를 돌고 있다. 이것들이 정확한 원형으로 도는 이유는 마치 경기장에서 경기가 끝난 후 몇 천 명의 군중이 퇴장할 때 그들이 모두 일정한 속도로 퇴장하는 것과 같다. 만일 어느 누가 더 빨리 나오려고 하면 앞 사람에게 부딪치고 좀 천천히 나오려고 하면 뒷 사람에게 부딪친다. 이와 마찬가지로 고리속의 어느 얼음 덩어리가 원의 궤도에서 벗어나 토성 가까이 가면 그 안 쪽에 있는 덩어리에 부딪치고 토성에서 멀어지면 그 바깥쪽에 있는 것에 부딪친다. 결국 오랜 시간 후에 이들은 모두 정확한 원형을 그리게 된다. 단지 이것들이 경기장에서 퇴장하는 군중과 다른 점은 군중은 모두가 같은 속도로 움직이지만 고리의 얼음 덩어리들은 토성에 가까우면 케플러의 법

칙에 의하여 빠른 속도로 움직이고 멀면 늦은 속도로 움직인다는 것이다. 이 외에 또 하나의 놀라운 사실은 이 토성 고리의 두께가 매우 얇다는 것이다. 고리 3개("A", "B", "C"를 합친 것)의 폭은 지구 지름의 5배가 되지만 그 두께가 가장 두꺼운 곳이 약 100m이다. 이 두께를 종잇장의 두께만 하다고 치면 그 폭은 축구장 6개의 길이 정도이다.

지구 내부

지구 내부는 크게 지각, 맨틀, 핵 3부분으로 구분된다. 표면에서 35km 깊이를 지각, 다음 3,000km를 맨틀, 그리고 나머지 3,300km를 핵이라고 한다. 핵은 다시 내핵과 외핵으로 나누어지고 중심에서 1,300km (반지름) 지역이 내핵, 그 밖이 외핵이다.

지구 전체의 평균 밀도가 5.5(지구 무게를 부피로 나눈 것)이며 지구 표면의 대부분을 구성하는 흙이나 바위 등 광물질의 밀도가 2.5~3.5, 즉 지구 표면의 밀도가 약 3이다. 지구 내부의 밀도가 핵에 가까이 가면서 대략 균일하게 증가한다고 가정하면 중간 지역의 밀도가 평균 밀도에 가깝고 핵의 밀도가 8에 가깝다는 것을 예측할 수 있다. 철의 밀도가 7.9이고 니켈의 밀도가 8.9라는 것을 생각하면 지구 내부에 철이나 니켈 등의 금속물이 많다는 것을 짐작할 수 있다. 자세한 연구 결과에 의하면 내핵은 철 혼합물이나 니켈 혼합물로 구성되어 있으며 그곳의 온도는 약5,700 °C이며 압력은 대기 압력의 3백만 배가 된다. 이러한 고압에서는 온도가 높음에도 불구하고 이 금속 혼합물들은 고체 상태로 존재하며 외핵으로 나오면 그 압력이 떨어져 액체 상태로 존재하게 되고 그리고 맨틀은 주로 규산염암(硅酸鹽岩)으로 구성되어 있으며 이것은 고체 또는 유연성 상태로 존재한다.

지구 내부가 밀도에 따라 분화된 것을 보고 우리는 지구가 용해된 커다란 덩어리에서 시작되어 표면부터 식었다는 것을 알지만 그것이 계속 식어 현재 표면 온도가 15°C 가 되고 내핵의 온도가 5,700°C 로 되었다고 생각한다면 이것에 약간의 오해점이 있다. 만일 지구가 그것의 나이(3.1.3장 참조) 동안 계속 식어 갔다면 내핵의 온도가 오래 전에 내려가 그곳이 완전히 고체화 되었을 것이라는 이론적 결론에 도달하게 된다. 따라서 지구의 온도를 올려주는 열 원천이 어디엔가 있어야 하는데 이것이 지구 속에 있는 방사성 동위원소이다. 즉 이것들이 붕괴할 때 방출되는 열이 지구

의 온도를 올려주어 지구의 중심핵은 아직도 높은 온도를 유지하고 있는 것이다.[98]

3.1.3 소행성과 기타 천체물

커다란 원반에서 태양이 탄생하고 그 나머지 1%의 물질에서 8개의 행성이 탄생하며 그리고 나머지 물질 중에서 행성들 주변에 가까이 있던 것들은 행성들의 달이나 고리가 되었다는 것을 우리는 앞에서 확인하였다. 그렇다면 행성들 주변에서 멀리 떨어져 있던 물질들은 어떻게 되었을까?

그것들은 태양의 인력에 의하여 태양 주위를 돌며 소행성과 혜성으로 구분된다. 소행성(Asteroid)은 대체로 화성과 목성 사이의 비교적 따듯한 지역에서 태양을 공전하며 주로 바위 덩어리 상태이다. 크기는 약 50m에서 500km 이상까지 되며 100km 이상 되는 것이 약 200개가 되고 현재까지 관측된 소행성의 총 숫자는 33만 개가 넘는다. 그림 18이 소행성 대를 보여 주며 우리는 여기서 앞에서 설명한 대로 대부분의 소행성이 화성궤도와 목성궤도 사이에서 태양 주위를 도는 것을 볼 수 있다. 소행성 중에는 그 궤도가 지구의 궤도와 교차하는 것들이 있다. 이것들은 지구나 달과 충돌한 적이 있으며 또한 앞으로도 충돌할 가능성이 있다.

20세기에 들어 우리는 소행성을 가까운 거리에서 관찰할 수 있게 되었다. 처음 기회가 1991년에 갈릴레오 인공 위성이 목성으로 여행하는 도중에 가스프라 소행성과 아이다 소행성을 근접했으며 이때에 찍은 사진을 통하여 우리는 이것들이 커다란 천체물들 충돌 결과로 하여 그들로부터 부서져 나온 10~50 km 정도의 바위 조각이라는 것을 알게 되었다.

혜성(Comet)은 태양계 외각의 혹한(酷寒) 지역에서 태양을 공전하는 주로 얼음 덩어리로 그 크기가 보통 50m에서 50km 정도이며 이것이 간혹 태양에 접근하게 되면 태양의 열에 의하여 표면의 얼음이 작은 덩어리로 부서지거나 기체로 승화하여 우주에 긴 꼬리를 남기는데 이때 만일 지구가 이곳에 접근하면 하늘에서 긴 꼬리를 관찰할 수 있다. 관측된 혜성의숫자는 약 2,500개이며 이들은 크기가 적고 먼 곳에 있기 때문에 관측하기가 어렵다.

인류는 몇 천 년 동안 혜성과 그 꼬리를 보아 왔다. 20세기에 들어 그것의 본질에 대한 과학적 이론이 설립된 후에 전문가들이 이것을 관측을 통하여 증명할 기회를 노리고 있었을때 76년에 한 번씩 나타나는 핼리 혜성이 1986년에 찬란한 꼬리를 보여줄 것을 예측하였다. 유럽, 소련, 그리고 일본에서 총 5개의 인공 위성을 발사하여 혜성의 머리(혜성핵이라고 함)에 접근하여 혜성 표면과 승화 장면을 촬영하였고 그 결과를 이론과 비교한 결과 대체로 일치함을 확인하였다.

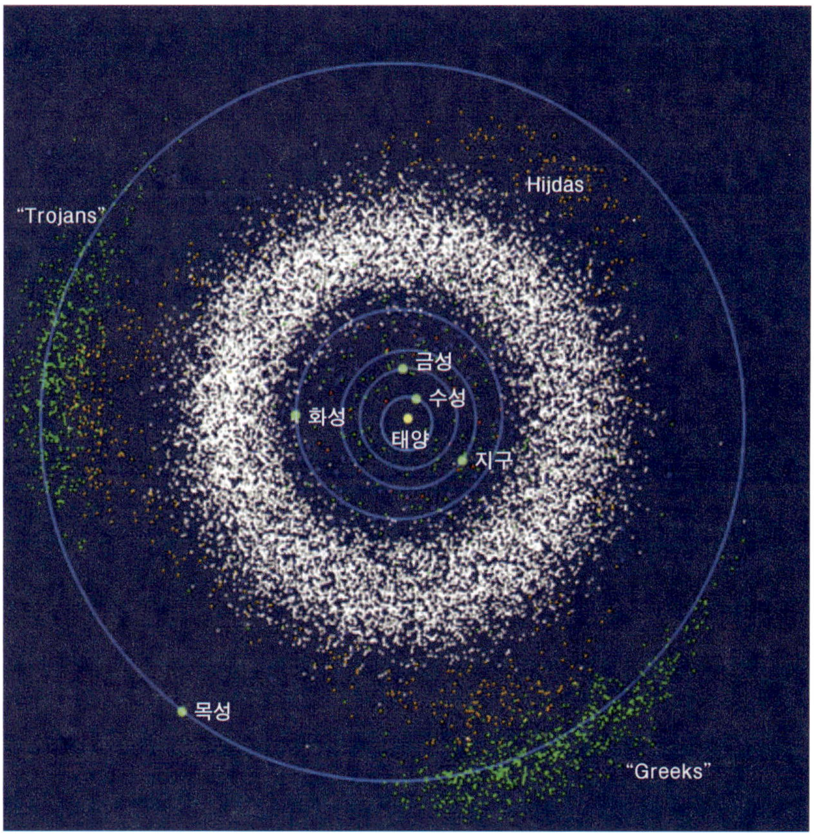

그림18 소행성 대

유성(Meteor)은 소행성들 간의 충돌이나 또는 태양 열에 의한 혜성의 붕괴 결과로 생긴 우주 부스러기 물질이며 따라서 그 근원이 소행성일 수도 있고 혜성일 수도 있으며 크기는 모래알 크기에서 100m까지 있다. 이것들의 궤도는 여러 가지이며 이 궤도와 지구 궤도가 교차하게 되면 이것은 지구 대기에서 녹거나 타버리는데 이 장면을 우리는 유성우(流星雨-

Meteor Shower)라고 부르고 땅에 떨어진 유성우의 잔재물을 유성체(Meteorite)라고 한다. 이것은 우주 바위 조각으로 구성 물질은 지구의 구성물질과 유사하여 지구의 나이를 추산하는 데에 하나의 자료로 쓰여지기도 한다.

3.1.4 지구의 나이

지구나 별의 나이를 측정하는 방법이 역사적 유물의 나이를 측정하는 데에 사용되는 방사성 탄소의 연대 측정법과 유사한 점이 많다. 이러한 방법이 신문이나 잡지에서 종종 언급되어 우리의 관심 대상이 되기 때문에 우선 이것을 알아본 후 그 방법과 유사한 지구 나이 측정법을 알아보겠다. 우리는 이집트의 유물이나 또는 사해문서(Dead Sea Scrolls)를 보면 과연 이것들이 얼마나 오래된 것인지 궁금해 한다. 역사적인 기록이 있어도 우리는 그 기록 자체가 진실인지 궁금하며 따라서 현대 과학을 이용하여 그 연대를 직접 측정하기를 원한다. 이러한 방법이 방사성 물질의 붕괴 현상을 이용하는 방법이며 이것은 미국 시카고대학의 윌라드 리비가 처음으로 개발하여 고대 유물의 연대 측정에 이용하였다. 즉 그는 박물관에 간직된 4개의 역사적인 유물을 선택하여 그것들이 가지고 있는 방사성 탄소의 양을 측정하여 나이가 500년 내지 5000년이 되는 유물들의 연대를 모두 3% 미만의 차이로 역사적 기록과 일치하는 결과를 얻어(99) 세상을 놀라게 하였다. 1960년에 그는 이 방법을 개발한 공로로 노벨상을 받았으며 이 방법은 현재 고고학과 역사학 연구에 많이 사용되고 있다.

이 방법이 무엇인지 간단히 알아보자. 모든 원자는 원자핵과 그 주위를 도는 전자를 가지고 있으며 탄소의 경우에는 6개의 전자가 핵 주위를 돌고 있고 핵 속에는 6개의 양성자와 몇 개의 중성자가 들어 있다. 그 중성자 숫자는 6, 7, 8개가 될 수 있다. 따라서 핵입자(양성자+중성자)의 숫자는 12, 13, 14개가 될 수 있으며 이들을 각각 탄소-12, 탄소-13, 탄소-14라고 한다. 자연에 존재하는 탄소의 대부분이 탄소-12이며 극소량이 탄소-14이다. 탄소-14(양성자 6, 중성자 8)는 방사성 물질이며 시간이 흐르면 그것의 중성자 하나가 자연적으로 전자를 방출하고 양성자로 전환되어 질소-14(양성자 7, 중성자 7)로 붕괴된다.

방사성 물질이 붕괴되는 속도는 '반감기(半減期)' 라고 하는 단위를 사용하여 표시하며 이것은 방사성 물질의 양이 절반으로 줄어드는 기간을 말한다. 탄소-14의 경우에는 반감기가 5,730년이다. 즉 1g 의 탄소-14는 5730년 후에 0.5g으로 감소한다는 뜻이다. 따라서 우리가 어느 물체가 옛날에 가지고 있었던 탄소-14의 양을 알고 그것을 그 물체가 현재 가지고 있는 양과 비교하면 탄소-14 가 얼마나 오랫동안 붕괴해 왔는지를 알 수 있으며 따라서 그 물체의 연대를 알 수 있게 된다. 문제는 옛날에 가졌던 양이 얼마인지를 아는 것이다. 방사성 물질 연대 결정 방법에는 언제나 이것이 가장 어려운 문제이며 이것을 아는 방법은 방사성 물질에 달려 있다. 탄소-14의 경우에는 자연적인 특수한 방법이 있다. 이 물질은 우주광선에 의하여 대기에서 자연적으로 생성되며 따라서 이것이 대기 속에 존재하는 양은 언제나 일정하며 대기를 호흡하는 모든 생물들은 언제나 이 고정된 양의 탄소-14 를 몸(또는 나무) 속에 가지고 있다. 그런데 이 생물이 일단 호흡을 멈추면 그때부터 그것이 가지고 있는 탄소-14는 보충되지 않고 붕괴만 되기 때문에 그것이 가지고 있는 현재의 양을 측정하면 몇 년 동안 붕괴되어 왔는지를 알 수 있다.

지구 나이를 측정하는 방법도 방사성 물질의 붕괴 현상을 이용한다. 단지 차이는 반감기가 훨씬 더 긴 방사성 물질을 사용해야 하는데 그 이유는 예를 들어 탄소-14를 사용하면 이것은 4만년 후에는 그것의 최초 양이 1/100로 줄어들어 이렇게 적은 양의 측정에는 오차가 크기 때문에 연대 추산에도 오차가 크게 된다. 따라서 반감기가 긴 방사성 물질이 필요하며 44.6억 년의 반감기를 가진 우라늄-238이 적합하며 이것은 납-206으로 붕괴되며 따라서 바위에 포함된 우라늄-238과 납-206의 양을 측정하면 그 바위의 나이를 알 수 있다. 지르콘(광물의 일종)은 그 구조의 형태 때문에 우라늄-238을 포함할 수는 있어도 납-206은 포함할수 없다. 따라서 천연에 존재하는 지르콘에서 납-206을 발견하면 우리는 이것이 우라늄-238이 붕괴되어 생성된 것이라는 것을 알게 되며 이 두 양을 측정하면 우라늄-238이 얼마 동안 붕괴되어 왔는지를 알 수 있다. 이러한 방법을 좀 더 정밀하게 이용하여 미국의 패터슨이 1956년에 지구의 나이가 45.5억 년이라고 발표하였으며[(100)] 이것은 지금까지도 가장 정확한 측정값이라고 전문가들은 믿고있다.

3.1.5 태양계 밖의 행성들

지구 외의 다른 천체물에도 사람(또는 지성적 생명)이 살고 있을까 하는 궁금증은 인간이 달을 처음 보았을 때부터 지금까지 계속 이어지고 있다. 현재 우리는 지구나 태양이 우주의 특별한 위치에 있지 않다는 것을 알게 되었고 따라서 우리와 같은 지성체가 다른 천체물에도 살고 있지 않을까 하는 호기심이 높아졌다. 현대 통계에 의하면 이와 같은 외계인이 존재할 것이라고 믿는 사람들이 절반 이상이라고 한다.(101) 과학이 발달하면서 외계인에 대한 호기심이 상상에서 과학 실험으로 옮겨졌으며 이것과 관련된 사업에 2가지 종류가 있다. 한 사업은 우주에 이미 지성적 생명이 존재할 수 있다고 생각하고 이 경우에 마치 우리가 텔레비전이나 라디오 전파를 우주에 보내듯이 그들도 이러한 전파를 우주에 보낼 것이므로 이 전파를 탐지하려는 것이다. 다른 사업은 생물의 존재를 허용할 가능성이 보이는 천체물을 직접 탐지하려는 것이다. 생명체(우리와 유사한 생명체)가 존재하려면 산소와 수분이 필요하며 이것들이 존재하려면 그 천체물에 대기가 있어야 하고 또한 적당한 온도 조건이 필요하다. 따라서 이 천체물은 하나의 행성이며 또한 이것은 이것을 끌어당기는 별(예를 들면 지구를 끌어당기는 태양)에서 알맞는 거리에 떨어져 있어야 한다. 이 2가지 사업이 모두 활발히 진행되고 있다.

첫 번째 사업은 '지구 밖의 지성적 생명 수색(Search for Extra-Terrestrial Intelligence, SETI)' 이라는 명칭 하에 현재에도 수많은 학자와 아마추어 천문가들이 최신 과학기술을 동원하여 전파 수신에 노력하고 있다. 1960년대에 이 사업이 시작되었으나 현재까지 외계에서 온 전파를 접수하지 못하였다.

두 번째 사업은 어려운 천문학 과제이다. 지구의 부피가 태양 부피의 백만 분의 일이라는 것을 생각하면 방대한 별 세계에서 하나의 행성을 찾는 것이 얼마나 어려운지 상상할수 있다. 크기가 작을 뿐만 아니라 행성은 빛을 방출하지 않으며 또한 별 가까이에 있기 때문에 별 빛 속에 묻혀 이것을 직접 관측할 수 없다. 따라서 전문가들은 별의 관측을 통하여 그 주위의 행성의 존재 여부를 간접적으로 알아내려고 한다.

이러한 방법에는 몇 가지 있는데(102) 여기서는 많이 사용되는 2가지 방법을 설명하겠다. 첫 번째는 별의 움직임을 측정하는 방법이다('시선 속도 방법' 이라고 함). 행성이 별 주위를 돈다는 것은 정확하게 말하면 행성과 별이 그들의 공통 무게 중심점을 중점으로 하여 그 주위를 공전한다는 것을 뜻한다. 따라서 별도 움직이며 이 움직임을 측정하면 그것을 움직이게 하는 행성의 크기와 거리를 추산할 수 있는 것이다. 1995년에 발견된 최초의 태양계 밖의 행성은 이 방법을 이용한 것이다. 두 번째는 행성이 별 앞을 지나가는 것을 측정하는 것이다('통과 방법' 이라고 함). 즉 이때에 별 빛이 행성에 의하여 차단되어 그것이 낮아지며 그 낮아진 정도와 기간을 측정하면 그 행성의 크기와 거리를 알 수 있게 된다. 현재 대부분의 행성은 '통과 방법' 에 의하여 발견되고 있다. 현재까지 거의 700개의 이와 같은 행성이 발견되었으며 그 중에는 태양계처럼 별 하나에 몇 개의 행성이 소속되는 행성 시스템도 몇 십 개가 포함되어 있다. 하지만 아직까지 생명의 존재를 허용할 가능성을 보여 주는 행성은 발견되지 않고 있다. 여기서 우리는 현대 관측 기술의 제한에 의하여 지금까지 우리의 가까운 주변만 관측하였다는 것을 명심해야 한다.

이제 태양계를 벗어나 은하(별의 집단)를 알아보겠으며 그 전에 우리에게 우주에는 이런 것들이 수많이 존재한다는 것을 처음으로 알려준 사람에 대해서 살펴보도록 하자.

3.2 윌리엄 허셜

허셜의 본업은 음악가로서 음악단을 지휘하고 음악을 가르치고 작곡하여 모은 돈으로 망원경 재료를 구입하여 손수 망원경을 만들고 취미로 천체를 관측하여 천왕성을 발견하였다. 그는 2,400개의 새로운 네뷸러(대부분이 은하)와 800개의 새로운 쌍성과 그리고 적외선을 발견하였다. 또한 집 안에서 가족들의 천대를 받고 있는 여동생을 데려와 교육시켜 직업 가수로 만들었을 뿐 아니라 결국 유명한 천문가가 되도록 이끌어 준 이 사람의 비범한 생애를 간단이 알아보겠다.

: 그림19 윌리엄 허셜

윌리엄 허셜[103] (1738~1822)의 아버지 아이작 허셜은 11 살에 돌아가신 아버지가 해 오던 정원사 일을 맡아서 하게 되었으나 그 일을 싫어하였다. 다행히 그에게는 음악 소질이 있어 정원사로 일하면서 오보에 연주를 배워 21살에 하노버(현 북부 독일)의 군악대에 오보에 연주자로 고용되었다. 그곳에서 결혼하고 1738년에 셋째 아이를 낳고 그에게 빌헬름 허셜이라는 독일 이름을 주었다. 허셜에게는 형, 누나, 두 명의 남동생, 그리고 여동생 캐롤라인이 있었다. 그의 아버지는 아들들에게 어렸을 때부터 음악을 가르쳤으며 빌헬름은 4살 때 바이올린을 연주할 수 있었다. 그리고 그는 수학과 불어를 배웠고 또한 아버지와 함께 자주 밤하늘을 구경하였다.

1740년에 유럽에 큰 전쟁이 일어나 하노버의 군대가 참전하게 되었고 따라서 그의 아버지는 군악대를 따라 오랫동안 전쟁 생활을 하게 되었다. 도중에 병이 들어 은퇴할 자격이 생겼으나 본부로부터 은퇴하지 않고 근무하면 그의 두 아들을 군악대에 받아주겠다는 약속을 받고 계속 근무하였다. 따라서 빌헬름은 14살 때부터 군악대에서 오보에를 연주하게 되었다. 1756년 봄 하노버 군대가 영국으로 갔을 때 18살의 빌헬름은 아버지와 형과 함께 군대를 따라 영국으로 갔다. 그해 말에 그들은 하노버로 돌아왔으나 이때에 하노버가 프랑스로부터 패전을 당하여 그가 프랑스 군대에 징집당할 가능성이 생겼고 이것을 우려한 부모들의 권고를 따라 그는 형과 함께 그 이듬해에 다시 영국으로 돌아갔다.

그들은 음악 연주가의 직장을 구하였으나 결국 구하지 못하여 개인 음악 교사로 생계를 유지하다가 2년 후에 형은 하노버로 돌아가고 윌리엄(영국에서 빌헬름을 영국식 이름으로 바꿈)은 1760년에 달링턴 군악대의 지휘자로 고용되었다. 이 군악대는 총 인원이 4명이어서 그에는 자유 시간이 많았고 따라서 음악을 가르치기도 하고 군대 음악이 아닌 교향곡 등의 작곡도 하고 또한 영어, 라틴어 등 언어 공부와 수학 공부도 할 수 있었다.

2년 후 리즈 도시의 오케스트라의 지휘자가 되었으며 여기에서 그는 지휘자 겸 독주가(바이올린 또는 오보에)로 많은 공연을 하고 또한 계속 음악도 가르치고 작곡도 하여 경제적으로 풍족한 생활을 하게 되었다. 하지만 그는 무엇인가 부족함을 느꼈다. 그의 형에게 이 당시에 보낸 편지에서 그는 "음악이 과학보다 100배로 어렵지 않다는 것은 참으로 유감스러운 일이다"라고 말하였다. 그는 뉴턴의 미적분학 책을 읽기 시작하였고 또한 육안으로 천체를 관측하고 천문학 잡지를 읽기도 하였다. 4년 후(1766년)에는 바스교회의 오르간 연주가가 되었고 그곳에서 곧 합창단을 조직하여 지휘를 맡았다. 그 이듬해에 그의 아버지가 돌아가자 그는 하노버에 있는 형제들을 차례로 영국으로 초청하였다. 처음에 형부터 시작하여 1772년에는 여동생 캐롤라인을 불러들였다.

자기보다 12살 아래인 캐롤라인과 윌리엄은 어렸을 때부터 특별히 가까웠다. 아버지가 돌아간 후에 캐롤라인은 집 안에서 불행하게 지내고 있었다. 그 당시 풍습과 특히 어머니의 고집에 의하여 교육을 받지 못해 그녀는 가정교사 될 실력도 없었고 또한 육체적으로도 불리한 점(키가 작고 어렸을 때 앓은 천연두 때문에 얼굴에 흉이 있음)이 있어 집안 식구들의 시중만 들었다. 그의 아버지는 그녀를 보고 "너는 부자도 아니고 예쁘지도 않아서 아무도 너에게 청혼을 하지 않을 것이니 결혼 생각은 아예 하지 말아라. 네가 늙으면 어떤 늙은이가 너의 성품을 보고 데려갈지 모르겠다"라고 하였다고 그녀는 자기의 회고록에 기록하였다.(104) 22세의 캐롤라인이 영국에 도착하자 그는 곧 그녀에게 음악 가수 공부와 영어(독일어가 모국어), 수학, 그리고 가정 장부를 정리하는 방법을 가르쳤으며 몸가짐의 교육도 받게 하였다. 5년 후에 그녀는 무대에서 독창을 할 수 있었고 음악제전에서 선임가수로도 노래하였으며 그 후에 버밍엄 음악단이 그녀를 직업가수로 채용하겠다고 제의하였다. 하지만 그는 오빠가 지휘자가 아닌 합창단에서는 노래하지 않겠다고 말하고 그 제의를 거절하였다.

윌리엄은 천문학지를 읽으면서 자기도 망원경을 통하여 이것들을 직접 관찰하면 얼마나 좋을까라고 생각하다가 드디어 1773년에 35세된 그는 이 생각을 실천으로 옮기기로 결심하였다. 천체의 각도를 재는 각도기, 삼각함수책, 그리고 천체 관측에 관한 몇 권의 책을 샀다. 망원경을 살 돈이 없어서 그 자신이 망원경을 만들기로 하고 첫 사업으로 길이가 약 6m인 망원경을 만들 계획을 하였다. 여러 개의 렌즈와 양철관을 구입하고 그는 이때부터 천체의 일에 집념하였다. 곧 굴절 망원경(렌즈 사용) 제조의 어려움을 실감하고 반사 망원경(거울 사용)을 제조하기로 하였다(그가 처음에 완성한 망원경은 길이가 약 2m인 반사 망원경임). 이러는 중에도 그는 이러한 일을 가능하게 해주는 음악가로서의 일을 소홀히 할 수 없었다. 오르간 연주와 음악 강습, 그리고 2개의 합창단과 오케스트라의 지휘가 그의 수입의 원천이였으며 이런 일로 그는 무척 바빴다. 돈의 여유가 생기는 대로 망원경 제조에 필요한 재료와 장비를 장만하였고 틈이 나는대로 망원경 제조에 시간을 보냈다. 그의 셋집 여러 방에 유리를 가는 기계, 선반 기계, 용광로 등이 흩어져 있었고 목수 등 많은 일꾼들이 집안 여기저기서 망원경 제조 작업을 하였다.

그는 저녁에 연주회를 마치고 집에 돌아오면 옷을 갈아 입지도 않고 망원경 작업을 한 적이 빈번하였으며 따라서 그의 연주회 의상에는 많은 오물이 묻어 있었다고 캐롤라인이 그의 자서전에 기록하였다. 그 자신이 직접 망원경 거울을 갈고 닦았는데 한 번은 그 거울에서 16시간 동안 손을 뗄 수가 없어 캐롤라인이 그에게 음식을 먹여 주기도 하였다. 또 한 번은 용광로에서 끓고 있는 금속 물질(거울의 물질)이 용광로에서 새어 나와 방 바닥에 흘러 돌로 된 바닥이 폭발하여 돌 조각들이 천장에 튀기까지 하였으나 다행히 허셜과 그의 일꾼들은 폭발 직전에 문 밖으로 뛰어 나가 그들은 피해를 면하였다(현재 이 곳은 박물관으로 되었음).

망원경 제조에 거의 5년을 들인 후 1778년 무렵부터 그는 천체 관측을 시작하였다. 그는 주로 길이가 0.9m인 것과 6m인 망원경 2개로 천체 관측을 하였는데 그가 살던 셋집에는 마당이 없었기 때문에 0.9m 망원경은 길거리에 세워 놓고 관측하였고(천체 관측은 언제나 밤에만 함을 기억하자) 6m 망원경은 남의 마당을 세를 내어 그곳에 두고 그 집에 가서 관측하였다.

관측 시작 후 3년이 되는 1781년 3월에 그는 이상한 천체물 하나를 발견하였다. 그것은 모양도 별과 조금 다르며 또한 별을 배경으로 하여 움직이기 때문에 별이 아님을 확신하고 아마 그때까지 알려지지 않은 새로운 혜성이라고 생각하였다. 이 발견을 영국 학술원 회원들에게 알렸을 때 학술회 회원들이 곧 그 관측을 확인하려고 하였으나 몇 명은 그것을 관측할 수 없어 그들은 허셜의 관측에 의심을 가졌다. 그들이 그 '혜성'을 쉽게 관측할 수 없었던 이유는 그들이 사용한 망원경이 허셜이 손수 만든 망원경에 비해 성능이 많이 뒤떨어졌기 때문이었다. 사실상 허셜의 망원경이 그 당시 세계에서 성능이 제일 좋았으며 바로 이 '혜성'이 천왕성이다.

학술원 회원들이 허셜의 본업이 음악가이며 천체 관측은 취미로 한다는 것을 알게 되자 이것을 안타깝게 생각하여 어떻게 하면 그가 천체 관측에만 전렴할 수 있을까 하고 궁리하였다. 그들은 그에게 이 새로 발견된 천체물을 명명할 때 조지왕의 명예를 높여 주면 왕이 무슨 직책을 하나 줄 것이라고 말하였다. 그들의 권고를 따라 그는 새로운 '혜성'을 '조지의 별' 이라고 불렀다. 그들은 왕이 그를 왕의 개인 천문소 소장으로 임명할 것을 기대하였으나 그 직책은 다른 사람에게 주어지고 왕은 그를 왕의 손님 접대 천문가로 임명하였다. 그의 책임은 왕의 손님들을 허셜의 집에 데려가 천체 관측을 시키는 것이었다. 받게 될 월급은 그가 당시에 음악가로

그림 20 허셜이 만든 '12m 망원경'

벌던 돈의 절반이었지만 그것을 받아들였다.

그림 20은 허셜이 만든 망원경 중 가장 큰 것으로 왕이 그 비용을 담당하였는데 이것의 구경은 1.2m이고 초점거리가 12m였다. 이것은 제조 후 50년 동안 세계에서 제일 큰 망원경이라는 명성을 가졌다.

헤쉘은 은하의 분포를 최초로 광범위하게 정밀하게 관찰하고 그 기록을 남겼다. 그는 우주에 흩어진 수많은 네뷸러(희랍어로 '구름' 이라는 뜻으로 천문학에서는 희미하게 보이는 은하나 그 변두리의 가스를 의미함)를 관찰하였다. 허셜 당시에는 이것을 우주의 구름이라고 생각하였으나 그것이 움직이지 않고 별처럼 고정되어 있기 때문에 천문가들의 관심의 대상이 되었으며 현재는 이것의 대부분이 은하라고 확인되었다. 허셜 전에는 100여 개의 네뷸러가 기록되어 있었는데 허셜은 그 목록을 2,500개 이상으로 늘렸다. 그는 또한 쌍성(雙星)(이것은 공동의 무게 중심 주위를 공전하는 두 개의 별을 말함)을 관찰하여 800개 이상을 기록하였으며 관찰한 별의 절반 이상이 쌍성이라는 것을 발견하였다. 그는 은하수가 원반형이라는 것을 알아냈고 또한 그 속에 있는 별의 숫자를 추산하고 이것을 바탕으로 하여 최초의 은하수 모델을 개발한 공적이 있다. 그는 또한 태양계가 회전하고 있는 방향을 알아내었고 적외선을 발견하였다. 2009년에 유럽 우주 연구소가 우주로 발사한 허셜 우주 관측 인공 위성은 이 사람의 이름을 딴 것이며 이것은 현재까지 우주로 올린 망원경 중에서 구경이 가장 큰 것으로 탐지하는 광선이 바로 그가 발견한 적외선이다.

영국의 하늘에 구름이 적은 계절은 겨울이며 천체 관측은 밤에 해야 하기 때문에 허셜은 수많은 추운 겨울밤을 밖에서 꼬박 새우면서 천체 관측을 하였다. 그의 동생 캐롤라인이 언제나 그의 옆에서 조수로 일하였다. 조수의 업무는 오빠가 빌려오는 천체 자료의 책을 손으로 베끼기도 하고 그가 천체를 관측할 때 그가 천체의 좌표를 읽으면 그것을 받아 쓰고 망원경의 방향을 그의 요청대로 움직여 주고 또한 차도 끓여 주는 것 등이었다. 한 번은 어두운 밤에 급히 오빠의 요청대로 망원경을 돌리다가 넘어져 넓적다리가 커다란 쇠갈고리에 찔리고 큰 살점이 떨어져 나가 침대에 2주 동안 누워 있어야 했던 적도 있었다. 그녀는 오빠의 충실한 조수로 그의 곁에서 결혼도 하지 않고 40년을 도왔다. 1786년에 허셜이 유럽대륙에 2개월 여행하는 동안에 캐롤라인 자신이 새로운 혜성을 발견하게 되었다. 결국 그녀는 평생 8개의 새로운 혜성을 발견하였으며 오빠와 관계없이 독립된 유명한 천문가로 소행성 하나와 달의 분화구 하나가 그녀의 이름을 따서 명명되었다. 허셜은 천체 관측 절정기를 지난 50세에 결혼하였고 84세에 세상을 떠났다.

3.3 은하수와 기타 은하들

태양 외에도 우리는 수많은 별을 볼 수 있으며 이 대부분의 별들은 은하수(Milky Way 또는 Milky Way Galaxy) 속의 별이다. 하지만 은하수가 우주의 전부가 아니다. 인류는 20세기에 들어 이 사실을 알게 되었으며 우리는 5장에서 이 과정을 자세히 알게 될 것이다.

별의 집단을 은하(Galaxy)라고 부르며 이 속에는 별뿐만 아니라 별의 잔존물, 우주 가스, 먼지 등이 섞여 있다. 은하의 종류는 생긴 모양에 따라 크게 3종류로 구분되는데[(105)] 나선(螺旋) 은하, 타원(楕圓) 은하 그리고 불규칙 은하가 여기에 해당된다. 그림 21이 이들의 사진이며 여기에 나선 은하의 일종인 막대 나선 은하의 사진도 포함되어 있다.

은하의 이름은 보통 엠(M)이나 엔지씨(NGC)로 시작된다. 예를 들면 안드로메다 은하(은하수에 제일 가까운 은하 – 나선 은하)는 엠31(M31) 또는 엔지씨224(NGC224)이다. 엠(M)은 은하의 목록을 처음으로 작성한 18세기의 프랑스의 천문학자 샤를 메시에(Charles Messier)의 이름 첫 글자를 딴 것이며 엠1에서 엠110까지 있다. 엔지씨(New General Catalogue)는 19세기 말 영국의 천문가 존 드라이어(John Dreyer)가 허셜의 목록을 경신하여 발표한 목록으로 그 후 점차 목록의 숫자가 증가되어 현재 거의 8,000개의 물체를 포함하고 있으며 모든 메시에 목록의 천체물들이 여기에 다시 수록되어 있다.

은하들의 작은 집단을 은하군(Galaxy Group), 조금 더 큰 것은 은하단(Galaxy Cluster)이라고 부르며 은하군이나 은하단들의 모임을 초은하단(Galaxy Supercluster)이라고 한다. 은하단 속에는 몇 백 개 내지 몇 천 개의 은하가 포함되어 있으며 초은하단 속에는 몇 만 개 내지 몇 십만 개의 은하가 포함되어 있다. 그림 22는 은하군과 은하단의 사진이다. 그림 22(가)에서 보이는 '스테판의 5 중주단'은 밀집 은하군으로 이름에 5개의 은하로 되어 있으나 왼쪽 위 부분에 있는 은하는 나머지 4개보다 지구에 7배 가까이 있다. 중간에 있는 두 은하는 충돌하고 있다. 그림22(나)에 보이는 은하단 아벨 1689에는 조(兆) 개의 별이 있다고 추산한다. 이것은 지구로부터 22억 광년 떨어진 곳에 있으나 그것의 거대한 질량이 중력 렌즈(다음 장 참조)의 작용을 하여 128억 광년 거리에 있는 물체(사진 속의 사각형)를 이 사진의 영상에 끌어들였다.

은하수는 지름이 십만 광년이 되는 대체적으로 원반형으로 생긴 은하이며 태양은 은하수의 중심으로부터 반경의 약 절반이 되는 곳에 위치하고 있다(그림 24 참조). 은하수 속에는 2,000억 내지 4,000억 개의 별이 있다고 추산된다. 안드로메다 은하(엠31)는 약 250만 광년 떨어져 있고 크기는 은하수의 약 4배가 된다. 이 두 은하는 국부(局部) 은하군이라고 부르는 은하군에 속하며 이 은하군의 크기는 반지름이 약 500만 광년이며 30개 이상의 은하를 포함하고 있고 이 중에서 제일 큰 것이 안드로메다 은하이고 그 다음이 은하수이다. 국부 은하군은 버르고(Virgo)라고 불리는 초은하단에 속한다. 그림23은 버르고 초은하단을 보여준다. 그림의 제일 가운데에 있는 것이 국부 은하군(Local Group)이며 숫자로 표시된 것의 대부분(NGC 1023, NGC 2997, M81 등)이 은하군이다. 이 속에 3개의 은하단(노란 색으로 표시된 지역)이 보이며 점 하나가 은하 하나를 나타낸다. 그림 속의 막대기의 길이가 1,000만 광년이다. 이 초은하단 외에도 우주에 2~30개 이상의 초은하단이 있다고 알려져 있다. 이 그림에서 보여지는 바와 같이 은하들은 일반적으로 우주에 골고루 분포되어 있지 않고 여기 저기에 몰려 있으며 이와 같은 천체물의 대규모적인 분포 구조와 그것의 이유를 알아내는 것이 현대 우주학에 있어 하나의 중요한 연구 과제이다. 또한 이 그림에서 우리는 지구가 얼마나 작은지를 알 수 있다.

(가) 나선 은하 (NGC1232)

(나) 타원 은하(ESO 325-G004)

(다) 불규칙 은하(NGC1427A)

(라) 막대 나선 은하(NGC1300)

그림 21 은하의 종류

(가) '스테판의 5중주단' 은하군

(나) 아벨 1689 은하단

: 그림 22 은하군과 은하단

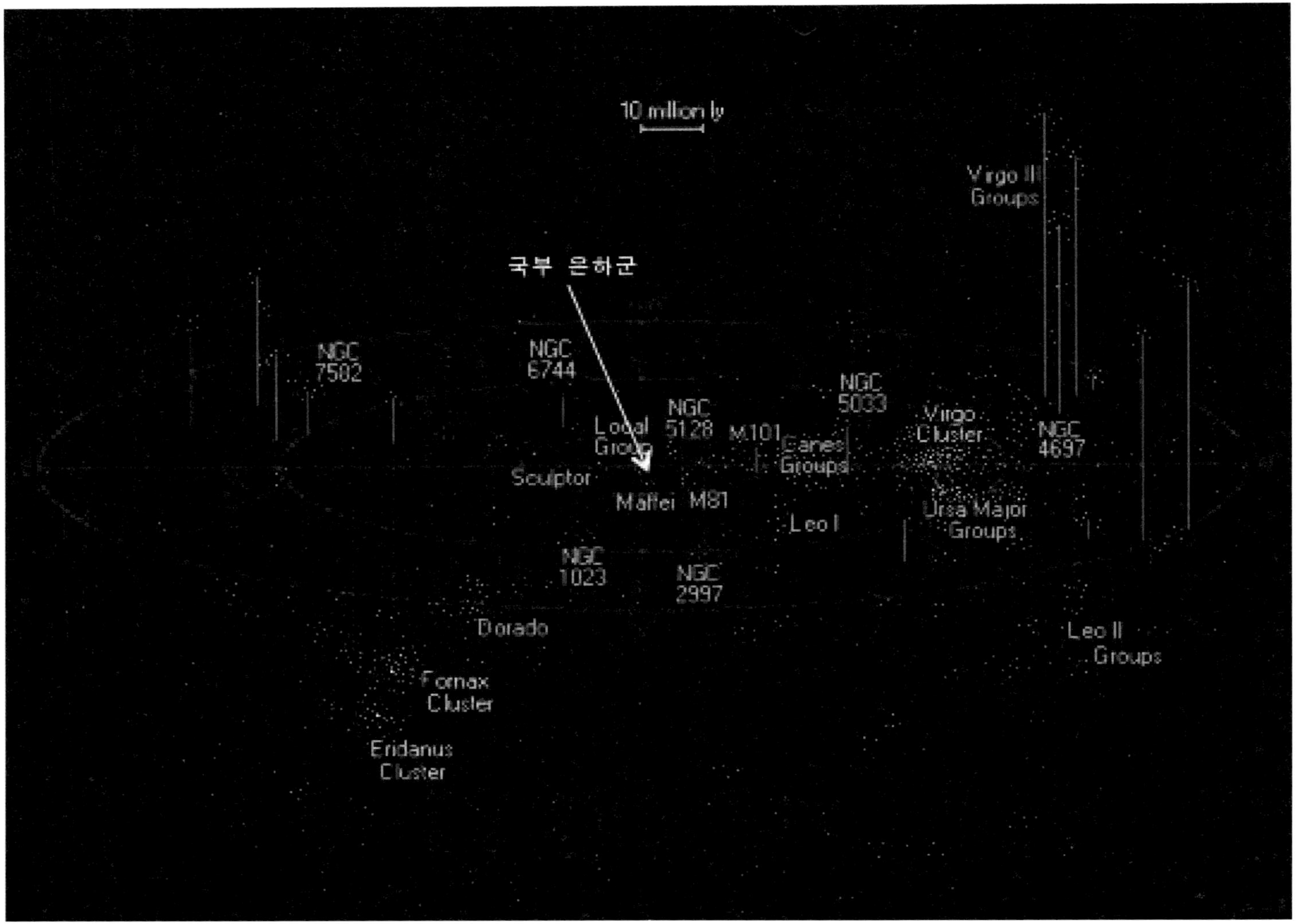

: 그림23 버르고 초은하단

은하수 모델

은하수의 모양을 알아내는 것이 천문 전문가들의 오랫동안의 과제였다. 위에서 내려다 보는 전경(全景)이 인간이 소망하는 장면이지만 이것은 물론 불가능하며 우리는 측면 관측의 결과를 보고 그 전경을 추리해야 한다. 앞에서 본 바와 같이 허셜은 그가 여러 측면 방향에서 측정한 별의 숫자를 바탕으로하여 은하수 모델을 개발하였다. 우리는 은하수가 나선 은하라는 것은 오랫동안 알고 있었으나 그 모델을 좀 더 자세하고 확실한 모델로 만드는 데에는 시간이 걸렸다. 그 이유는 은하수 중심 부근을 관측하려면 은하수 내부에 가득찬 우주 먼지를 망원경의 시선이 깊이 뚫고 들어가야 하는데 이것은 라디오파와 적외선 망원경만이 할 수 있으며 전자는 해상도(解像度)가 낮으며 후자는 개발에 오랜 시간이 걸렸기 때문이다. 2003년에 궤도에 올라간 스피처 적외선 망원경(2.2 장 참조)이 은하수 중심 부근을 자세히 관측하고 그 자료를 분석하여 2008년에 발표한 결과에 의하면 종전에 4개의 주요 나선 가지가 은하수에 있다고 했던 모델이 틀렸으며 현대의 모델은 2개의 주요 나선 가지가 있는 것이다. 그림 24는 은하수의 현대 모델을 보여 주며 태양의 위치도 그 속에서 볼 수 있다. 은하수 중심에는 막대 (Bar)가 있고 그 주위에 주요 나선 가지 외에도 몇 개의 나선 가지가 달려 있다. 은하수의 공식 종류는 막대 나선 은하(Barred Spiral Galaxy) 이며 이것은 나선 은하의 일종에 속하고 우리는 앞에서 이 종류의 실제 은하 사진을 보았다.

그림24 은하수의 현대 모델

그림25 스치는 은하의 충돌

은하수와 안드로메다 은하의 충돌

은하수와 안드로메다 사이의 거리가 매초 120km 가까워져 전문가들은 이 둘이 장래에 충돌할 가능성이 있다고 말한다. 우리는 앞에서 '스테판의 5 중주단' 에서 본 바와 같이 은하들은 서로 충돌하기도 하는데 그들의 인력 작용 때문에 이것은 실제로 희귀한 현상이 아니다. 타원 은하들의 생성 경과가 주로 은하들의 충돌일 수도 있다고 전문가들은 말한다. 그림 25는 두 은하(NGC 2207 와 IC 2163)의 충돌을 좀 더 분명히 보여준다. 우리는 은하수와 안드로메다 은하가 정면으로 충돌할지 아니면 옆으로 스쳐 지나갈지를 모르는데 그 이유는 그것이 옆으로 이동하는 속도를 측정할 수 없기 때문이다. 정면 충돌한다고 하면 그것은 30억 년 내지 50억 년 후에 일어나며 우리는 이것을 걱정하지 않아도 된다. 왜냐하면 그때가 되면 이미 태양의 온도가 많이 올라가 있으며 지구는 오래 전부터 생물이 살 곳이 못 되기 때문이다.(106)

태양계 전체와 은하수 속의 모든 별이 은하수의 중심을 위주로 회전하고 있다. 그 회전 속도는 곳에 따라 차이가 있으며 태양계의 경우에는 그 속도가 초속 220km이다. 하지만 가는 거리가 멀어 태양이 은하수 중심을 한 번 도는 데에 2억 2,000만 년이 걸린다. 타원 은하는 나선 은하에 비하여 거의 회전하지 않는다.

우리는 앞에서 은하군, 은하단, 그리고 초은하단의 사진을 통하여 그 속에 수많은 은하들이 있다는 것을 보았다. 앞에서 본 '허블 초장거리 장면' 사진 속의 점 하나하나가 은하이며 이 속에서 만 개의 은하를 셀 수 있다. 관측 결과에 의하면 우주 속에 약 1,000억 개의 은하가 있으며 은하 하나 속에 평균 2,000억 개의 별이 있다고 전문가들은 추산하고 있다. 따라서 우주 속의 별의 총 숫자는 200억조(1,000억×2,000억)로 추산된다. 태양의 크기가 별의 중간 크기라는 것을 생각하면 우리는 우주에 대략 200억 조 개의 태양에 해당하는 물질이 있다고 말할 수 있다. 상상하기 어려운 거대한 양이다. 이것보다 더 상상하기 어려운 것은 우주에 존재하되 우리가 볼 수 없는 물질(암흑 물질과 암흑 에너지－다음 장에서 다룰 예정임)이 지금 말한 우리가 볼 수 있는 별 물질의 20배 이상이 된다는 사실이다.

3.4 암흑 물질(Dark Matter)

우주에 우리가 볼 수 없는 암흑 물질이 존재하며 이것은 지난 50년 동안 수집된 관측 자료를 통하여 알 수 있다. 이 관측 자료에는 2가지 종류가 있으며 그들은 측정된 별의 공전 속도와 중력 렌즈(Gravitational Lenses)에 의한 은하 영상이다. 별의 공전 속도에 의한 암흑 물질의 존재 증거를 확실히 이해하려면 천체물의 공전 속도와 그 공전 중심의 무게와의 관계를 이해해야 한다. 이것을 먼저 태양계 행성의 공전 속도를 통하여 알아보자. 그림 26(가)의 가로축은 태양과 행성의 거리를 표시하며 세로축은 행성의 공전 속도를 표시한다. 연결된 곡선은 케플러의 제 3법칙에 의한 이론 곡선이며(원 궤도를 가정하였으며 수성을 제외하고 모두가 실제로 거의 원형 궤도를 그림) 그 곡선 상의 점들은 실제로 측정된 속도를 표시한다. 여기서 명심할 것은 그 속도가 대체로 거리의 제곱근에 반비례하여 줄어든다는 것이다. 케플러의 법칙과 뉴턴의 법칙을 종합하여 이것을 천체물에 일반적으로 적용하면 우리는 다음과 같은 2가지 결론을 얻게 된다. 즉 (1) 별 들의 공전 속도는 별의 거리가 공전의 중심에서 멀수록 감소하며(대략 거리의 제곱근에 반비례[107]), (2) 지정된 거리에서는 공전 중심의 무게가 클수록 공전 속도가 높아진다는 것을 알 수 있다. 제 (2)결과가 생기는 이유는 중심의 무게가 클수록 인력이 크며 따라서 별이 고속으로 공전하지 않으면 중심으로 끌려 들어가기 때문이다.

이 결과를 은하에 적용해 보자. 대부분의 은하 속에는 많은 별들이 그 중심 근처에 밀집되어 있고 가장자리로 나가면 별들의 숫자가 많이 줄어든다. 이것은 은하들의 사진에서 볼 수 있다. 따라서 위의 제 (2)결과에 의하여 은하 속 별들의 공전 속도가 처음에는(즉 내부의 별들) 거리에 따라 증가하고 그리고 가장자리에서는 제 (1)결과에 의하여 그 공전 속도가 많이 줄어들 것으로 예상된다(지구가 태양을 한 번 도는 데에 1년이 걸리지만 토성은 30년 그리고 해왕성은 165년이 걸린다는 것을 기억하자). 1933년에 캘리포니아 공과대학의 프리츠 츠비키가 은하군을 연구하면서 그 가장자리에 있는 은하들의 공전 속도가 중심 가까이 있는 은하들의 속도와 큰 차이가 없음을 발견하였다. 그는 이 예상치 못했던 결과를 보고 이것은 우리 눈에 보이지 않는 물질(즉 암흑 물질)이 그 은하군 속에 존재하는 것을 의미한다고 하였다.[108] 이것이 암흑 물질의 존재에 대한 첫 번째 증거가 되었다. 하지만 그 당시 전문가들은 우리 눈에 보이지 않는 물질이 존재한다는 것을 믿지 않았으며 따라서 그의 말을 무시 하였다.

1960~1970년에 걸쳐 미국의 30대의 여성 천문학자인 베라 루빈이 은하 주변의 별들의 속도를 처음으로 정확하게 측정하고 주변에 있는 별의 속도나 중심 가까이에 있는 별의 속도가 별 차이가 없음을 발견하였다.[109] 다른 전문가들도 또 다른 기술을 사용하여 이것과 일치하는 결과를 얻었으며[110] 따라서 이제는 암흑 물질이 존재하며 이것이 은하 주변의 별들의 속도를 높여 준다는 것을 전문가들이 믿지 않을 수 없게 되었다. 그림 26 (나)는 은하수 별들의 공전 속도를 보여준다. 가로축은 은하 중심에서 별까지의 거리를 나타내며 세로축은 별의 공전 속도를 나타낸다. 점선은 은하에서 보이는 별의 분포(즉 광도의 분포)를 바탕으로 하여 별들의 공전 속도를 이론적으로 계산한 것(태양계 행성들의 속도 분포와 유사함)이며 연결된 선은 별들의 속도를 직접 측정한 결과다. 여기서 우리는 암흑 물질의 존재 없이는 은하 중심에서 먼 곳에 있는 별들의 관측 속도를 설명할 수 없음을 확인한다. 한거름 더 나아가 은하 전반에 암흑 물질이 분포되어 있다고 가정하고 별들의 속도를 계산하면 관측된 곡선에 가까운

곡선을 얻게 된다. 현대 관측에 의하면 대부분의 은하 전반에 암흑 물질이 깔려 있으며 이것을 항만에 떠 있는 배에 비유하면 우리는 배(즉 별) 를 보면서 그것을 띄우는 물(암흑 물질)을 보지 못하는 것과 같다.

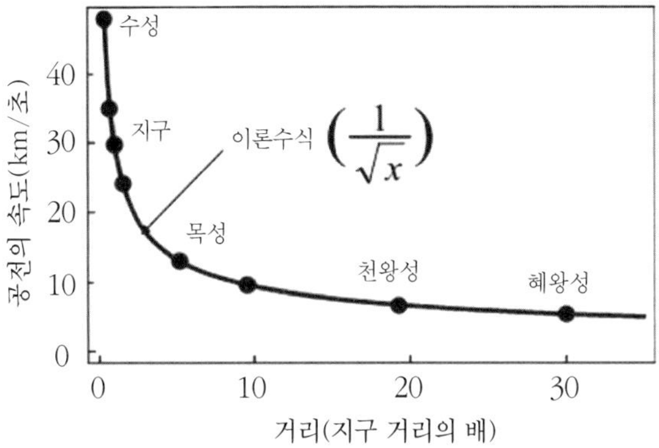

(가) 행성들의 공전 속도

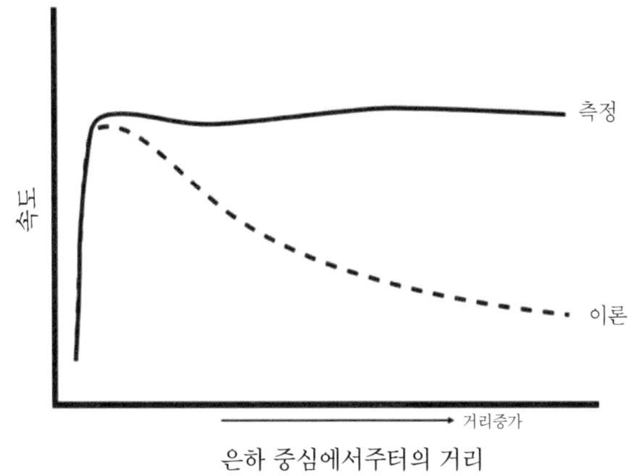

(나) 은하 별들의 공전 속도 (연결된 선 – 측정된 속도; 점선 – 보이는 물질만 고려한 이론적 속도)

그림 26 천체물의 공전 속도

암흑 물질의 존재는 중력 렌즈를 통해서도 볼 수 있다. 우리는 앞에서 아인슈타인의 일반 상대론이 이것을 예측한다는 것을 알았다 (1.6.3장 참조). 이 현상은 유리로 만든 렌즈가 빛을 휘게 하는 것과 같이 하나의 무거운 천체물이 그 옆을 지나가는 빛을 휘게 하는 현상을 말한다. 단지 유리 렌즈와 중력 렌즈의 차이는 전자의 경우에는 빛이 렌즈 속을 들어가고 후자의 경우에는 빛이 렌즈 옆을 지나가는 것이다. 먼 은하에서 오는 빛이 어떤 무거운 천체물을 만나면 그 빛이 천체물 주변에서 휜 다음 그 뒤에 다시 모여 그 천체물이 없을 때보다 더 강하게 되어 먼 은하가 더 가깝게 보이게 된다. 이러한 중력 렌즈는 현재까지 여러 개의 천체물에서 발견되었다.[111] 먼 곳의 천체물과 중력 렌즈와 지구가 일직선 상에 있으면 중력 렌즈에 의하여 빛이 휜 다음에 모인 천체물의 영상이 반지로 나타나는데 이것을 아인슈타인의 반지라고 부르고 이 반지의 크기를 보고 중력 렌즈의 물질 양을 계산할 수 있다. 일직선에서 좀 벗어 나면 원호로 나타난다. 그림 27은 아인슈타인의 반지의 예를 보여 준다. 오른쪽 사진은 왼쪽 사진에서 반지 속에 있는 렌즈 역할을 하는 은하의 빛을 제거한 사진이며 여기에 반지가 2개가 있는 이유는 2개의 은하가 이 렌즈에 의하여 영상이 모였기 때문이다. 렌즈는 30억 광년의 거리에 있고 속 반지는 60억 광년 그리고 바깥 반지는 110억 광년의 거리에 있는 은하들의 영상이다.

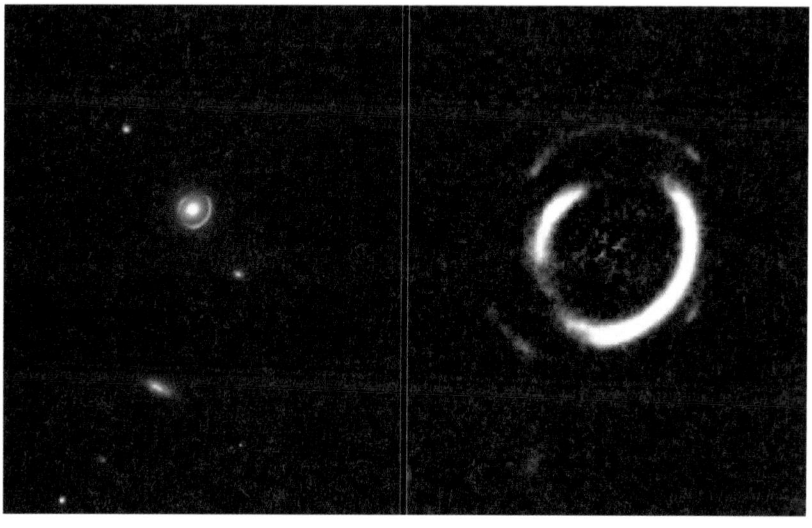

그림 27 아인슈타인의 반지

먼 곳의 은하가 가깝게 보여 중력 렌즈 현상이 일어나고 있음을 확신하지만 그 렌즈 역할을 하는 물체 자체를 볼 수 없는 경우에 우리는 이 중간의 물체가 암흑 물질이라고 결론을 내린다.(112) 위의 사진에서 반지의 크기와 강도를 측정하여 렌즈 역할을 하는 물체의 무게를 계산한 후 이것을 가운데 눈에 보이는 은하의 무게와 비교해 보면 눈에 보이지 않는 물질(즉 암흑 물질)이 얼마나 되는지를 알 수 있다. 이러한 계산을 통하여 이 반지의 관측자들은 이 속에 대량의 암흑 물질이 존재한다는 것을 알아 냈다. 또 한 예는 아벨 1689 은하단 사진 (그림 22 (나)) 속에 은하의 왜곡된 영상들을 많이 있는데 이것들은 중력 렌즈에 의한 은하의 영상이며 따라서 중력 렌즈 현상에 의존하여 이 은하단의 무게를 추산할 수 있다. 전문가들은 이 결과를 눈에 보이는 은하단의 무게와 비교하여 암흑 물질의 양을 추산하고 이 은하단 속에 막대한 양의 암흑 물질이 존재한다는 결론을 내렸다.

암흑 물질은 빛을 방출하지도 않고 반사하지도 않는다. 즉 전자기파와 어떠한 작용도 하지 않는 것이다. 하지만 이것은 중력을 가지고 있으며 따라서 우리는 그것의 무게를 추산 할 수 있다. 지금까지 관측된 결과에 의하면 나선 은하의 경우에는 암흑 물질이 전체 무게의 95%까지 된다고 추산한다.(113) 이렇게 거대한 양의 물질의 본질에 대해서는 현재까지 전문가들의 정설이 없다 (물론 제안된 이론들이 있지만 실험 결과를 예측하고 또한 실험이 이 예측을 확인해 준 명확한 과학 이론은 없다). 이것을 알아내는 것이 현대 물리학의 가장 커다란 연구 대상 중의 하나이며 첨단의 고에너지 실험을 통하여 그것을 어렴풋이라도 알아보려고 노력하고 있다. 우주 전체의 암흑 물질의 양은 우주 전체의 물질 양에 비하면 23%의 무게를 차지한다. 그러면 나머지 77%가 무엇일까? 이 중 4%가 눈에 보이는 물질(바리온적 물질이라고도 하며 바리온은 양성자와 중성자를 뜻함)이고 나머지가 암흑 에너지이다. 암흑 에너지가 무엇인지에 대해 알아보자.

3.5 암흑 에너지 (Dark Energy)

20세기 말에 발표된 종합적 우주 관측 결과(이것에 대한 자세한 설명은 5.3장 참조)에 의하면 우주의 팽창 속도는 가속되고 있으며 이 현상을 설명하려면 우주에는 암흑 에너지가 존재한다고 말해야 한다.[114] 미소 량이 아니라 우주 물질 전체의 73%(즉 약 3/4)가 되는 압도적인 양이다. 전문가들은 이것을 '진공 에너지' 라고 말하지만 이것의 본질에 대해서는 암흑 물질보다 더 '암흑' 상태에 있다. 알면 알수록 모르는 것이 많아진다는 말이 바로 이 경우에 해당되는 것 같다.

4. 별의 일생

여러분은 금이나 철이 어떻게 생성되었는지 생각해 본 적이 있는가? 생각해 보았다면 태초부터 지구에 존재했다고 생각했나 아니면 화산 같은 것이 폭발하거나 또는 어떤 천체물이 지구와 충돌하면서 만들어졌다고 생각했는가? 만일 지구에 태초부터 존재했다고 생각했다면 지구가 생성되기 전에는 그것이 어디에 있었을까?

20세기에 핵물리학이 발달되면서 우리는 금이나 철이 지구에서 자연적 현상에 의하여 생성될 수 없다는 것을 알게 되었으며 따라서 이것들이 지구 밖에서 생성되어 지구 시작 때부터 지구 구성 물질의 일부가 되었다는 것을 알게 되었다. 그러면 이것들은 어디에서 만들어졌을까? 바로 별 속에서 만들어졌다. 즉 별이 없었더라면 우리 생활에 필요한 금속 물질, 한걸음 더 나아가 우리 자신이 존재할 수 없었을 것이다. 그 이유는 우리 몸의 바탕인 탄소나 우리의 뼈를 만들어 주는 칼슘은 모두 별 속에서 생성되었기 때문이다(별 속에서 생성된 물질이 어떻게 하여 지구로 왔을까?). 이렇게 우리와 깊은 관련이 있는 별의 일생에 대해 알아보자.

4.1 별의 탄생

별과 별 사이의 광대한 공간을 성간(星間)이라고 하며 이 지역 전체에 가스와 먼지가 깔려 있다. 이것들의 99%가 가스이고 1%가 먼지이며 가스의 약 90%가 수소이고(원자 숫자로 따져서) 약 10%가 헬륨, 그리고 0.1%가 기타 물질이다. 성간(星間) 먼지의 크기는 머리카락 굵기의 몇 백 분의 일이 되며 대체로 철, 규소 등의 가루이다. 성간 가스의 평균 밀도는 상상하기 어려울 정도로 낮다. 이것은 1 cm^3당 원소가 하나 존재하는 것이다. 이것에 비하여 대기의 밀도는 1 cm^3당 분자수가 천만조(10^{19})이다.

성간 가스의 밀도가 균일한 상태로 영원히 남아 있을 수 없고 백만 년, 천만 년의 긴 시간이 흐르면 어느 한 지역의 밀도가 그 주위 지역의 밀도보다 증가한 곳이 생기게 된다. 밀도가 증가한 가스 덩어리를 성간 구름이라고 하며 성간 가스 물질의 절반이 성간 구름으로 있다. 성간 구름의 밀도는 성간 가스 밀도의 약 100배이며 온도는 약 -170° C이다. 성간 구름의 내부 깊은 곳은 구름 외각의 열 차단 때문에 그 온도가 내려가 -260 °C 정도이며 이 지역의 구름을 분자 구름이라고 한다(이와 같이 낮은 온도에서는 가스가 분자 상태로 존재). 이것의 밀도는 성간 구름의 10배내지 100배이며 크기는 보통 태양 크기의 몇 십 배에서 몇 십만 배가 되며 은하수 속에 태양의 몇 십만 배가 되는 분자 구름이 4,000개 정도 존재한다. 이렇게 거대한 분자 구름은 자체의 중력힘에 의하여 점차 압축되며 축소되고 또한 이것은 온도가 낮기 때문에 압축의 힘을 저지하지 못하여 압축 과정은 저항없이 오랫동안 진행된다. 이것의 밀도가 균일하지 않기 때문에 분자 구름은 결국 수백 개 내지 수천 개의 분자 구름 핵으로 분열되며 이 분자 구름 핵이 새 별의 씨가 되는 것이다.

이 분자 구름 핵은 자전을 한다. 우주에 존재하는 거의 모든 천체물이 회전하기 때문에 여기에서 왜 회전 현상이 일어나는지 간단히 알아보자. 최초에 성간 구름의 물질이 자체 중력에 의하여 끌리기 시작하면 그 힘의 비대칭성 때문에 끌리는 물질 사이에 토크(Torque)가 생기고(115) 이것이 성간 구름을 회전시키고 일단 회전하면 그것은 각운동량을 갖게 된다. 각운동량이란 회전하는 힘의 크기를 말하며 이것은 회전하는 물체의 무게와 폭과 속도를 곱한 것으로 이 양이 보존된다는 물리법칙이 있다. 이 법칙 때문에 피겨 스케이터가 제자리에서 돌 때 양 팔을 오므리면(즉 '물체' 의 폭을 줄이면) 팔을 벌렸을 때보다 회전 속도가 높아진다. 이와 마찬가지로 서서히 자전하던 성간 구름이 분자 구름 핵으로 분열되면 그 자전 속도가 훨씬 빨라진다.

분자 구름 핵의 회전 속도가 증가하면서 또 다른 현상이 하나 발생한다. 즉 압축되는 구름 덩어리 형태가 둥그런 공이 되지 않고 평평한 원반이 된다. 이는 피자 요리사가 밀가루 반죽 덩어리를 손 위에서 돌리면 그것이 납작해지는 것과 비슷한 현상이다. 자전하는 덩어리의 가운데 부분은 원심력이 중력에 의한 압축을 이겨내지만 공의 위와 아래 부분의 물질은 원심력이 작용하지 않기 때문에 중력에 의한 압축을 이겨 낼 수 없어 그것들은 덩어리의 가운데 평면으로 떨어지므로 분자 구름 핵은 납작하게 되는 것이다. 이 납작하게 된 원반을 부착 원반(Accretion Disk)이라고 한다. 여기서 납작하다는 말은 원반의 지름에 비교해서 하는 말이며 원반의 두께가 보통 태양의 몇 십 배가 된다. 떨어지는 물질이 가지고 있던 중력이 열로 전환되어 원반의 온도는 점차 올라가는 동시에 압축된다. 이 원반의 중심에 가까울수록 온도가 올라가는데 약 3000°C 이상이 되는 내부 지역을 원시성(原始星)이라고 한다. 부착 원반 속에 있는 물질의 대부분이 원시성에 포함되며 원시성의 보통 크기는 태양의 몇 백 배가 된다.

원시성이 압축됨에 따라 그것의 핵심 온도는 계속 올라가지만 표면 온도는 약 3000~5000°C에서 고정된다. 원시성 핵심의 온도가 1,000만 °C 정도에 도달하면 수소 융합 반응이 일어나고 드디어 하나의 별이 탄생하게 된다. 핵심의 온도가 이렇게 높게 올라갈 수 있었던 이유는 그 온도가 표면에서 식지 않았기 때문이며 만일 그렇지 않았더라면 별이 생성 될 수 없었을 것이다. 표면의 온도는 고정되고 내부의 온도만 올라가는 이유는 표면에 생성되는 음성 수소 이온(H^-)이 자연적으로 표면의 온도를 고정시키는 성질이 있기 때문이다.(116) 원시성과 별의 공통점은 모두 뜨거운 가스 덩어리라는 점이고 차이점은 내부 온도가 다르다는 점 외에 원시성의 열 원천은 중력의 열 전환이며 별의 열 원천은 수소의 융합인 것이다.

부착 원반에서 원시성에 포함되지 않은 물질이 태양계의 경우 1%미만이며 이것이 행성으로 되었음을 앞(3.1.2장)에서 확인하였다. 그림 28은 앞에서 말한 별의 생성 단계를 도표로 설명한 것이다. 색깔별로 된 상자는 각 단계를 나타내며 그 옆의 회색 상자는 한 단계에서 다음 단계로 넘어가는 경과를 설명하고 있다. 이 그림에서 볼 수 있는 바와 같이 물리 법칙에 의하여 앞으로도 새로운 별이 우주에서 계속 생성될 것이다. 언젠가는 성간 가스와 먼지가 고갈될 것이므로 새로운 별의 생성이 중단될 것이 아니냐고 하겠지만 곧 알게 되겠지만 이것은 자연적으로 계속 보충이 된다.

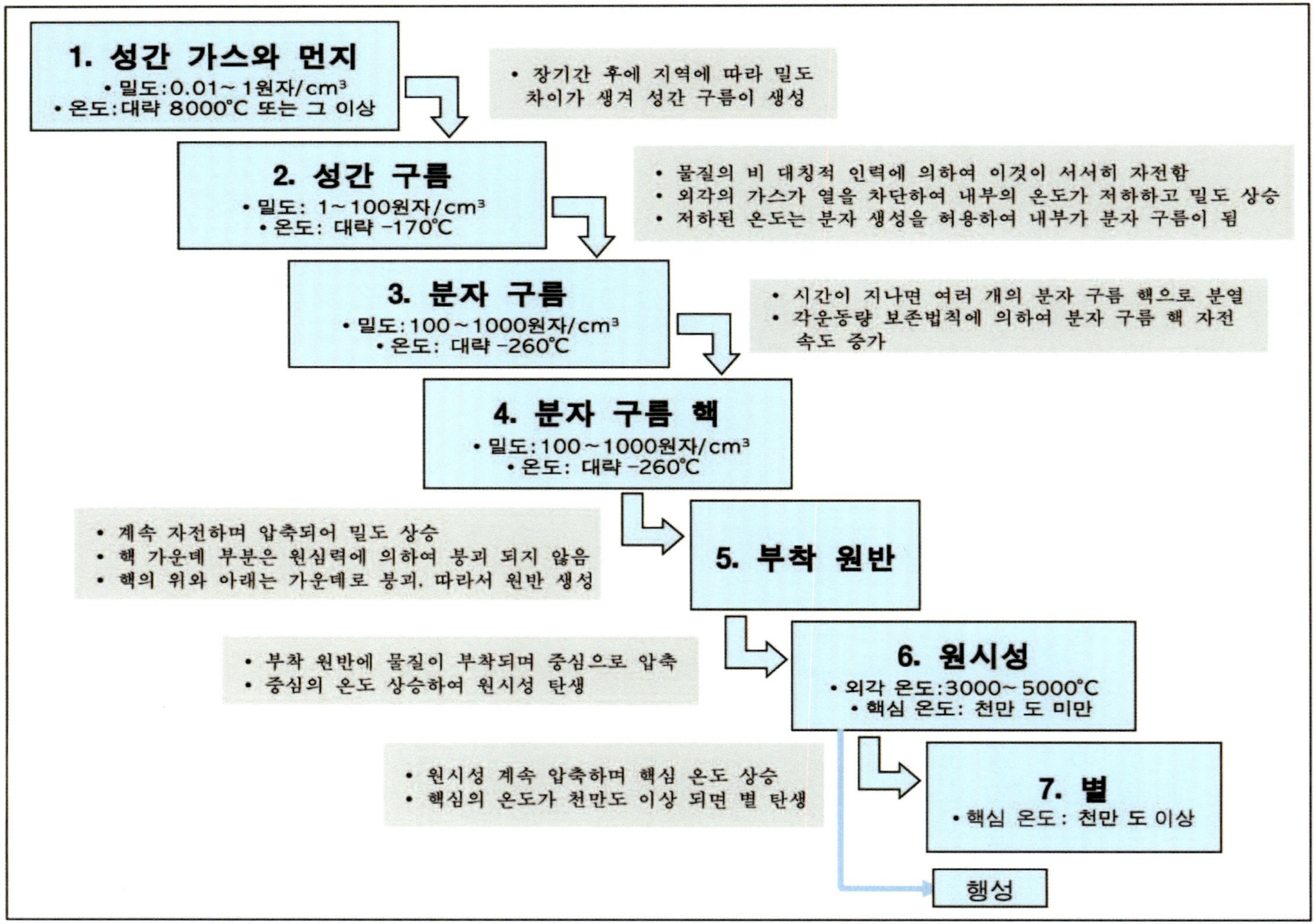
1. 성간 가스와 먼지
• 밀도:0.01~1원자/cm³
• 온도:대략 8000°C 또는 그 이상
• 장기간 후에 지역에 따라 밀도 차이가 생겨 성간 구름이 생성
2. 성간 구름
• 밀도: 1~100원자/cm³
• 온도: 대략 -170°C
• 물질의 비 대칭적 인력에 의하여 이것이 서서히 자전함
• 외각의 가스가 열을 차단하여 내부의 온도가 저하하고 밀도 상승
• 저하된 온도는 분자 생성을 허용하여 내부가 분자 구름이 됨
3. 분자 구름
• 밀도:100~1000원자/cm³
• 온도: 대략 -260°C
• 시간이 지나면 여러 개의 분자 구름 핵으로 분열
• 각운동량 보존법칙에 의하여 분자 구름 핵 자전 속도 증가
4. 분자 구름 핵
• 밀도:100~1000원자/cm³
• 온도: 대략 -260°C
• 계속 자전하며 압축되어 밀도 상승
• 핵 가운데 부분은 원심력에 의하여 붕괴 되지 않음
• 핵의 위와 아래는 가운데로 붕괴. 따라서 원반 생성
5. 부착 원반
• 부착 원반에 물질이 부착되며 중심으로 압축
• 중심의 온도 상승하여 원시성 탄생
6. 원시성
• 외각 온도:3000~5000°C
• 핵심 온도: 천만 도 미만
• 원시성 계속 압축하며 핵심 온도 상승
• 핵심의 온도가 천만도 이상 되면 별 탄생
7. 별
• 핵심 온도: 천만 도 이상
행성

그림 28 별의 생성 단계

우주에서 일어나는 모든 일은 서서히 진행된다. 성간 구름이 압축되기 시작하여 원시성이 생성될 때까지가 약 2,000만 년, 그리고 원시성이 별로 되기까지가 약 1,000만 년 즉 성간 구름에서 별까지 총 3,000만 년 걸린다. 별이 생성되는 기간은 실제로 별의 크기에 따라 크게 차이가 있으며 지금 말한 기간은 태양만한 크기의 별이 생성되는 기간이며 태양의 10배가 되는 별은 총 10만 년이라는 '짧은' 시간이 걸리며 태양의 십분의 일이 되는 별은 약 1억 년이 걸린다. 분자 구름 핵의 물질 양이 적으면 그것에서 생성된 원시성이 아무리 압축되어도 중심의 온도가 1,000만°C에 도달하지 못하며 따라서 수소 융합을 일으킬 수 없으며 이것은 결국 별이 될 수 없게 된다. 이러한 현상은 분자 구름 핵의 무게가 태양 무게의 8%보다 적을 때에 일어나며 이렇게 하여 생성된 미완성 별을 갈색 왜성(Brown Dwarf)이라고한다. 그림 29는 거대한(지름이 1,500광년) 별 온상 사진이며 이 속에서 우리는 200개 이상의 새로 생성된 별들을 볼 수 있다.

그림 29 거대한 별 온상 (NGC 604)

별이 생성되는 지역 중에서 아마 가장 널리 알려진 것이 그림 30이 보여 주는 '창조의 기둥' 이라고 불리우는 지역일 것이다. 이것은 독수리 성운(엠16) 속의 한 지역으로 '기둥' 은 성간 가스와 구름의 덩어리이며 이 속에 분자 구름이 있고 여기서 별들이 생성되기 때문에 이러한 이름이 붙여졌다(왼쪽의 2기둥 꼭대기를 적외선으로 찍은 사진에서 새 별들의 생성을 직접 볼 수 있다[117]). 이 기둥들은 이미 파괴되었다고 한다. 즉 6,000년 전에 파괴되었는데 그곳에서 여기까지 빛이 오는 데에 7,000년 걸리므로(즉 7,000광년의 거리에 있음) 기둥들이 파괴된 장면을 나타내는 빛이 현재 우리로 부터 1,000광년 떨어진 거리에 와 있으며 1,000년 후에 이것이 지구에 도착하게 된다. 우리가 이 기둥들이 6,000년 전에 파괴되었다고 말할 수 있는 이유는 나사의 스피처 망원경이 어떤 초신성의 충격파가 이 기둥에 충돌하기 시작하여 이것의 온도를 올려 주는 것을 2007년에 발견하였기 때문이다. 즉 충돌 시작이 7,000년 전에 일어났고 충격파가 이 지역을 완전히 통과하는데에 1,000년이 걸리기 때문에 6,000년 전에 이것들이 파괴되었다는 결론이 나오는 것이다.

: 그림 30 창조의 기둥

4.2 별의 중기

별이 탄생하여 수소를 태우기 시작하면 우리는 별이 주(主)장면(Main Sequence)에 들어섰다고 말한다. 이때부터를 별의 중기라고 볼 수 있으며 별은 이 과정에서 일생의 90%를 보낸다. 일단 생성된 별이 그것의 자체 중력에 의하여 더 압축되지 않는 이유는 별의 핵심에서 일어나는 수소 융합 반응이 이 지역의 온도를 1,000만°C 내지 1,500만°C로 유지시켜 이 뜨거운 열의 팽창 힘이 중력의 압축 힘을 저항하기 때문이다. 별의 중기는 이 두 힘이 서로 균형을 이루어 살아가는 기간인 것이다.

질량이 큰 별은 압축 힘이 크므로 그것을 저항하는 팽창 힘이 커야 하며 따라서 내부의 온도가 더 높아야 하고 이 높은 온도를 생산하기 위하여 더욱 많은 수소를 태워야 한다. 질량이 큰 별은 물론 태울 수 있는 수소를 더 많이 가지고 있으나 그 많은 양에 비하여 소모하는 양이 더 크기 때문에 그것은 수소를 빨리 고갈시켜 수명이 짧고 질량이 적은 별은 수명이 길다. 우리가 흔히 사용하는 '굵게 짧게 사느냐 아니면 가늘게 길게 사느냐' 하는 말이 여기에 적용된다. 즉 큰 별은 엄청 높은 온도의 빛을 방출하며 짧게 살고 작은 별은 방출하는 빛의 온도가 비교적으로 낮으며 오래 산다. 예를 들면 태양보다 20배 더 무거운 별은 그 수명이 태양의 약 천분의 일이고 60배 되는 별은 태양의 약 만분의 일이다. 반면에 태양 무게의 80% 또는 그 미만인 별은 그 수명이 우주 나이보다도 더 길어 아직까지 주장면을 끝낸 별을 하나도 발견하지 못했다.(118)

4.3 별의 말기

별 속의 모든 수소가 타버리면 별은 그 생애의 말기에 들어가게 된다. 마치 연어의 삶의 목적이 종말의 업적(알을 낳는 것) 수행이라고 볼 수 있듯이 별의 '삶' 의 목적도 종말의 업적 수행이라고 볼 수 있을 것 같다. 이 업적이 무엇인지 알아보기 전에 먼저 이것을 발견한 호일에 대하여 간단히 알아보자.

4.3.1 프레드 호일

프레드 호일 (1915~2001)은 영국의 요크셔주 빙리라고 하는 동네에서 소상인인 아버지와 음악 선생인 어머니의 맏아들로 태어났다.(119) 그가 학교에 입학할 무렵인 6살 때부터 아버지의 사업이 잘 되지 않아 학교 다닐 때 언제나 학비 문제 등 경제적으로 어려웠다. 또한 학교의 딱딱한 교육에 재미가 없어 아버지가 가지고 있던 화학책을 읽은 것 외에 어렸을 때 별로 공부하지 않았다고 한다. 12살 때부터 공부에 열중하였고 급히 진보하여 그는 18살에 케임브리지대학에 장학생으로 입학하고 3년 후에 응용 수학 전공으로 학사 학위를 받았다.

24살에 첫 논문으로 양자 전자 역학에 대한 논문을 발표하였다. 또한 그 해에 핵물리 연구 논문을 써서 상을 받았고 그의 학계의 전망이 좋았다. 하지만 그의 교수 디랙(우리는 이 사람을 소개말에서 만났음)은 호일에게 "1926년[양자 역학의 개발 왕성기]에는 뛰어나지 않은 사람들도 기본 물리에 중요한 업적을 남길 수 있었는데 지금 [1938]은 아주 뛰어난 사람들도 업적을 남길 만한 중요한 과제가 없다"라는 말을 하였다. 이말을 듣고 호일은 자신의 관심을 천체로 돌리고 그의 양자 역학 지식을 별 속의 고온에 적용해 볼 수 있지 않을까 라는 생각을 하였다.(120) 1939년에 그는 제2차 세계 대전에 참전해야 했고 여기에서 24세부터 30세까지 보냈다.

제대 후 그는 케임브리지대학에 강사로 고용되고 곧 본격적 연구에 착수하여 1년 후 1946년에 모든 원소가 별 속에서 수소로부터 생성될 수 있는 과정을 설명하는 논문(121)을 발표하였다. 여기서 그는 통계 역학의 이론을 적용하여 별 속의 조건이 각종 원소의 제조를 가능하게 하며 또한 별 속 외에는 우주의 어느 장소도 이러한 반응을 가능하게 할 수 없다고 하였다. 또한 우주에 철이 많은 이유도 설명하였다(그 이유는 잠시 후에 알게 될 것이다).

그의 논문의 영향을 받아 전문가들은 별 속에서 가벼운 원소가 점차적으로 무거운 원소로 융합되는 과정을 핵물리학적으로 설명하려고 하였다. 4개의 수소가 모여 헬륨이 되고 2개의 헬륨이 모여 베릴륨이 되고 3개의 헬륨이 모여 탄소가 되며 이런 식으로 점차로 무거운 원소가 융합된다고 생각하였다. 그런데 탄소의 생성 과정을 자세히 살펴보면 이것에 큰 문제가 있었다. 즉 탄소가 생성되려면 3개의 헬륨이 모여야 되는데 헬륨 3개가 동시에 모이는 것은 일어나기 어려운 일이다. 자동차 3대가 동시에 충돌하는 경우는 지극히 드물고 흔한 경우는 자동차 2대가 충돌한 후에 3번째 자동차가 충돌하는 것이 일반적이다. 이와 마찬가지로 헬륨 3개가 모이는 쉬운 방법은 헬륨이 2개가 먼저 모여 베릴륨을 만들고 여기에 헬륨이 하나 더 가해지는 것이다. 그런데 이것의 문제는 베릴륨(즉 베릴륨 8)이 지극히 불안정한 물질이기 때문에 이것은 3번째 헬륨이 이것에 결합되기 전에 곧(1조분의 1초) 분해된다는 것이다. 호일은 베릴륨이 분해되기 전에 그것에 헬륨이 하나 더 붙으려면 이렇게 되었을 때의 에너지 상태가 탄소의 내부에 이미 존재해야 한다고 주장하고 그 에너지의 수치를 예측하였으며(122) 이 예측된 에너지 상태가 곧 미국의 던바교수에 의하여 발견되었다.(123) 이것으로 탄소의 생성 문제가 해결되었고 원소의 별 속에서의 차례적인 융합 과정이 핵물리학적으로 설명되었다. 즉 우주에 존재하는 가벼운 원소(우주 태초에 생성된 수소, 헬륨, 리튬, 베릴륨)를 제외한 모든 원소를 별이 그 속에서나 또는 그것이 폭발할 때 만들어 내는 것을 처음 제안한 사람이 호일이다.(124)

우주 원소의 생성 이론에 대한 호일의 업적에 대하여 조지 가모프(우주의 가벼운 원소의 생성 이론의 권위자로서(8.1장 참조) 유머가 풍부했던 학자)는 그의 자서전에서 "태초에 하느님이 원소들을 창조하였는데 흥분 도중에 질량 번호 5번 원소를 빠트려서 그것보다 더 무거운 원소를 만들 수 없게 되었다. 그는 다시 시작할까도 생각해 보았으나 그것은 너무 간단한 해결책이었기 때문에 그 대신에 호일을 만들기로 하고 호일보고 네 마음대로 아무렇게 해서라도 더 무거운 원소를 만들어라"라고 했다고 하였다.(125) 호일과 그의 동료 세 사람이 함께 쓴 1957년의 논문은(126) 소책자 분량(107페이지)으로 우주 원소의 생성 이론을 자세히 설명하여 50년 이상이 지난 지금까지도 그 분야에서 가장 권위있는 논문으로 인정받고 있다.

1981년에 쓴 그의 회고록에서 호일은 별 속의 '용광로'에서 모든 원소들이 묘하게 생성되는 것을 생각하면 지극히 현명한 존재가 자연의 모든 법칙을 만들었다고 생각하게 되며 맹목적인 힘이 이런 법칙을 만들었다는 것은 말이 되지 않는다고 하면서 이것을 깨달음으로 하여 그는 신의 존재를 믿게 되었다고 말하였다.(127) 근년에 '지적(知的) 설계'를 바탕으로 하여 신의 창조설을 주장하는 사람들은 위에 인용한 호일의 말이 그들의 입장을 지지해 준다고 말한다. 단지 호일 자신은 무신론자에서 유신론자로 변했을 뿐 결국 종교는 갖지 않았다. 우리는 6.3장에서 정상론을 다룰 때 다시 호일을 만나게 될 것이다.

이제 별의 말기로 돌아 가서 그때에 무슨 일이 생기는지 알아보자. 별의 말기가 진전되는 과정은 별의 크기에 따라 차이가 많다(여기에서 별이 크다는 말은 무겁다 또는 질량이 크다는 말과 같은 의미이다). 20세기 후반에 들어 우리는 별의 내막을 자세히 알게 되었는데 이 책에서는 간단히 설명하겠고 자세한 것은 인용된 참고서(128)나 기타 서적을 참고하기를 바란다. 별의 크기가 태양 크기의 약 3배 미만인 별을 가벼운 별이라고 부르고 약 8배 이상의 별을 무거운 별이라고 부르며 그 사이의 별을 중간 무게의 별이라고 한다.

4.3.2 가벼운 별

가벼운 별의 말기를 먼저 다루겠다. 우리의 태양이 바로 여기에 속한다. 별의 핵심 속에 있는 수소가 모두 타 버리면 핵심은 헬륨으로 가득차고 그 외각에 있는 수소가 타기 시작한다.(129) 이렇게 되면 핵심의 중력 증가 → 압력 증가 → 수소의 타는 속도 증가 → 별 빛 증가와 별 외각의 부풀림의 과정을 거쳐 가벼운 별은 거대한 적색 거성(Red Giant) (무거운 별은 이 과정을 거치지 않는다)이 된다. 태양이 적색 거성이 될 때 그것의 표면이 지구에 닿을 정도로 커진다. 다음에는 핵심의 헬륨이 타서 탄소로 융합되기 시작하며 별은 그 껍질을 벗어 버리기 시작하고 별의 크기는 줄어든다. 결국 이것은 핵심에 탄소만이 남은 무게가 태양 무게의 1.4배 미만인 자그마한 천체물이 된다(태양 무게의 1.4배 무게를 찬드라세카르 한계(130)(4.5 장 참조)라고 함). 이 속의 탄소는 더 압축되지 않으며 따라서 온도가 더 이상 올라 가지 않아 다른 원소로 융합되지 않으며 열을 방출하지 않기 때문에 이것은 하늘에서 반짝이지 않는데 이 천체물을 백색 왜성(矮星)이라고 한다.

그림 31은 허블 망원경이 1995년에 찍은 사진으로 이 속에서 우리는 몇 가지 중요한 천체 현상을 직접 목격할 수 있다. 그림의 윗 패널에 있는 두 별은 앞에서 말한 쌍성을 보여 주며 오른쪽 별(미라 에이 - Mira A)이 적색 거성이고 왼쪽 별(미라 비 - Mira B)이 백색 왜성이다. 아래 두 패널이 미라 에이의 사진이며 왼쪽 사진이 그것을 확대한 사진이며 여기서 우리는 이 적색 왜성의 크기가 태양 크기의 약 700배(이것은 태양과 지구의

거리의 약 7배)인 것을 본다. 오른쪽 사진은 적색 거성(미라 에이)의 물질이 백색 왜성(미라 비)로 끌려 들어가는 장면을 보여 준다. 이때 백색 왜성의 무게가 차츰 증가되며 다음 장에서 알게 되듯이 이것이 찬드라세카르 한계를 넘으면 이 별이 초신성으로 폭발한다.

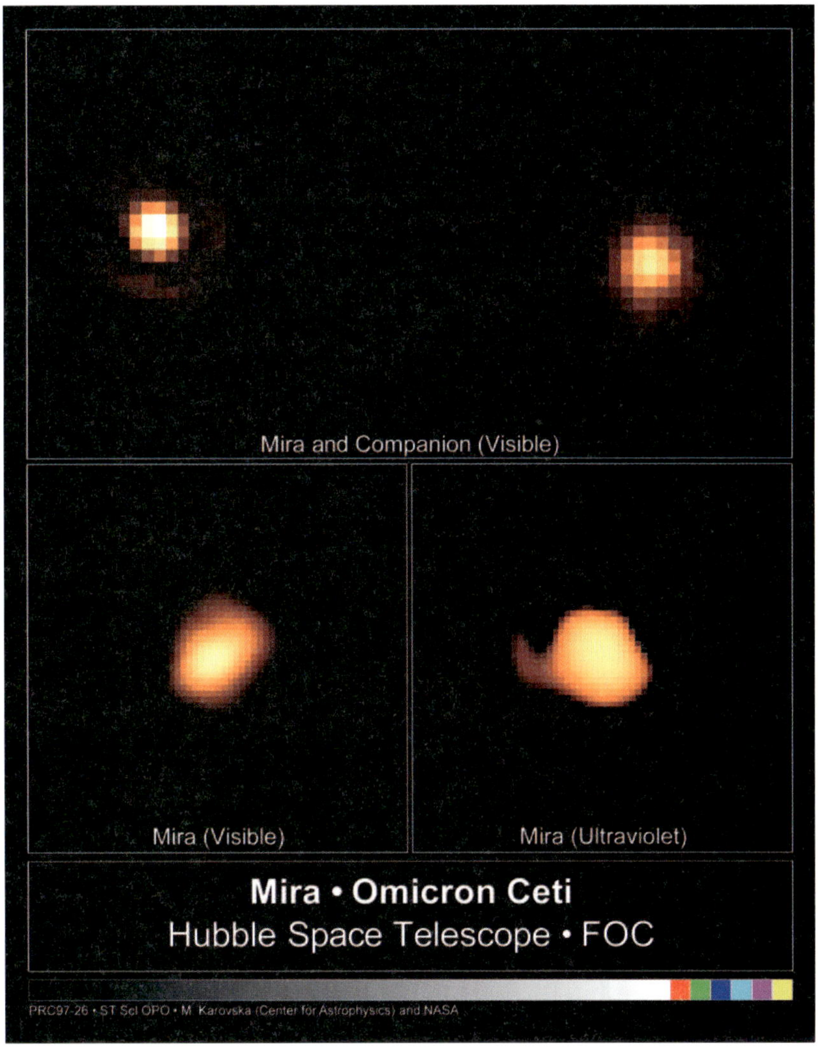

그림 31 적색 거성(미라 에이)

4.3.3 무거운 별

질량이 큰 별의 핵심 속의 수소가 전부 헬륨으로 전환되면 이 헬륨이 탄소로 융합되고 그 외각에서는 수소가 헬륨으로 융합된다.(131) 여기까지는 가벼운 별과 같은 과정이며 이제부터 다른 과정을 거친다. 무거운 별은 질량이 크기 때문에 핵심에 쌓인 탄소의 양이 가벼운 별의 경우보다 크며 이 탄소의 압축 힘에 의하여 온도가 많이 올라가고 이것이 어느 정도에도 달하면 탄소가 네온으로 융합되고 온도가 더 올라가면 네온이 산소로 융합되는 등의 방식으로 점점 무거운 원소들이 생성되어 황과 실리콘이 생성되고 이것들이 철로 융합된다.

이때의 별 핵심의 구조는 마치 양파의 구조와 같이 여러 개의 층으로 되어 있으며 내부로 들어 갈수록 점점 더 무거운 원소가 제조된다. 즉 제일 밖에 있는 껍질에서는 수소가 헬륨으로 융합되고 그 안쪽 껍질에서는 헬륨이 탄소로, 그 다음 껍질에서는 탄소가 네온으로……이런 식으로 철까지 생성되는 것이다. 하지만 일단 철이 생성되면 더 무거운 원소의 생성이 중단된다. 그 이유를 알아보자.

핵 속에 있는 입자(핵입자 - 양성자와 중성자)들 사이에는 서로 결합하려고 하는 힘이 있으며 이 힘의 에너지를 결합 에너지(Binding Energy)라고 한다(이것은 앞에서 말한 자연의 3힘 중의 하나인 강력에 속함). 별 속에서 일어나는 핵 반응을 이해하기 위하여 핵 구조를 다음과 같다고 상상해 보자. 즉 2개의 핵입자들 사이에 그것들의 결합을 방지하는 막대기가 끼어 있으며 이 막대기의 길이가 길면 방지하는 힘이 강하여 결합 에너지가 낮고 그것이 짧으면 결합 에너지가 높다. 이 막대기의 길이는 원소에 따라 다르며 헬륨의 경우에 이 길이가 10(상대적으로)이다. 탄소의 결합 에너지는 헬륨의 결합 에너지보다 더 높아 그 막대기의 길이가 더 짧으며 이 경우에 이것은 9.3이 된다. 즉 헬륨이 탄소로 융합되면 그 막대기의 길이가 짧아지고 결합 에너지는 더 높아지는 것이다. 잘려 나간 막대기의 길이는 0.7이며 이것이 열로 전환되어 그 주위의 온도를 높여 준다. 이 상승된 온도에 의하여 헬륨은 계속 탄소로 융합된다. 핵심이 탄소로 가득차면 이것이 압축되어 온도가 올라가고 이것은 네온으로 융합되기 시작하며 이 과정에서 그 막대기의 길이가 0.5 더 짧아지고 잘려 나간 막대기가 열로 전환되어 이 열이 탄소의 융합 반응을 계속 진행시킨다.

이런 식으로 점점 무거운 핵으로 융합되다가 철이 생성되면 상황이 달라진다. 철의 결합 에너지가 제일 높다. 즉 그 막대기의 길이가 제일 짧다. 따라서 철보다 더 무거운 핵을 만들려면 이 막대기의 길이가 늘어나야 하고 이러기 위해서는 주위에서 열을 흡수해야 한다. 이렇게 되면 그 주위의 온도가 떨어지며 따라서 핵 반응이 지속될 수 없다. 즉 무거운 별 속의 핵 반응은 철에서 끝나며 그 이유는 철의 결합 에너지가 제일 높기 때문이다.

핵심에서 탄소가 타기 시작하면 별의 최후는 얼마 남지 않았다는 신호다(대략 천 년). 그 이유는 이때부터 핵 반응에서 나오는 열의 외부 전도가 효과적이므로 별 온도가 급히 내려가며 이것을 방지하기 위하여 더 많은 연료가 타야 하기 때문이다. 핵심에서 규소가 철로 융합하기 시작하면 핵 융합 과정은 며칠 내에 완전히 끝나고 핵심이 철로 차게 된다. 이제 별은 열을 더 생성하지 못하여 자체 무게의 중력 힘을 저항할 능력이 없으며 따라서 이것은 압축 붕괴되기 시작하며 결국에는 폭발하게 된다. 이것이 제II형 초신성인데 이것에 대하여 아래(4.4.2장)에서 좀 더 알게 될 것이다.

4.4 초신성 (超新星)

초신성이라고 하는 것은 '새로운 별(新星)'이 아닌 '별의 폭발 현상'을 뜻하며 제I형과 제II형이 있다. 제I형은 수소를 방출하지 않으며 제II형은 수소를 방출한다. 현대 과학에서는 제II형과 그리고 제I형 중에서 Ia라고 하는 종류의 근원이 잘 연구되어 있으므로 여기서는 이 2가지만 설명하겠다.

4.4.1 제Ia형 초신성(Type Ia Supernova)

우리는 앞에서 가벼운 별이 백색 왜성으로 끝나는 것을 알았다. 그런데 만일 이 별이 쌍성(雙星) 중의 하나면 그 쌍의 다른 별의 물질이 이 백색 왜성으로 끌려 오는 경우가 있고 이렇게 되면 이 왜성의 무게가 증가하게 된다. 백색 왜성의 무게가 점차 증가하여 이것이 태양 무게의 1.4배(4.5 장 참조)에 도달하면 이것은 그 자체의 중력 힘에 의하여 압축되며 온도가 상승하고 결국 폭발하게 된다.(132) 이것이 제Ia형의 초신성이다. 이 폭발에서 태양보다 더 많은 별 물질이 소모되며 따라서 방출되는 빛은 태양 빛의 100억 배가 되며 또한 이 과정의 높은 온도에 의하여 탄소가 철이나 니켈 등으로 융합되어 우주에 분산된다. 제Ia형 초신성은 폭발 당시의 무게가 언제나 일정(즉 태양의 1.4배)하고 따라서 그것의 광도가 일정하다는 특징이 있기 때문에 전문가들은 이것을 거리의 표준 도구로 사용하고 있다. 이것은 마치 100와트의 전구 빛이 우리에게 왔을 때의 광도를 측정하면 그것의 거리를 알 수 있듯이 제Ia형 초신성에서 오는 광도를 측정하면 우리는 그것의 거리를 알 수 있게 된다.

4.4.2 제II형 초신성(Type II Supernova)

무거운 별의 핵심 속에의 철의 양이 점차 늘어나 그것의 무게가 태양무게의 1.4배(이때 철 덩어리의 지름은 지구 지름의 약 70배가 됨) 이상이 되면 그것은 자체 중력 힘에 의하여 급속도로 압축되며 이 결과로 철 핵이 양성자와 중성자로 분리되고 더 압축되다가 이 압축 힘의 반작용으로 핵심의 외각이 갑자기 커지며 이 힘에 의하여 별의 외각이 폭발되는 것이 제II형 초신성이다.[133] 이 당시에 방출되는 빛은 제Ia형의 경우의 10배 정도가 되어 약 1,000억 개의 태양 빛에 해당된다. 이때에 생기는 높은 온도와 압력에 의하여 철 원소들이 다른 입자들과 결합하여 철 보다 더 무거운 여러 가지 원소들(예를 들어 금이나 백금 등)을 만들고 이것들이 우주에 흩어지며 이 흩어진 원소들은 새로운 별이 생성될 때에 그 속에 포함된다. 즉 하나의 별이 폭발하여 끝을 내면 그 잔존물이 다음 세대의 별 생성에 쓰여지게 되는 것이며 이런 식으로 세대 교차가 일어 나는 것이다.

우리는 뒤에서 제 1세대의 별은 수소와 헬륨(약 3대 1의 무게 비율)만으로 시작되었다는 것을 알게 된다. 따라서 세대가 늦은 별일수록 그 속에는 헬륨보다 더 무거운 원소들이 많이 있다. 태양계 속에 존재하는 물질들을 보고 전문가들은 태양이 제 3세대(이것의 천문학 용어는 '제I집단(Population I)의 별')의 별이라는 것을 알고 있다. 2가지 초신성 모두 현재에도 발생하고 있으며 은하수만한 크기의 은하에서 평균 50년에 한 번씩 이러한 폭발이 일어난다. 현재까지 발견된 초신성 숫자는 몇 천 개에 도달하며 그 중에서 유명한 2개에 대해 좀 더 자세히 알아보겠다.

예 1

1054년 8월 27일 중국 송나라 천체 관측소 소장 양위태(楊威太)가 계화(啓和)왕 앞에 엎드려 "우리에게 객성(客星) 하나가 나타났습니다"라고 보고하였다.(134) 그는 그 별의 출현을 예측하지 못한 것에 대하여 죄책감을 느껴 자신의 생명까지 우려하였으나 그 별이 나타난 방향에서 그 나라에 위대한 현인이 나타날 것이라고 왕에게 말하여 그를 기쁘게 하였다.

이 '별'은 약 2년 후에 사라졌으며 이것이 바로 게 성운(星雲-Crab Nebula, 그림 32 참조)이다. 이것은 18세기에 다시 발견되었고 그 후 특히 20세기 들어와 많은 사람들이 여러 가지 망원경을 통하여 관찰한 결과 현재 이것에 대하여 많은 지식을 가지게 되었다. 20세기에 우리가 관찰하는 이 성운이 바로 천 년 전에 양위태가 관찰한 성운인지를 어떻게 아느냐고 물을 수 있다. 우선 그가 기록한 그 별의 장소를 조사하면 그 부근에서 아직도 커다란 불꽃을 볼 수 있다. 또한 그 성운의 크기를 몇 년에 한 번씩 재어 보면 그것의 팽창 속도를 알 수 있고(매초 1,500km) 이 팽창 속도를 거꾸로 적용하면 그것이 언제 폭발하였나를 알 수 있다.

이러한 조사 결과에 의하여 우리는 현재 게 성운이라고 불리우는 것이 바로 양위태가 관찰한 '객성'이라는 것을 알 수 있다. 이것은 제II형 초신성으로 지구에서 6,500광년 떨어진 곳에 있으며 그 크기는 폭이 가장 넓은 곳이 13광년이 된다. 즉 그 크기는 태양계 전체의(태양에서 해왕성까지) 약 2만 배가 된다. 천 년을 팽창한 결과 그 처럼 크게 된 것이다. 양위태는 그 당시로부터 6,500년 전에 폭발된 게 성운의 초기의 장면을 목격하였으며 우리는 폭발 천 년 후의 장면을 보고 있다. 초신성 폭발의 현대 이론을 시험하려면 폭발의 순간을 관찰해야 하며 따라서 전문가들은 이 기회를 언제나 노리고 있다. 하지만 이 기회의 포착은 대체로 운에 달려 있기 때문에 이것이 어려운 것이다. 프랑스의 세균학자 루이 파스퇴르는 "기회는 마음의 준비가 된 사람에게 호의를 베푼다"라고 말하였다. 그럼 마음의 준비가 잘 되었던 한 학자의 경우를 다음 예에서 알아 보자.

예 2

2008 년 1월 9일에 여성 천문학자인 프린스턴대학의 소더버그는 그의 동료와 함께 나사의 스위프트 인공 위성을 이용하여 은하(NGC 2770)를 관측하는 도중에 그 속에서 갑자기 매우 강력한 엑스선이 나오는 것을 발견하였다. 이틀 전에 없었던 광선이 7분간 방출되었고 가시 광선 망원경 속에서의 장면은 이틀 전과 다름이 없었다. 그들은 곧 이것이 초신성일 수 있다고 생각하고 세계 각지 8군데의 천문소에 급히 그 관찰 사실을 알려

주고 그곳을 주시하라고 권고하였다. 그때부터 세계 각국에서 여러 개의 망원경들이 그곳을 관찰하였고 며칠 후부터 거기에서 폭발의 빛(가시 광선)이 나오기 시작하였다.(135) 이것이 초신성 2008디(SN2008D)이다. 이것은 초신성 시작 과정에서 처음에 엑스선이 방출되고 그 후에 이 힘에 의하여 외각이 폭발되면서 가시 광선이 방출된다는 현대 이론을 그대로 증명하여 주었다. 우리는 그림 33에서 폭발되기 며칠 전((가)와 (나))과 폭발 후((다)와 (라)) 은하(NGC 2770)의 모습을 볼 수 있다. (가)와 (다)는 엑스선 모습이고 (나)와 (라)는 가시 광선의 모습이다. (다)는 폭발 순간 (1~2시간 후)의 엑스선 모습이며(이 당시에 가시 광선의 장면에는 아무런 이상이 나타나지 않았음) 며칠 후에 가시 광선 사진(라)에 폭발 모습이 나타난 것을 볼 수 있다. 이것은 제Ibc라는 특수 종류의 제I형 초신성이다. 지금부터 천 년 후에 초신성 2008디도 게 성운과 같이 크게 될 것이며 그 당시 사람들은 그 초신성의 시작 장면은 볼 수 없으나 그것이 커진 모습은 볼 수 있을 것이다.

그림 32 게 성운

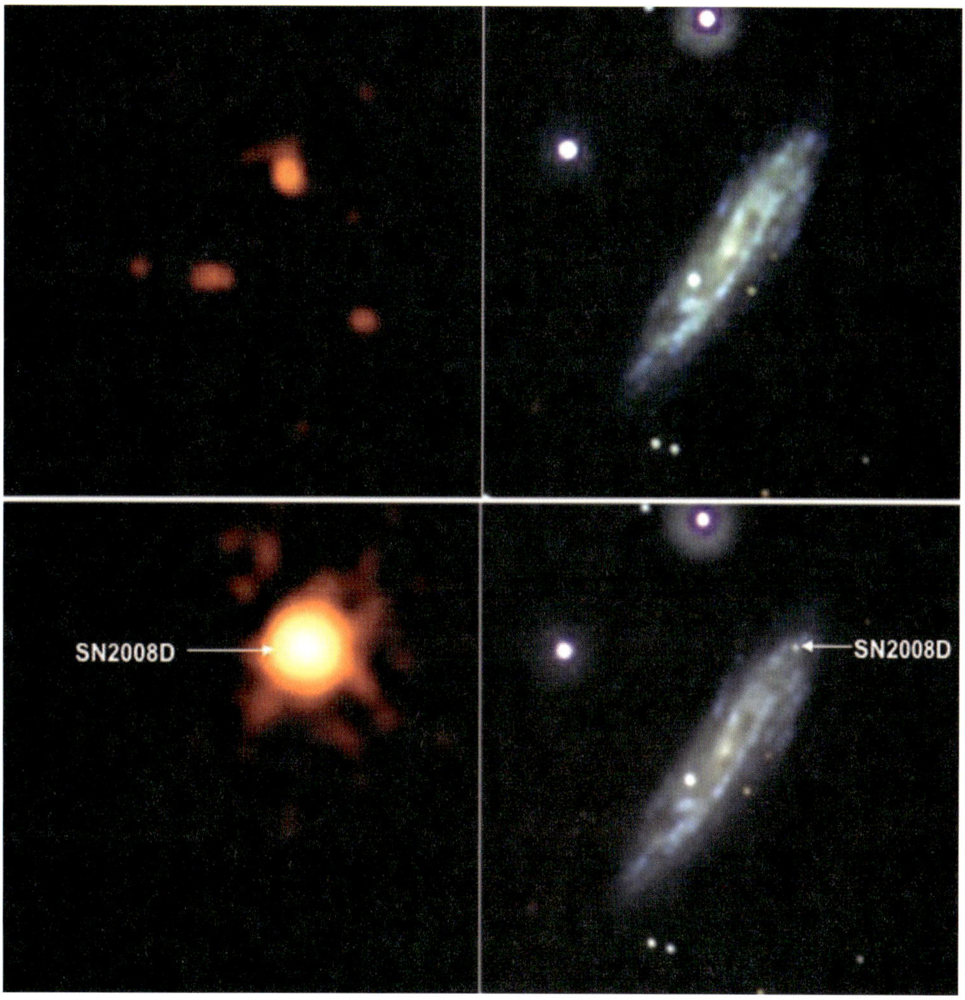

그림 33 초신성 2008디

4.5 별의 유물

우리는 앞에서 무거운 별은 제II형 초신성으로 폭발되고 가벼운 별(즉 백색 왜성)은 주위 별의 물질을 끌어 당겨 그 무게가 태양 무게의 1.4배를 초과하면 제 Ia형 초신성으로 폭발한다는 것을 알았다. 이러한 무게 제한의 근원은 무엇이며 또한 폭발 후 남게 되는 물질이 무엇인지 알아보자.

별 속에서 탈 수 있는 모든 물질이 타 버린 후 그것이 더 이상 열을 방출할 수 없게 되었을 때 어떠한 현상이 일어나는지를 물리학적으로 최초로 자세히 연구한 사람은 인도 사람 찬드라세카르이다. 그는 별이 열을 방출하지 못하면 그것이 자체의 중력에 의한 압축을 저항해 낼 힘이 없기 때문에 그것이 압축될 것이라는 것을 알았다. 그의 의문은 이것이 무한정 압축되느냐 아니면 그 압축에 한계가 있느냐 하는 것이었다. 그는 양자 역학에서 유도되는 파울리의 배타 원리에 의하여 전자들은 상호 간에 최소한의 간격을 유지하게 되며 이 간격을 유지하는 힘이 중력을 저항하여 결국 별이 하나의 점으로 압축되지는 않는다고 하였다.

하지만 이때의 별 무게가 태양 무게의 1.4배 이상이 되면 이것의 중력이 전자 간격을 유지하는 힘을 이겨 내어 별은 더 압축된다는 것을 계산하였다. 이 무게(즉 태양 무게의 1.4배)를 찬드라세카르의 한계라고 한다는 것을 우리는 앞에서 확인하였다. 우주에 많이 흩어져 있는 백색 왜성(矮星)은 핵 속의 연료를 다 태웠으나 그 무게가 이 한계보다 더 적기 때문에 전자 간격을 유지하는 힘에 의하여 더 이상 압축되지 않는다. 그는 이러한 계산을 1929년 대학을 갓 졸업하고 영국 대학원으로 유학가는 도중 배 속에서 하였으며 그때 나이가 19세였다. 그가 53년 후에 받은 노벨상의 주요 업적이 이 계산의 결과였다.

찬드라세카르의 한계보다 더 무거운 물체는 계속 압축될 것인데 더 압축되면 실제로 어떻게 될까? 백색 왜성이 제Ia형 초신성으로 폭발하는 경우에는 그 별이 완전히 파괴되지만 무거운 별이 제II형 초신성으로 폭발하는 경우에는 유물이 생기며 그것의 종류는 무게에 달려있다. 무게가 태양 무게의 1.4배 내지 약 3~4배 정도 되는 물체는 압축되면 중성자 별이 된다. 이것이 중성자 별보다 더 적게 압축되지 않는 이유는 앞에서 말한 파울리의 배타 원리가 이번에는 중성자에 적용되어 중성자들 사이의 간격 유지 힘이 그들의 압축 힘을 저항하기 때문이다. 무게가 태양 무게의 약

3~4배 이상이 되면 중성자들 사이의 간격을 유지하는 힘 마저 이 무게의 압축 힘을 저항할 수 없어 이것은 더욱 더 압축 및 축소되고 결국 블랙홀이 되는 것이다. 아래에서 이 2가지 천체물에 대하여 조금 더 자세히 알아보겠다.

4.5.1 중성자 별과 펄서

중성자 별이 존재할 것이라는 것을 최초로 예측한 이들은 러시아의 란다우[136] 와 미국의 바데와 츠비키[137] 이다. 이들은 독립적으로 거의 동시에 예측하였으며 란다우는 순수 물리학적 입장에서 그리고 바데와 츠비키는 천체 물리학적 입장에서 예측하였다. 특히 츠비키는 수편의 논문을 통하여 초신성이 발생하는 통계와 그것들의 광도를 고려하여 초신성이 일어난 후에 중성자 별이 남는다는 이론을 제안하였다. 하지만 예측된 천체물은 지극히 압축된 물체이기 때문에 크기가 작아 전문가들은 이것의 실제 관측이 불가능하다고 생각하고 그 이론에 별로 관심을 두지 않았다.

이런 상태로 30여 년이 지난 1967년에 우연히 신기한 천체물이 하나 발견되었다. 당시 케임브리지대학 대학원생이었던 여성 천문학자 조슬린 벨이 휴이시교수 밑에서 연구하면서 우주의 어느 먼 곳에서 오는 1.3초에 한 번씩 반복되는 라디오파를 측정하였다. 이것은 마치 외계인이 보내는 신호처럼 매우 규칙적으로 수신되어 그들은 그 결과를 발표하는 논문[138] 에서 그 전파를 '작은 녹색인(綠色人)' 들의 전파라고 유머스럽게 이름을 붙였다(그 당시에는 외계인을 흔히 이렇게 불렀다).

곧 이 전파의 근원에 대하여 학계에서 열띤 토론이 벌어졌으며 2가지 이론이 등장하게 되었다. 하나는 이것은 중성자 별이 회전하면서 방출하는 전파라는 것이었는데 그 이유는 태양만큼 큰 별이 한 시간에 한 번씩만 자전하여도 그 속도의 원심력 때문에 모든 물질이 밖으로 흩어져 태양은 부서져 버리는데 어느 천체물이 1.3초에 한 번씩 자전하려면 그 물체의 밀도가 극도로 높아야 하며 중성자 별은 이러한 밀도를 가지고 있고 따라서 그것이 아니면 이것을 설명할 수 없다고 하였다. 그러나 한편에서는 백색 왜성이 커졌다 작아졌다 반복하면서 전파를 방출할 수도 있다고 하였다. 그런데 1년 후에 이번에는 매초에 30번씩(즉 0.03초에 한 번) 반복하는 전파가 발견되었다(이것은 앞에서 말한게 성운에서 나왔음). 이렇게 고속으로 반복되는 광선이 발견되자 전문가들은 백색 왜성 만한 크기의 천체물이 도저히 그렇게 짧은 시간에 커졌다 작아졌다 할 수 없다고 하고 백색 왜성에 의한 전파의 이론은 사라졌다.

대부분의 중성자 별의 무게는 태양 무게의 1.4배 내지 2배 정도이며 이것의 지름이 약10 km 내지 20km이다. 즉 이것의 밀도는 엄청나게 높아 찻숟가락(5cm³) 하나 만한 이 물질의 무게가 약 20억 톤이 되는 것이다. 중성자 별의 중력은 지구 중력의 1,000억 배 이상이 되어 그 표면에는 1 mm이상이 되는 '언덕'이 있을 수 없다. 왜냐하면 만일 표면에 이것보다 더 큰 높이의 차이가 생기면 그 중력 차이에 의하여 높은 지점이 납작해지기 때문이다. 따라서 중성자 별 표면 전체가 거울 같이 매끈한 것이다. 여기에 사람이 있으면 그는 당장 종이장같이 납작하여 질 것이다. 중성자 별의 또 다른 특성은 그것이 고속도로 자전한다는 것이다. 우리는 앞에서 별 생성 당시에 부착 원반이 각운동량의 보존법칙에 의하여 자전한다는 것을 알았다. 이와 똑같은 이유로 별 핵심이 축소되어 중성자 별로 전환될 때 이것은 자전하게 된다. 피겨 스케이트 선수가 팔을 오므릴 때 회전속도가 올라가는 것과 마찬가지로 커다란 별이 조그마한 중성자 별로 되면 그 회전 속도가 무척 증가한다. 중성자 별의 거대한 중력 때문에 고속도로 자전하여도 이것에 아무런 이상이 생기지 않는 것이다.

중성자 별이 광선을 방출하는 자세한 과정은 전문가들도 완전하게 알 수 없으나 대체적인 이론은 그것이 가지고 있는 어마어마하게 센 자장이 그 주변의 가스를 극히 높은 속도로 밀어 내며 이 밀려 가는 가스가 전파를 방출한다는 것이다. 이 광선이 나오는 방향이 별의 자전축과 일치하지 않는 경우에는 이것이 별과 함께 회전하며 만일 이것이 지구 쪽을 향하면 우리는 이 광선을 탐지할 수 있고 이 전파의 주기가 중성자 별의 자전 주기이다. 만일 이 광선의 방향이 지구 쪽을 전혀 향하지 않으면 우리는 그 광선을 볼 수 없으며 따라서 이 광선을 통하여서는 그러한 중성자 별을 볼 수 없다. 이 광선을 관측할 수 있는 중성자 별을 펄서(Pulsar - Pulsating Star - '맥박이 뛰는' 별)라고 한다. 1974년에 펄서의 발견 공적으로 휴이시에게 노벨상이 수여되었으며 이때에 벨의 이름이 누락되어 노벨상 심사위원회의 동기에 대하여 학계에서 논쟁이 있었다.

현대 과학이 가장 정밀하게 측정할 수 있는 것 중의 하나가 시간이다. 따라서 전문가들은 펄서의 주기를 정밀하게 측정하였으며 이 측정을 통하여 펄서의 자전 속도가 시간이 가면서 감속된다는 것을 알았다. 이 감속의 이유는 자전 에너지의 일부가 전파를 방출하는 데에 사용되기 때문에 시간이 가면서 자전 속도가 줄어 드는 것이다. 감속하는 정도는 크지 않다. 예를 들면 1 초에 한 번씩 자전하는 중성자 별은 백년 후에 1.000003 초에 한 번 자전한다. 이 감속되는 정도를 보고 그 중성자 별의 무게뿐만 아니라 그 속의 구조까지 알아낼 수 있다. 조셉 테일러라고 하는 미국 프린스턴대학의 천문학자는 펄서의 주기 측정에 20년을 바쳐 결국 그는 그 속도를 소수점 아래 15자리까지 정밀하게 측정할 수 있었다. 그는 이러한 정밀한 결과를 사용하여 아인슈타인의 중력 방사선의 존재를 증명하였고 이 공로로 1993년에 노벨상을 받았다.

4.5.2 블랙홀과 퀘이사

상상하기 어려운 천체물이 우주에 많이 있지만 그 중에서도 상상력의 한계를 특별히 시험하게 하는 것이 블랙홀이다. 오랫동안 전문가들은 자연에 존재할 수 없다고 믿었고 또한 그 존재 가능성이 이론적으로 인정된 후에도 발견에 오랜 시간이 걸렸던 블랙홀에 대해서 여기에서 조금 자세히 알아보겠다. 블랙홀은 엄청난 밀도로 압축된 천체물이며 그 크기는 작은 종류의 것은 반지름이 약 30km 미만이 되고 무게는 태양의 10배 정도이다. 더 무거운 것에 대해서는 차차 이야기하겠다. 이것의 정확한 밀도는 알 수 없으나 전문가들은 무한에 가깝다고 생각한다. 막대한 질량의 물체가 이렇게 엄청난 밀도로 압축되면 그것은 놀라운 성질을 가지게 된다. 즉 그것은 자체의 중력 힘에 의하여 모든 것을 끌어당기는 성질을 갖는데 더 정확하게 말하면 모든 것을 삼켜버리는 성질을 갖게 되는 것이다. 다시 말하면 이것에 일단 끌려 들어가면 모든 것은 빠져 나오지 못하며 빛도 빠져 나오지 못하여 우리는 이 블랙홀을 전혀 볼 수 없다(우리가 어떤 물체를 본다는 것은 그것에서 방출 또는 반사되어 나오는 광선을 보는 것이다). 블랙홀(검정 구멍)이라는 용어는 모든 빛을 흡수하는 검정색과 물건이 빠지는 구멍을 연상시키는 용어다*.

블랙홀이 물질을 삼켜버린다는 말은 어느 물체가 블랙홀 주변 하나의 경계선을 넘으면 그 속에 끌려 들어가고 일단 그렇게 되면 그 물체의 관찰이 불가능하다는 말이다. 빠진 물체뿐 아니라 이 경계선 속에서 일어나는

*이 용어를 프린스턴대학의 윌러교수가 지었다고 흔히 말하는데 그 자신은 어느 학회의 청중으로부터 들었다고 하였다.

어떤 현상도 외부에서는 전혀 관찰할 수 없다. 즉 이 경계선 내부와 외부와는 정보 교환이 되지 않으며 이것은 지평선 밖에서 일어나는 일을 우리가 볼 수 없는 것과 유사하다고 하여 이 경계선을 '사상(事象)의 지평선(Event Horizon)' 이라고 한다.

우리는 앞에서 막대한 질량의 물체가 블랙홀이 된다고 하였는데 물체의 질량이 막대하다고 해서 그것이 반드시 블랙홀이 되는 것은 아니다. 빛이 태양(블랙홀이 아님) 주변에서 휜다는 것을 앞에서 알았는데 만일 그것이 태양 가운데로 들어가면 어떻게 될까? 그것은 그 속에서 반사되거나 흡수되며 흡수되면 다시 빛으로 나오거나 열로 전환되며 그 열은 밖으로 방출된다. 즉 들어간 빛은 형태가 바뀌더라도 결국 다시 밖으로 나온다. 태양의 10배가 되는 별도 마찬가지다. 그 속으로 들어간 빛은 결국 밖으로 나온다. 단지 태양 무게의 10배 되는 별이 반지름이 30km 미만인 공의 크기로 압축되면 그 속으로 들어간 모든 빛은 반사되지도 않고 열로 방출되지도 않기 때문에 우리는 그 빛을 볼 수 없으며 그뿐 아니라 그 별 자체도 볼 수 없다. 자연에 과연 이렇게 압축된 천체물이 있을까? 이것에 대한 전문가들의 대답이 어떻게 변천되어 왔는지를 알아보자.

천체물이 모든 빛을 끌어 당겨 우리가 그 천체물을 볼 수 없게 될 수 있다는 이론이 처음 제기된 것은 오래 전의 일이다. 1783년에 영국의 존 미첼이 그 당시에 믿었던 광 입자설을 뉴턴의 중력 이론에 적용하여 지름이 태양 지름의 500배가 되는 별은 그것의 중력으로(입자로 된) 빛을 끌어 당겨 빛은 그 별을 빠져 나오지 못하므로 그 별을 볼 수 없을 것이라고 하였다.(139) 몇 년 후에 프랑스의 유명한 수학자 라플라스도 독립적으로 이와 같은 이론을 발표하였다. 19세기에 들어 광 입자설이 힘을 잃고 광 파동설이 유력해지면서 전문가들은 파동이 중력에 이끌릴 수 없다고 생각하여 미첼의 이론을 무시하였다(광의 정설은 이중성, 즉 이것은 입자인 동시에 파동이다).

무거운 물체가 빛을 잡아 당긴다는 것이 아인슈타인의 일반 상대론의 결과라는 것을 우리는 앞에서 알았다. 이 이론이 발표된 몇 달 후 1916년 독일의 카를 슈바르츠실트가 이 이론의 수식을 특수한 경우에 적용하여 만일 태양만한 크기의 별이 반지름 3km인 공으로 압축된다면 빛이 이것의 중력에 끌려 그 속에 들어가고 벗어나지 못하여 이 물체를 볼 수 없게 된다는 결론을 얻었다.(140) (그는 독일대학 교수로 제1 차 세계 대전이 벌어지자 군대에 자진 입대하여 전쟁터에서 포탄 궤도를 계산하면서 틈을 내어 이 계산을 하였다). 주어진 무게의 별이 얼마 만한 반지름의 물체로 압축되어야 블랙홀이 되는지를 알려주는 것이 슈바르츠실트의 수식이며 이 반지름을 슈바르츠실트 반지름이라고 한다. 이 수식에 의하면 태양만 한 무게의 경우에는 이것이 반지름 3km인 공으로 압축되어야 블랙홀이 된다. 반지름이 슈바르츠실트 반지름인 공의 표면이 앞에서 말한 '사상의 지평선' 이다. 태양의 반지름이 70만km인데 이렇게 큰 천체물이 반지름 3 km인 공으로 자연에서 압축될 수 있을까? 슈바르츠실트 자신뿐 아니라 에딩턴과 아인슈타인도 별이 이렇게 높은 밀도로 압축될 수 없다고 생각하여 슈바르츠실트의 결론을 하나의 흥미로운 수학적 결론이라고 덮어 두었다.

앞에서 찬드라세카르가 태양 무게의 1.4배를 초과하는 천체물이 열을 방출하지 않으면 그것은 더 높은 밀도로 압축된다고 말했다는 것을 알았다. 그 후에 란다우와 츠비키가 초신성의 유물로 밀도가 매우 높은 중성자 별이 생성된다고 말했다는 것도 알았다. 1939년에는 미국의 오펜하이머가 일반 상대론을 적용하여 별의 종말 때의 무게가 태양 무게의 약 3배 이상이 되는 경우 이 물체가 압축되기 시작하면 그것은 끝없이 압축될 것이라고 하였다(141) (이 일을 마친 후 그는 좀 더 긴급한 일인 원자탄 제조의 기술 책임자로서 일하게 되어 이 과제를 더 추구하지 않았다). 즉 중성자들 사이에 서로의 간격을 유지하려는 힘이 중성자별의 축소를 방지하지만 그러나 이것의 무게가 태양 무게의 약 3배 이상이 되면 이러한 힘도 이 물체의 중력을 이겨내지 못한다는 것을 뜻한다(블랙홀의 생성 과정이 중성자 별 과정을 거친다는 말이 아니다). 앞에서 알게 된 바와 같이 1967년에 중성자 별이 발견되었고 이렇게 되자 전문가들은 자연에 실제로 어마어마한 밀도를 가진 천체물이 존재한다는 것을 알게 되었고 따라서 블랙홀의 존재도 이론적인 가능성을 바탕으로 실제로 존재할 수 있다고 생각하게 되었다.

블랙홀은 현재 실제로 '관측' 되었으며 그것의 종류는 크게 나누어서 별 블랙홀, 거대 블랙홀, 중간 크기 블랙홀 등 3가지가 있다. 이것은 크기에 따라 구분된 것이며 크기가 또한 생성 과정을 결정한다. 별 블랙홀은 별이 폭발하면서 생성된 것이고 크기는 보통 태양 무게의 10배 정도이다. 거대 블랙홀은 그 생성 과정에 대하여 모든 학자가 동의하는 이론이 아직 없으며 크기는 태양 무게의 십만 내지 십억 배가 된다. 중간 크기 블랙홀은 글자 그대로 중간 크기를 가지고 있다.

우리가 볼 수 없는 천체물을 어떠한 증거를 통하여 그것의 존재를 알아낼 수 있을까? 우리 속담에 "아니 땐 굴뚝에 연기 날까?" 라는 말이 있다. 우리는 블랙홀의 '연기' 를 보고 그것의 존재를 안다. 블랙홀의 '연기' 는 그것의 주변에서 그 속으로 끌려 들어가는 물질들이 마지막으로 방출하는 강력한 광선이며 블랙홀에 대한 하나의 뚜렷한 증거이다. 하지만 이것 하나만 보고 블랙홀의 존재를 알아내려면 문제가 발생한다. 즉 그것은 블랙홀이 아닌 천체물도 강력한 광선을 방출하는 경우가 있으며 또한 블랙홀의 광선도 계속 방출되지 않고 주기적으로 방출되는 경우도 있다는 것이다. 따라서 우리는 여러 가지 증거를 종합하여 블랙홀의 존재를 알아낼 것인데 여기에 사용되는 증거로는 (1)엑스선 쌍성, (2)방출 광선과 부착 원반과 분출물, 그리고 (3)은하 핵 주변 별들의 공전 등이 있다. 제(1)과 (2)에서는 방출 광선이 근본적인 역할을 하며 (3)에서는 방출 광선이 부수적인 역할을 한다. 이제 이것들을 하나씩 알아보자.

(1) 엑스선 쌍성

우리는 앞에서 쌍성(雙星)이란 2개의 별이 짝을 지어 서로가 공동 중심 주위를 공전하는 별이라는 것을 알았으며 이것이 천문학에서 중요한 역할을 한다. 이 궤도(즉 속도, 주기, 평균 거리 간격)를 측정하면 우리는 각 별의 무게와 거리와 그 외 여러 가지 다른 특성을 알아낼 수 있다.

전문가들은 1964년 시그너스성좌 속에 강력한 엑스선의 출처가 있다는 것을 발견하였다. 이 출처를 시그너스 엑스-1(Cygnus X-1)이라 하며 전문가들은 몇 년 후에 이 부근에서 커다란 별을 발견하였다. 이것이 이미 발견된 엑스선의 출처일 수 있다고 생각하고 조사하였으며 그 결과는 이 별은 자체 온도가 낮아서 엑스선을 방출할 수 없다는 것이었다. 이 후에 전문가들은 이 별이 엑스선의 출처를 중심으로 6일 주기로 공전하고 있음을 측정하였고 이 궤도 자료를 이용하여 시그너스 엑스-1의 무게가 태양 무게의 9배라는 것을 알았다. 즉 전문가들은 보이는 별이 태양 무게 9배에 해당하는 보이지 않는 '별' 을 공전한다는 것을 알게 되었고 따라서 이 보이지 않은 '별' 이 블랙홀이라고 생각하게 되었으며 이것이 최초로 발견된 블랙홀이다.

영국의 스티븐 호킹은 그가 이것이 블랙홀이 아니다 라는 것을 두고 미국의 킵 손과 1975년에 내기를 건 것에 대하여 그 자신이 블랙홀의 성질에 대하여 자신의 생애 중 많은 세월을 소비하였는데 만일 이것이 블랙홀이 아니고 이런 것이 존재하지 않는다면 시간 낭비한 것이니 그 경우에는 내기에 건 것(잡지)이나 받아 위로를 삼을 작정이며 따라서 내기를 하나의 보험 계약이라고 생각하고 건 것이라고 말하였다. 그가 지면 지극히 만족스런 마음으로 내기에 건 것을 갚겠다고 하였다. 그는 이 이야기를 1987년에 하면서 1975년에는 이것의 블랙홀 확신도가 80%였으나 현재는 95%라고 말하였다(즉 그때까지는 그가 내기에 졌다고 인정하지 않았다).

(2) 방출 광선과 부착 원반과 분출물

우리는 앞에서 별 생성 당시에 부착 원반이 생기며 그 속의 물질은 중심에 가까이 갈수록 점점 빨리 회전한다는 것을 알았다. 이와 마찬가지로 '사상의 지평선' 밖에 있는 물질이 블랙홀에 끌려 그 속으로 빠질 때에도 부착 원반이 생기며 블랙홀 근처의 물질은 블랙홀의 막대한 무게 때문에 엄청난 속도로 회전한다. 여기에 빠지는 물질의 양은 최소 태양 무게의 3배 내지 4배 이상이 되며 이렇게 많은 물질이 그 속에 빠지면 거기에서 '연기' 가 난다. 이 '연기' 는 강력한 광선과 분출물이다. 부착 원반 물질의 높은 회전 속도 때문에 그 물질의 온도가 올라가고 따라서 여기에서 강력한 광선이 방출되며 이때에 일어나는 또 하나의 현상은 분출물이며 이것은 부착 원반의 자장 힘에 의하여 주위의 물질이 분출되는 것이다. 즉 우리는 강력한 광선, 부착 원반, 그리고 분출물을 보고 블랙홀의 존재를 알 수 있다. 그림 34는 허블 망원경이 찍은 은하(NGC 4261) 중심의 사진이며 이곳에서 강력한 라디오파와 가시 광선과 엑스선이 탐지되며 우리는 이 사진에서 부착 원반과 분출물을 볼 수 있다.

이 은하는 4,500만 광년의 거리에 있으며 왼쪽 사진의 가운데에 먼지같이 보이는 것이 몇 십억 개의 별이 있는 은하이며 그 중심을 확대한 것이 오른쪽 사진이다. 왼쪽 사진에서 아래 위로 솟아나는 것이 분출물이며 그것의 길이는 9만 광년, 오른쪽 사진에서 보는 부착 원반의 지름은 300광년이다. 이 은하 핵에 태양 무게의 약 5억 배 되는 거대 블랙홀이 존재한다.

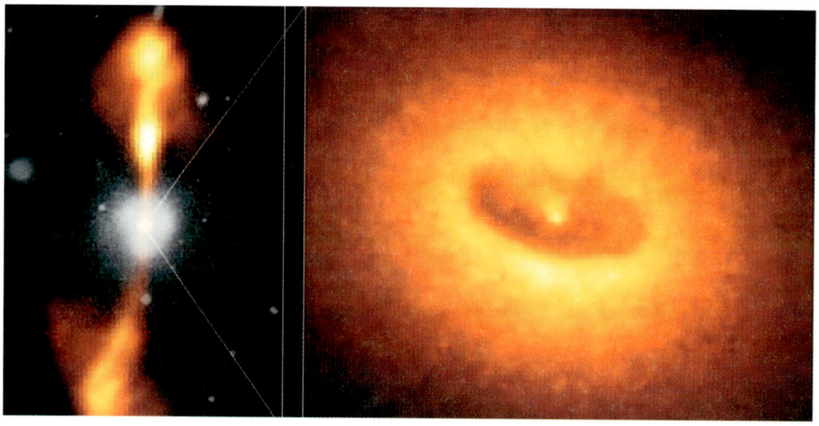

: 그림 34 은하 중심의 분출물(NGC 4261) 사진
(저작권 - 허블 망원경/미국 나사/유럽 우주 기관)

지금까지 말한 3가지 증거가 모두 관측되면 블랙홀에 대한 확신도가 높아지지만 언제나 세 증거를 모두 요구할 수는 없다. 예를 들어 블랙홀이 지극히 먼 곳에 있으면 대부분의 경우에 현대 관측 기술로는 부착 원반과 분출물이 하나의 점으로 보이며 따라서 그들의 식별이 어렵다. 단지 방출 광선이 지극히 강력한 경우에는 이것을 먼 곳에서도 탐지할 수 있다. 지극히 강력한 방출 광선에만 의존하여 블랙홀의 존재를 알아내는 경우가 몇 가지 있는데 그 중에서 퀘이사와 라디오 은하 등 2가지 종류만 이야기하겠다.

1963년 미국의 마르틴 슈미트가 어떤 천체물을 탐지하고 그것의 적색 이동을 사용하여 거리를 계산하고 그것이 20억 광년 거리에 있다는 결과를 얻었다. 이렇게 먼 곳에 있는 천체물에서 오는 광선을 측정할 수 있었다는 것은 그 광도가 매우 높다는 것을 의미하며 그 광도는 은하 전체의 광도보다 더 높았다. 따라서 그 자신을 포함한 여러 전문가들이 그의 측정에 오류가 있을 수 있다고 생각하게 되었다. 곧 이런 종류의 천체물들이 더 발견되었으며 전문가들은 이것들의 정체를 정확히 몰라 이들을 준성(準星)(퀘이사 - Quasi Stellar Radio Source, Quasar)이라고 불렀다.

1970년에 이것들의 정체는 고사하고 우선 이것이 먼 곳에 있는지 가까운 곳에 있는지를 알아보려고 교황청 학술원이 국제 천문학회를 바티칸에서 개최하고 이 문제를 논의하였다. 정반대의 의견을 가진 두 그룹의 전문가들이 모여 관측 자료를 열렬하게 토론하였으나 그들의 주장은 토론 후에도 토론 전과 같았다. 회합이 끝난 후 영국의 호일은 "믿기 어렵다는 이유로 관측 자료를 무시하는 논리를 나는 이해할 수 없다"고 하였고 이에 응하여 미국의 어느 학자는 "그 이유보다 더 좋은 이유를 나는 모르겠다"고 하였다. 결국 1980년대 들어 이것의 정체가 밝혀지게 되었다. 이것들은 지극히 먼거리(대부분이 10억 광년 이상의 거리)에 있으며 우리가 측정하는 광선은 은하 핵의 자그마한 지점에서 태양 무게의 억배 이상되는 블랙홀이 주위의 물질을 삼켜 버릴 때에 방출되는 광선이라고 판정이 내렸다. 현재까지 알려진 퀘이사는 십만 개가 넘는다.

라디오 은하는 그 중심에서 강력한 라디오파를 방출하는 은하를 말하며 이 광선을 보고 우리는 블랙홀의 존재를 확인한다. 그림34는 미국 국립라디오 천문대가 찍은 라디오 은하(3C 219)의 사진이다. 이곳에서 우리는 강력한 라디오 광선을 측정하며(이 광선 때문에 이 사진을 볼 수 있음) 또한 분출물을 볼 수 있다. 이 은하는 21억 광년 떨어진 곳에 있으며 보이는 두 '구름'의 크기가 120만 광년이다. 가운데의 밝은 점이 은하의 중심이며 이곳에서 블랙홀에 의하여 강력한 라디오파가 방출된다. 그것의 동남방향에 있는 흰색 줄이 분출물이며 그 반대 방향에 있는 붉은 점이 이것에 대응하는 분출물이다(두 분출물의 크기가 다른 이유는 여기에서는 언급하지 않겠다). 구름 전체가 분출물에 의하여 가열되어 있으며 아래와 위에 있는 2개의 흰색 점은 최고로 가열된 지역을 나타낸다.

(3) 은하 핵 주변 별들의 공전

앞에서 쌍성의 궤도를 알면 그 두 별의 무게를 각각 알 수 있다고 하였다. 이 원칙을 은하 핵을 공전하는 그 주변의 별들에 적용하면 그 은하 핵의 무게를 계산할 수 있으며 이 결과에 의하여 블랙홀의 존재를 알 수 있는 경우가 있다. 1988년 전문가들은 은하수 가까이 있는 여러 개의 은하들(36개)의 은하 핵(즉 중심) 주변에 있는 별들의 운동을 자세히 조사하고 이것의 대부분(26개)이 그 핵에 거중한 압축된 물체(즉 블랙홀)를 가지고 있다고 발표하였다.(142) 그것들의 무게는 태양 무게의 100만 배에서 10억 배 정도이다. 3년 후에 전문가들은 새로운 자료를 더 추가하여 조사하고 은하수 근방에 은하 핵에 블랙홀을 가지고 있는 은하가 최소 37개가 있다고 발표하였다.(143) 또한 그들이 조사한 결과에 의하면 핵 주변에 밀집한 별 집단을 가지고 있는 모든 은하는 그 핵에 거대한 블랙홀을 가지고 있다고 하였다.

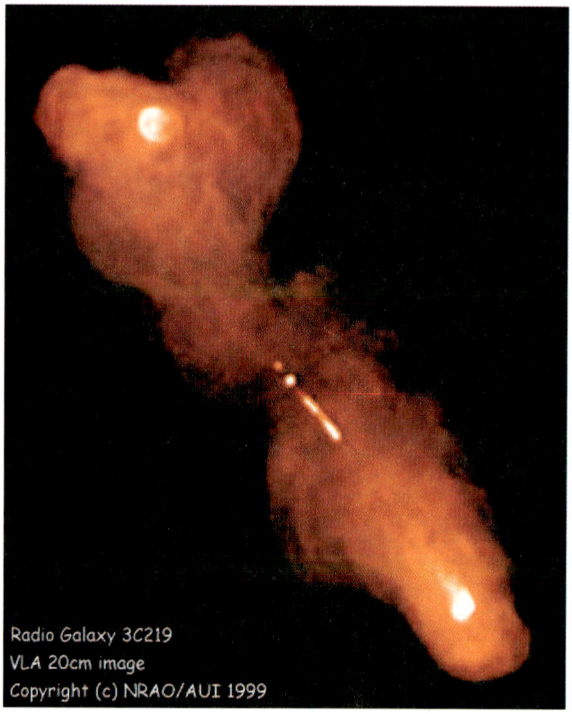

그림 35 라디오 은하(3C 219) 중심의 분출물
(저작권 - 미국 국립 라디오 천문대/연합대학/전미 과학 재단)

끝으로 전문가들이 현재 확신도가 가장 높다고 말하는 은하수 속에 있는 블랙홀에 대해서 알아보자. 1974년 미국의 두 천문학자 베일릭과 브라운이 은하수 중심에 있는 사지타리우스 에이(Sagittarius A)의 조그만 지점에서 강력한 라디오파가 방출되는 것을 발견하였다. 이 광선은 마치 텅 빈 벌판 한 가운데의 조그마한 지점에서 강력한 분수가 나오는 것처럼 그 주위에는 다른 천체물이 없고 또한 그 광선의 강도에 비하여 그 출처의 크기가 극히 적었다. 따라서 전문가들은 곧 이것이 블랙홀이 아닐까 생각하였지만 별 다른 증거를 얻지 못하여 계속 의문으로 남아 있었다. 그곳에서 그 이상의 증거를 얻기 어려웠던 가장 큰 이유는 앞에서 말한대로 은하수 중심 부근은 성간 가스와 먼지로 차 있기 때문이며 이곳의 섬세한 관찰을 위해 적외선 망원경이 필요하였으나 이것은 20세기 말엽에 와서야 충분히 발달되었기 때문이다.

현대의 첨단적인 적외선 기술을 그 지역 관찰에 사용하여 그곳에 블랙홀이 존재한다는 확실한 증거를 얻었다는 논문이 2009년에 발표되었다.(144) 독일의 길레센과 그의 동료 전문가들은 은하수 핵 주변에서 핵을 공전하는 109개의 별을 16년 동안 주시하면서 그 중 28개를 골라 운동을 특별히 자세히 관찰하였다. 그들은 이 별들 하나하나의 궤도 모양을 측정하고 각 궤도의 초점(케플러 법칙에 의하여 타원의 초점 주위를 공전)의 위치를 알아냈다. 그 결과는 이 28개의 초점들이 모두 한 점으로 일치하며 그 장소가 바로 앞에서 말한 라디오파의 출처라는 것이었다. 또한 이 별들의 궤도 자료를 이용하여 그 초점의 무게를 계산하여 그것이 태양 무게의 430만 배라고 발표하였다. 이곳에 부착 원반이 보이지 않는 이유는 그 속으로 빠지는 물질의 양이 적어 원반의 크기가 작기 때문이다. 이것이 블랙홀이라는 것에 대해 더 이상의 증거가 필요할까?

현대 전문가들은 거의 모든 은하가 그 핵에 거대 블랙홀을 가지고 있다고 생각하는데 이것은 관측적 결론이고 앞으로의 과제는 이것의 이유를 이론적으로 설명하는 것이다. 즉 블랙홀 발견 시대는 지나갔고 이제는 이 발견 결과를 천문학 문제 풀이에 이용할 시대라고 그들은 말한다. 스티븐 호킹은 이미 1990년에 내기에 졌음을 인정하고 킵 손에게 내기에 건 잡지를 사 주었다. 우리가 도저히 상상하기 어려운 천체물이 우주에 실제로 존재하는 것이다.

그림 36은 별의 일생 과정을 간략하게 나타낸 것이며 별의 유물까지를

포함한다. 여기서 세로 좌표는 별의 무게를 표시하며 위로 올라 갈수록 무겁고 가로 좌표는 시간을 나타내며 별의 탄생 시간부터 시작된다. 앞에서 설명한 대로 무게가 태양의 8%보다 적으면 별이 될 수 없고 갈색 왜성으로 영구히 남으며 무게가 그것보다 크되 태양 무게의 80%미만이면 별이 생성되며 아직까지 주장면을 떠난 별이 발견되지 않았다. 또한 가벼운 별(즉 태양 무게의 3배 미만)이 주장면에서 수소를 모두 태우고 나면 적색거성을 거친 후 백색 왜성이 되며 무거운 별이 수소를 모두 태우고 나면 핵심에서 각종 원소가 융합되며 결국 융합이 철에서 끝난 후에 그것이 제II형 초신성으로 폭발한다.

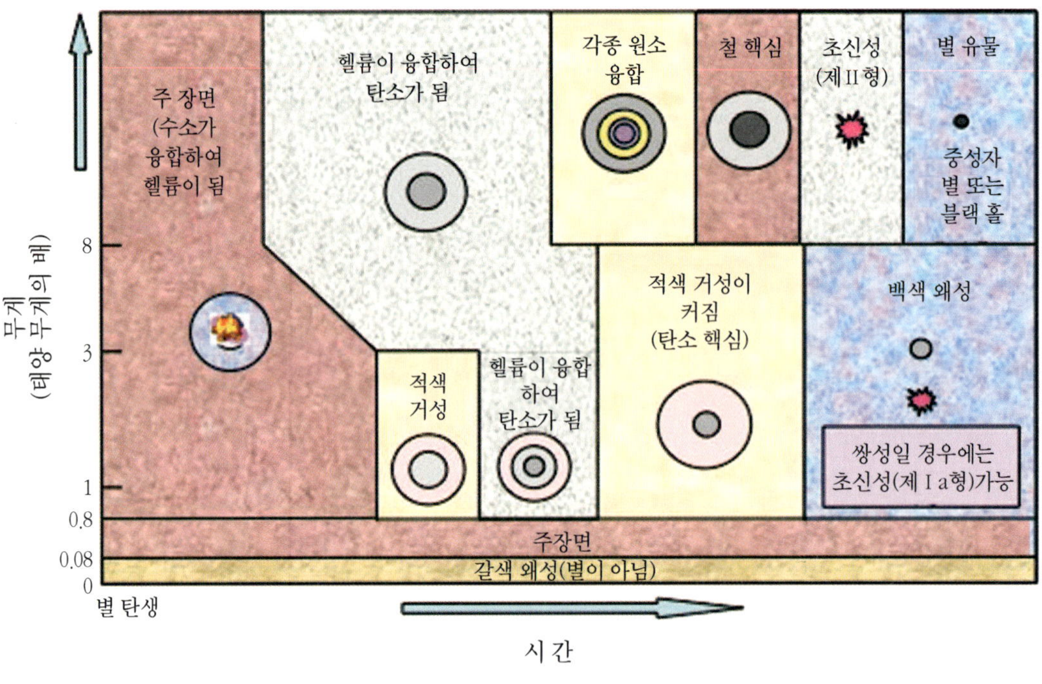

그림 36 별 일생의 대략 모습

4.6 가장 오래된 별들의 나이

앞에서 많은 새로운 별들이 현재에도 계속 탄생하고 있다는 것을 알았다. 즉 우주에는 각종 나이의 별들이 있다. 이 중에서 가장 오래된 것들 즉 최초의 별들은 언제 생성되었을까 하는 문제는 우주의 역사와 직접 관련이 있기 때문에 여기에서 좀 자세히 알아보겠다. 별의 나이를 아는 방법에는 2가지가 있다. 하나는 앞에서 지구 나이를 다룰 때 설명했던 방사성 물질 연대 결정법이며 또 하나는 별의 주장면을 관찰하여 나이를 측정하는 방법이다. 첫 번째 방법은 지구 나이 설명 때에 이미 설명했으므로 여기에서는 지구 나이의 경우와의 차이점만을 설명하고 두 번째 방법에 대해서는 좀 더 자세히 설명하겠다.

(1) 방사성 물질 연대 결정법

방사성 우라늄-238이 그것의 반감기가 44.6억 년이기 때문에 지구 나이 측정에 이용하기 적합하다는 것을 알았다. 별의 나이 측정에는 방사성 우라늄-238과 방사성 토륨-232(반감기 140억 년)가 이용된다. 전문가들은 최근에 먼 곳에 위치한 별 하나의 스펙트럼을 측정하여 그 별 속에 존재하는 우라늄-238과 토륨-232의 양을 동시에 측정하여 그것이 130억 년된 별임을 알았고[145] 또한 다른 그룹은 유사한 방법을 통하여 140억 년이 된 별 2개를 발견하였다.[146] 지금까지 이것들보다 더 오래된 별을 발견하지 못했다는 것은 우주 시작이 대체로 이 시기 근처라는 것을 의미한다.

(2) 주장면 분기점 방법

앞에서 별의 주장면라는 것은 별 속의 수소가(헬륨으로) 타는 기간을 말한다는 것을 확인하였는데 이 기간이 끝난 별의 무게를 알면 그 별의 나이를 아는 방법이 있다. 이 방법이 무엇인지 구체적으로 알아보기 전에 먼저 이 방법이 적용되는 특수한 별 집단에 대해서 알아보자. 우주에는 구상성단(球狀星團 - Globular Cluster)이라고 불리우는 별 집단이 있는데 이것의 특징은 이 집단 속의 모든 별이 거의 동시에 생성되었다는 점이다. 은하수 속에도 최소한 150개의 구상 성단이 있다. 이러한 집단이 생기는 이유는 별 생성 때에 존재한 분자 구름이 어마어마하게 크면 이것이 수많은 조각으로 부서지고 조각 하나하나가 별로 생성되기 때문이다. 구상 성단 속에는 몇 천 개 내지 몇 십만 개의 별이 있으며 이것들의 무게가 다양하기 때문에 여기에서 우리는 같은 시기에 탄생한 수많은 별들이 무게에 따라 어떻게 다른 속도로 주장면을 벗어나는지 자세히 관찰할 수 있다.

별의 무게를 알면 우리는 그 별이 가지고 있는 수소 양을 추산할 수 있으며 따라서 그것이 얼마 동안 탈지(즉 주장면의 기간)를 알 수 있으며 그리고 다른 한 방법(아래 설명)을 통하여 그 별이 주장면을 벗어났는지를 알 수 있다. 이제 예를 들어 별들의 무게를 추정하여 주장면의 기간이 100만 년, 200만 년, 300 만 년이 되리라고 예상되는 3개의 별이 있다고 하자. 그런데 만일 우리가 이 별들을 관측하고 주장면 기간이 100만 년이 되는 별과 200만 년이 되는 별은 이미 주장면을 벗어 났고 주장면 기간이 300만 년 되는 별이 아직도 주장면에 있다는 것을 알아냈다면 우리는 이 별들의 나이가 200만 년보다 더 오래되었으나 300만 년까지는 되지 않았다는 것을 알게 된다. 즉 주장면을 벗어난 별의 무게, 다시 말하면 이 무게에 해당하는 주장면의 기간을 알면 우리는 그 구상 성단의 나이를 알 수 있다.

별이 주장면에 있는지 벗어났는지를 알려면 별의 안시(眼視) 등급과 색채와의 관계(이러한 도표를 H-R (Hertzsprung-Russel) 도표라고 함)를 조사하면 알 수 있으며 이 결과를 이용하여 구상 성단의 나이를 추산하는 방법[147] 은 역사가 깊고 기반이 확고하다. 그림 37(가)는 우리가 보는 엠3 구상 성단 별의 자연적 분포 모습이다. 이것은 지구로부터 34,000광년의 거리에 있는 것으로 그 속에 약 5십만 개의 별이 있으며 이것들은 동시에 태어났다. 그림 37(나)는 여기에 있는 각 별들의 안시 등급과 색채를 측정하여 그 관계를 표시한 것이다. 여기의 점들이 아래의 중간 부분에서 시작하여 약 10시 30분 방향으로 위로 올라가다가 안시 등급이 20과 18되는 사이에서 방향을 바꾸어 1시 30분 방향으로 올라가는 것을 볼 수 있다. 이 방향을 바꾸는 별들이 주장면을 끝낸 별들이다. 이 별들의 안시 등급과 색채를 보고 그들의 크기와 무게를 알 수 있고 이것을 통하여 그들이 가지고 있었던 수소 양을 알 수 있고 이것을 사용하여 우리는 이 별이 수소를 얼마나 오랫동안 태웠는지 계산할 수 있다. 이러한 과정을 거쳐 전문가들은 엠3 구상 성단의 나이가 80억 년이라는 것을 알아냈다. 같은 방법을 사용하여 전문가들은 엠15 구상 성단의 나이가 150±30억 년이라는 결론을 얻었으며[148] 이 외에도 130억 년에서 140억 년인 10개 이상의 구상 성단을 발견하였다.[149] 뒤에서 우주 나이를 설명할 때 이 결과를 다시 인용할 것이다.

(가) 엠 3구상 성단의 촬영 모습

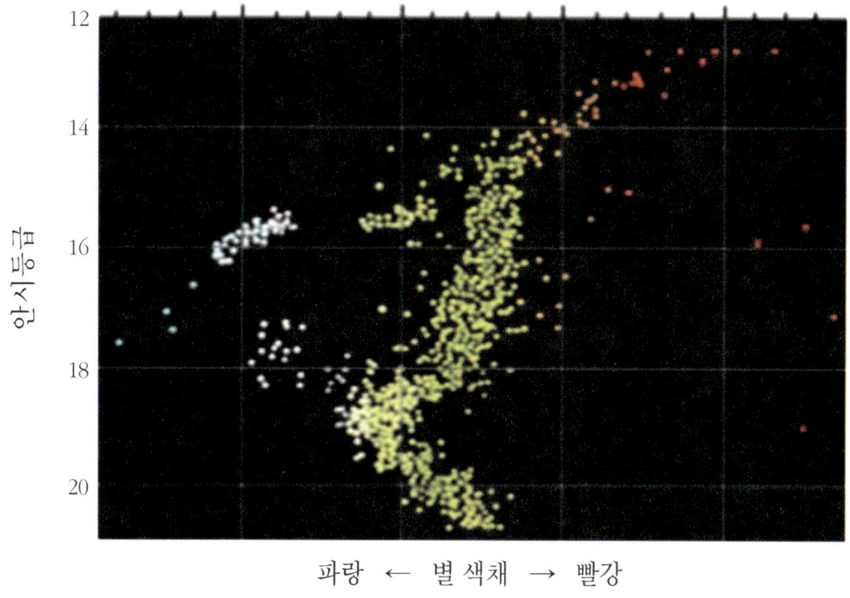

(나) 엠 3 구상 성단 속의 별들의 별 색채와 안시 등급 관계(H-R 도표)
가로축 : 파랑 (고온) ← 별 색채 → 빨강 (저온)

그림37 구상 성단(M3 또는 NGC 5272) 별의 주장면 분기

5. 적색 이동과 우주 팽창

천체를 인식하기 시작한 후부터 20세기에 이르기까지 우주가 정적이고 그리고 은하수가 우주의 전체라고 믿고 있었던 인류에게 우주는 사방으로 팽창하고 있으며 우주에는 은하수 외에도 그와 같은 은하가 수없이 많이 있다는 것을 알려 주어 인류의 우주 개념에 획기적인 혁신을 가져다 준 사람이 바로 허블이다. 이 사람의 생애와 업적을 간단히 알아보겠다.

천문학과 우주학에 공통되는 과제들이 많이 있으나 여기서부터의 과제는 대체로 우주학의 과제라고 말할 수 있다.

그림 38 에드윈 허블

5.1 에드윈 허블

에드윈 허블(1889~1953)은 미국 미주리주 마쉬필드에서 보험회사 중역의 아들로 태어났다.[150] 8살 때 그의 할아버지와 함께 할아버지가 손수 만든 망원경으로 밤하늘을 관측한 것이 그에게 천체에 대한 관심을 심어 준 하나의 기회가 되었다고 한다. 10살 때에는 월식을 보려고 친구와 함께 야외에서 밤을 세우기도 하였다.

그는 학창 시절에 공부도 잘했지만 특히 육상에 뛰어나 고등학교 어느 한 시합에서 여러 종목에서 1등한 적도 있다. 21살 때 시카고대학에서 수학과 천문학 전공으로 학사 학위를 받은 후 그해에 일리노이주 대표의 로즈 학자(Rhodes Scholar) 장학생으로 선정되어 영국 옥스포드대학에서 3년간 공부하였다. 귀국 후 1년을 고등학교에서 스페인어, 수학, 물리를 가르치면서 또한 동시에 농구 코치도 겸직한 후 그는 공부를 더 해야겠다고 결심하고 시카고대학에 천문학 박사 과정에 장학금을 신청하였다. 이것이 수락되어 1914년 가을부터 그곳에서 공부를 시작하였다. 강의는 시카고캠퍼스에서 주로 받았으나 천체 관측은 그곳에서 약 120km 떨어진 그 대학 소속의 여키스(Yerkes)천문대에서 하였다.

여키스천문대에는 그 당시 세계에서 제일 컸던 구경 지름이 1m 되는 망원경이 있었다. 하지만 대학원생에게는 그것을 사용할 차례가 거의 오지 않았기 때문에 그는 그 천문대에 있는 구경 지름이 60cm인 망원경을 주로 사용하였다. 그는 관찰 시작한지 1년 만에 하나의 중요한 발견을 하였다. 즉 그가 관찰해 왔던 성운(NGC 2261)의 모양이 지난 8년 사이에 분명 하게 변경되었음을 관찰하였으며 따라서 그는 이것은 그 성운이 전문가들이 생각했던 것보다 훨씬 더 가까운 거리에 있음을 뜻한다고 생각하고 이 결과를 발표하였다.(151)

그가 찍은 몇 백 장의 천체 사진을 자료로 하여 그는 1917년에 박사 논문을 쓰기 시작하였다. 이 해는 그에게 분주한 해였다. 우선 박사 학위 후의 직장을 찾는 편지 쓰기에 바빴고 또한 그해에 미국이 제1차 세계 대전에 가담하게 되어 그는 장교 입대를 하고자 추천서를 얻으려고 애썼고 또한 입대 전에 논문을 끝내고 구두 시험도 치루어야 했다. 결국 이 모두를 끝내고 5월에 입대하여 2년을 복무하였다.

그의 박사 논문 제목은 '사진 촬영에 의한 희미한 성운(星雲)의 조사'였다. 그는 대학원생 시절부터 시작하여 평생을 성운 조사에 바쳤다. 그가 말한 성운(星雲 - 별 구름 - Nebula)의 대부분이 그 후에 은하(별의 집단)라고 밝혀졌으나 그는 끝까지 그들을 성운이라고 불렀다(크리스티안슨이 쓴 허블의 전기 제목은 「허블 - 성운의 항해자」이다). 우리는 성운과 은하의 이같은 관계를 앞에서 허셜을 만났을 때 알았다.

제대 후 그는 미국 남가주의 패서디나 근교에 있는 윌슨산천문대의 임원으로 고용되었다. 이곳에는 최근에 설치된 그 당시에 세계에서 제일 컸던 구경 2.5m인 후커(Hooker) 망원경이 있었으며 또한 이곳의 임원의 숫자가 많지 않았으므로 그에게 세계 최대의 망원경을 이용할 기회가 대학원생 때보다는 훨씬 더 많이 주어졌다.

그가 윌슨산천문대에서 일하기 시작할 1919년 당시에 천문학계에서 가장 열렬하게 토론 되었던 문제는 우주에 은하수만 존재하느냐 아니면 은하수 외에도 그와 같은 별 세계가 또 존재하느냐 하는 문제였다. 고립된 별 세계는 마치 섬과 같다고 하여 그것을 섬 우주(Island Universe)라고 하였으며 이 섬 우주의 존재 여부가 문제였다. 이 문제를 둘러싸고 천문학계에서 소위 말하는 '대토론(大討論)' 이 1920년에 일어났다.(152) 즉 미국 과학 협회가 그해 4월에 워싱턴에서 개최한 학회에서 '우주의 크기' 라는 제목하에 이 문제에 대하여 반대적인 이론을 가진 두 학파의 전문가들을 초청하여 이것에 대한 토론 강연을 하도록 주선하였다. 낮에 각 그룹이 논문을 발표하고 저녁에 두 그룹이 동시에 강단에 올라가 질의 응답과 논의에 참여하도록 예정되어 있었다.

은하수가 우주의 전부라고 하는 학파의 차례가 처음 순서였으며 그 대표로 윌슨산천문대의 할로 섀플리가 강단에 올라 갔다. 스미스소니언박물관의 베어드강당에서 열렸던 이 토론회에는 호기심이 가득찬 200여 명의 전문가들이 참석하였으며 그 중에는 미국 방문 중인 아인슈타인도 있었다. 섀플리는 자신과 다른 천문가들이 몇 년 간 측정해 온 케페이드별(잠시 후에 설명됨)과 안드로메다의 측정 자료를 보여 주고 이 자료에 의하여 은하수는 그당시에 믿고 있었던 것보다 약 3 배가 더 커서 지름이 약 30만 광년이며 안드로메다 등 우리가 보는 모든 성운들이 이 은하수 속에 있다고 말하였다.

이 이론에 반대하는 쪽의 대표로 릭천문대의 히버 커티스가 올라갔다. 그는 금방 제시된 섀플리의 자료를 하나씩 설명하면서 그 자료 자체의 문제점을 지적하고 따라서 그 결론을 믿을 수 없다고 말하였다. 그는 또한 여러 사람들의 측정 자료에 의하면 많은 성운들이 별로 구성되어 있고 그 별들의 성질이 우리가 은하수 속에서 보는 별들과 같은 성질이라고 하였다. 결론으로 그는 은하수는 지금까지 생각했던 것보다 더 작으며 그 크기가 1만 내지 3만 광년이며 우주에는 은하수 외에도 이와 비슷한 별 세계가 마치 섬같이 여기 저기에 있다고 말하였다. 어느 쪽도 상대방에게 결정타를 가할 수가 없어 이 토론은 결국 무승부로 끝났다. 여기에서 발표된 논문에 반박점을 포함하여 그것들이 1921년에 출판되어(153) 이 토론의 내용이 광범위하게 알려졌고 또한 역사적인 기록이 되었다.

결정타가 없었던 이 토론이 있은 뒤 5년 후에 제 3자가 한쪽 편에 결정타를 가하였다. 즉 허블이 1923년 10월에 안드로메다에서 케페이드별 하나를 발견한 것이 결정타였다.(154) 앞에서도 말했던 이 케페이드별은 특별한 종류의 별로 다음과 같은 특성이 있다. 즉 모든 케페이드별의 발광 광도(측정 광도와 별도)는 주기적으로 변화하며 이 변화의 주기와 별의 발광 광도 간에는 밀접한 관계가 있다. 따라서 그 주기를 알면 그 별의 발광광도를 알 수 있으며 이것과 우리가 측정하는 광도를 비교하면 우리는 그 별의 거리를 알 수 있다. 그는 1년을 걸려 이 케페이드별의 주기가 31.4일이라는 것을 측정하였고 이것을 이용하여 안드로 메다의 거리를 계산한 결과 그것이 약 100만 광년의 거리에 있다는 것을 알았다. 이 결과가 1925년에 발표(155) 되자 전문가들은 은하수를 아무리 크게 추산하여도 도저히 그렇게 클 수 없기 때문에 이제는 안드로메다가 은하수 속에 있다고 생각할 수 없게 되었다. 즉 안드로메다는 하나의 섬 우주라고 결정을 내렸다. 참고로 현대 자료에 의하면 은하수의 크기는 지름이 10만 광년이며 은하수에서 제일 가까이 있는 안드로메다 은하는 250만 광년의 거리에 있다.

허블은 여러 은하들을 계속 관찰하면서 이번에는 그들의 적색 이동(다음 장에서 자세히 설명)을 체계적으로 측정하기 시작하였다. 은하의 적색 이동은 1912년에 미국의 베스토 슬라이퍼가 처음 측정하였으며 그는 이 자료를 이용하여 이 은하의 속도를 추산하였다.[156] 허블은 자신이 얻은 은하 속도 자료와 슬라이퍼가 얻은 자료를 합쳐서 총 46개 은하들의 속도를 그들의 거리와 관련시켜 보았다. 그는 놀라운 관련성을 발견하고 이것을 1929년에 발표하였다.[157] 이것이 바로 우주 팽창의 발견이다.

그의 관측 결과에 의하면 모든 은하는 적색 이동을 나타내며 즉 지구로부터 퇴거(退去)하고 있으며 그 퇴거 속도는 그것의 거리에 비례한다는 것이다. 2년 후에 그는 그의 관측 조수 휴메이슨(그는 윌슨산천문대에 자동차 도로가 없었을 당시에 노새 끄는 사람으로 고용되었다가 후에 허블의 관측 조수겸 동료가 되었음[158])과 함께 발표한 논문에서 50개의 은하를 더 추가하여 총 96개의 모든 은하가 퇴거하고 있으며 또한 그들의 퇴거 속도가 거리에 비례한다는 것을 한번 더 확인시켜 주었다.[159]

은하의 퇴거 속도와 그 거리가 정비례함을 허블의 법칙이라고 하며 그 비례 상수를 허블 상수라고 부른다. 은하의 거리와 퇴거 속도를 측정한 자료는 허블 이후에 수많은 전문가들에 의하여 얻어졌으며 허블의 법칙을 의심하는 현대 학자들은 없다. 그림 39는 많은 학자들이 측정한 결과를 종합한 것으로 여기에서 우리는 수많은 은하들의 거리와 그 퇴거 속도가정 비례함을 분명히 볼 수 있다. 이 그림은 웬디 프리드만과 동료들이 발표한 논문[160] 속의 한 도표를 그대로 복사한 것이다.

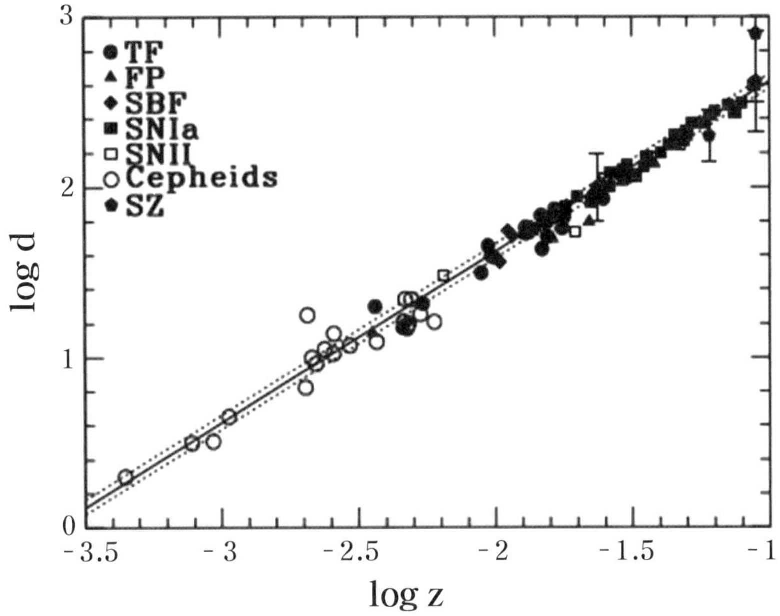

: 그림 39 은하의 거리와 퇴거 속도

이 도표의 세로는 메가파섹의 거리(1메가파섹 = 3×10¹³km)를 로가리듬으로 표시한 것으로 예를 들면 1이 10메가파섹, 2가 100메가파섹, 그리고 3이 1,000메가파섹의 거리 이다. 가로의 단위는 적색 이동의 크기(z)를 로가리듬으로 표시한 것이다. 제트(z)는 적색 이동의 파장의 증가율을 표시하는 것으로 예를 들어 제트가 0.01이면 적색 이동 때에 파장이 1% 늘었다는 뜻이다. 로가리듬 법칙에 의하여 로가리듬[제트]가 -3이면 제트는 0.001, 로가리듬[제트]가 -2이면 제트는 0.01, 그리고 로가리듬[제트]가 -1이면 제트는 0.1이다. 그러면 제트(z) 하고 퇴거 속도와는 무슨 관계가 있을까? 제트(z)는 대략 퇴거 속도와 비례하여 퇴거 속도는 제트(z)×광속이다. 즉 이 도표에서 제트(z)를 퇴거 속도로 교체시킬 수 있으며 따라서 세로가 로가리듬[거리], 가로는 로가리듬[퇴거 속도]가 되어(즉 세로와 가로가 모두 로가리듬) 거리와 퇴거 속도가 정비례함을 분명히 볼 수 있다. 이 도표에서 로가리듬[제트]가 -3일 때 은하의 퇴거 속도는 광속의 천분의 일 즉 초속 300km, 로가리듬[제트]가 -2일 때에는 광속의 백분의 일 즉 초속 3,000km이며 그리고 로가리듬[제트]가 -1일 때에는 그 속도가 초속

30,000km이다. 도표 속 점들의 각종 모양이 각각 독립된 관측 사업을 표시한다.

이 도표에서 하나의 점으로 표시된 각 은하들은 우리(지구)의 사방에 흩어져 있다. 즉 은하수의 중심 방향, 그와 정 반대되는 방향, 우리의 동, 서, 남, 북에 분포되어 있다. 거리를 생각해 보자. 가로의 1이 우리로부터 제일 가까운 안드로메다은하 거리(250만 광년) 의 약 13배가 된다. 따라서 도표의 자료 중에서 제일 먼 은하는 안드로메다은하 거리의 약 5,000되는 거리(즉 약 125억 광년)에 있다. 이렇게 모든 은하들이 방향에 관계없이 그리고 거리에 관계없이 그들은 마치 서로가 약속이나 하듯이 자체의 거리에 비례하여 먼 은하는 빨리 퇴거하고 가까운 은하는 천천히 퇴거한다는 것은 정말로 놀라운 사실이다. 이 현상 즉 허블의 법칙은 현재 확고히 설립되어 현대 천문 전문가들은 은하의 퇴거 속도를 이용하여 그 거리를 추산하는 것이 통상이다.

이렇게 사방으로 퇴거하고 있으면 그 퇴거의 중심이 어디냐고 물을 수 있는데 그 대답은 중심이 없이 서로 멀어져 간다는 것이다. 마치 고무 보자기를 사방으로 잡아 당기면 그 보자기 표면에 있는 모든 점들 간의 거리가 서로 멀어지지만 그 멀어짐의 중심 점은 없는 것과 같다. 이것이 바로 우주 팽창의 특징이다. 여기서 좀 앞질러 말하였다. 허블의 법칙이 왜 우주 팽창을 의미하는지는 앞으로 체계적으로 자세히 설명하겠다. 허블과 휴메이슨의 논문에서 한 가지 인상적인 점은 그들의 학자적인 겸손함이다. 천체 관측 전문가로 그들은 은하들이 팽창하고 있는 것을 알았으나 그것이 우주학적으로 무엇을 의미하는지는 이론 전문가들에게 맡긴다고 하였다.(161) 이 점에 대해서 우리는 이상하게 생각할 것이 전혀 없다. 왜냐하면 허블이 발견한 은하의 적색 이동이 결국 우주 팽창을 의미한다고 여러 전문가들이 동의하기까지에는 10년 이상의 열렬한 이론적 토론이 필요했기 때문이다(다음 장 참조).

1953년 어느날 64살인 허블이 사무실에서 집으로 점심 식사하러 가는 도중 뇌졸중으로 의식을 잃은 후 곧 세상을 떠났다. 그의 아내는 가까운 친지 4명을 부른 후 그가 원했던 대로 장례식도 없이 화장한 후 재를 담은 상자는 아무도 모르는 곳에 묻었다.(162)

5.2 적색 이동의 근원

우주가 팽창한다는 것을 보여 주는 가장 중요한 관측 증거는 모든 은하가 적색 이동을 나타내며 또한 그 적색 이동의 크기가 거리에 비례한다는 것이다. 즉 허블의 법칙이 존재한다는 것이다. 따라서 이 증거를 이해하려면 적색 이동을 철저히 이해해야 한다.

5.2.1 적색 이동의 정의

적색 이동이란 물체에서 오는 전파가 적색(파장이 긴) 방향으로 이동하는 현상을 말하며 파장이 짧은 방향으로 이동하는 현상을 청색 이동이라고 한다. 이 적색(또는 청색) 이동 현상은 교통 순경이 자동차의 속도를 잴 때에 사용하는 레이더 건에서도 볼 수 있다. 그의 앞으로 가까이 오는 자동차를 향하여 그가 발사한 전파는 그 자동차에서 반사되어 올 때 그 파장이 짧아져 즉 청색 이동을 하여 돌아오고 그로부터 멀어져 가는 자동차에서 반사된 파장은 적색 이동을 하여 돌아온다*. 청색 또는 적색 이동의 크기를 보고 순경은 그 자동차의 속도를 알아내며 그것이 한계를 넘으면 딱지가 주어진다.

마찬가지로 우리로부터 멀어져 가는 은하에서 우리에게 오는 전파는 그 파장이 더 길어진다. 즉 그 전파 또는 빛은 적색 이동을 한다. 여기에서 '더 길어 진다' 고 하였는데 무엇보다 더 길어지는 지를 알아보자. 교통 순경의 경우에는 그가 발사한 전파의 파장이 비교의 대상이 되었는데 은하의 경우에는 우리가 발사하는 전파가 없다. 이 경우에는 은하가 정지 상태에서 방출하는 빛의 파장이 비교 대상이 된다. 그러면 은하가 정지 상태에서 발사하는 빛이 무엇일까?

모든 물체는 그것의 온도에 해당하는 열복사선(9.2장에서 좀 더 자세히 설명)을 방출하며 별 역시 열복사선을 방출한다. 별 외각에는 언제나 기체가 있으며 따라서 별에서 방출된 열복사선은 이 기체를 통과한 후 우주에 퍼지게 된다. 이때에 이 기체는 여과기(濾過器)역할을 하여 어떤 파장의 전파는 흡수하고 어떤 파장의 전파는 통과시킨다. 이 흡수하거나 통과시키는 파장은 그 기체의 구조에 달려 있으며 따라서 우리는 이 파장을 보고 그 기체가 무엇인지를 알 수 있다. 즉 이 파장들은 마치 기체의 지문

---

* 전파의 파장이 물체에서 반사되는 순간에 짧아지거나 길어지는 것이 아니고 수신자가 그렇게 탐지하는 것이다.

과도 같다. 예를 들면 태양은 약 5,500°C(표면 온도)에 해당하는 열복사선을 방출하며 이 속에 있는 파장 중에서 몇 개는 태양 외각에 있는 기체에 의하여 흡수된다. 우리는 태양의 스펙트럼(광의 파장과 강도의 관계를 나타내는 도표)의 흡수선들을 보고 그 주위에 수소, 칼슘, 철, 마그네슘 등이 있다는 것을 안다.

고정된 흡수선들을 가지고 있는 이 기체가 우리로부터 멀어질 때(가까워질 때) 모든 흡수선들의 파장이 긴 쪽(짧은 쪽)으로 옮겨진다. 예를 들면 정지하고 있는 수소는 파장이 각각 434, 486, 656 nm인 빛을 흡수하여 이 파장에 흡수선이 나타난다. 이제 이 수소가 우리로부터 광속의 100분의 1 의 속도로 멀어져 가면 이 3가지 흡수선의 파장이 나란히 100분의 1 증가하여 438, 491, 663nm가 된다. 이와 같이 별 스펙트럼의 흡수선들의 파장이 긴 쪽으로 옮겨질 때 우리는 그 별 빛이 적색 이동한다고 말한다. 그림 40은 적색 이동 현상 사진이다. 이 그림의 세로는 파장을 나타내며 위로 갈수록 파장이 길다. 그리고 양쪽에 색깔로 된 부분에 있는 가로로 간 검은 선들은 모두 흡수선을 나타내며 왼쪽 것은 태양(우리로부터 정지) 주위에 있는 기체의 흡수선들이며 오른쪽 것은 우리로부터 멀어지고 있는 먼 은하 주위에 있는 기체의 흡수선들이다. 예를 들어 수소 흡수선이 태양에서는 파장이 656nm로 나타나는데 광속의 100분의 1의 속도로 멀어져 가는 은하에서는 그것이 663nm로 나타나는 것을 보여 준다. 우리는 여기서 멀어져 가는 은하의 흡수선들이 모두 파장이 긴 방향으로 이동하는 것을 분명하게 볼 수 있다.

허블은 그가 관찰한 모든 은하가 적색 이동한다는 것을 발견하였고 그 후의 전문가들 역시 그들이 관찰한 모든 은하가 적색 이동한다는 것을 발견하였다. 즉 현재까지 관찰한 모든 은하가 적색 이동을 한다는 것이다. 그러면 이 적색 이동의 근원이 무엇일까? 2가지 적색 이동의 근원이 있으며 이제 이것들이 서로 어떻게 다르며 어느 것이 은하의 적색 이동에 해당하는지 알아보자.

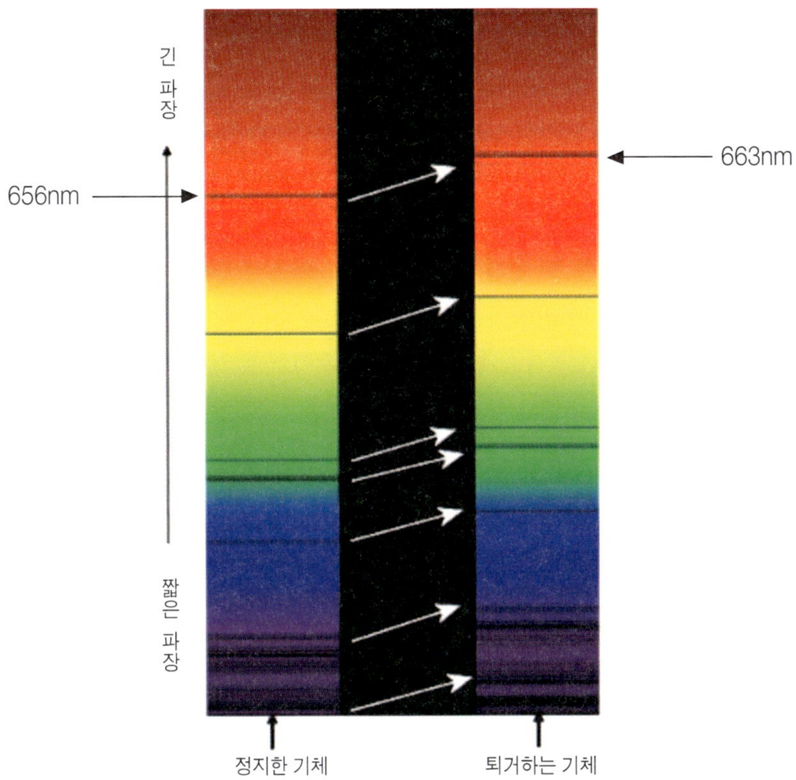

그림 40 적색 이동

5.2.2 도플러 적색 이동

파동의 원천이 우리로부터 멀어져(가까워) 갈 때 우리에게 도달하는 그 파동의 파장이 길어지는(짧아지는) 현상을 도플러 효과 또는 도플러 적색(청색) 이동이라고 한다. 이것은 1842년 오스트리아의 크리스티안 도플러가 제안한 이론으로 그 3년 후에 어느 네덜란드 사람이 실제로 음악 연주가들을 움직이는 기차 위에서 연주하도록 하고 그들이 멀어져 가면 소리의 음조가 낮아지고 가까이 오면 음조가 높아지는 것을 확인하여 도플러의 이론을 증명하였다. 또한 그는 음조 변화의 크기가 기차의 속도에 비례함을 알았다. 그 후에 이 현상은 다른 종류의 파동, 즉 음파뿐만 아니라 전파에도 적용됨을 알게 되었다. 이 현상을 거꾸로 적용하여 파장 변화의 크기를 알면 우리는 그 소리 원천의 속도를 알아낼 수 있으며 앞에서 말한 교통 순경의 레이더 건이 이 원리를 이용하여 자동차의 속도를 알아내는 것이다.

도플러 현상이 일어나는 이유를 하나의 예를 통하여 간단히 알아보자. 한 가수와 그의 청취자 사이에 하나의 용수철이 있으며 그것의 양 끝을 이 두 사람이 각각 붙잡고 있다고 상상하자. 이 두 사람 중에서 한 사람이 뒤로 움직여 그들 사이의 거리가 더 멀어지면 용수철의 길이가 늘어나며 용수철의 감은선 사이의 간격이 넓어지고 가까이 오면 간격이 줄어 든다. 용수철은 가수가 부르는 노래의 음파에 해당되며 용수철의 감은선 사이의 간격은 그 음파의 파장에 해당된다. 즉 파동의 원천이 청취자로부터 멀어지면 그것의 파장이 길어 지며 가까워지면 파장이 짧아진다.

즉 도플러 현상은 음파의 원천이 움직이거나 청취자가 움직일 때 일어나며 앞에서 말한대로 이것은 음파에만 적용되는 것이 아니고 전파나 빛에도 적용된다. 이 개념을 은하에 적용하여 은하의 적색 이동은 은하 자체가 우리로부터 멀리 움직이기 때문에 도플러 효과에 의하여 그것이 방출하는 빛의 파장이 길어진 것이라고 생각하기 쉬우나 그렇지 않다. 즉 은하 자체가 마치 자동차같이 움직여서 우리로부터 멀어져 간다고 하면 2가지 문제점이 생긴다. 첫 번째는 은하 중에는 그것의 적색 이동 크기를 보면 퇴거 속도가 광속을 초과하는 것들이 있는데 특수 상대론에 의하면 어떠한 물체의 속도도 광속을 초과할 수 없기 때문에 우리는 은하 자체가 이러한 속도로 퇴거한다고 생각할 수 없으며 따라서 은하의 적색 이동의 근원은 은하 자체의 움직임이 아니라고 생각해야 한다. 두 번째 문제는 은하 자체가 퇴거한다고 하면 그 퇴거 속도가 거리에 비례하는 현상을 설명할 수 없다. 즉 사방에 있는 은하들이 어떻게 서로 정보를 나누어 그들 사이의 거리에 비례하는 퇴거 속도를 갖는지를 설명할 수 없다. 따라서 우리는 은하의 적색 이동은 도플러 효과가 그 근원이 아니고(163) 은하들 사이에 있는 공간의 팽창이 그 근원이라고 말하며 이 이론은 위의 두 문제점을 깨끗이 해결해 줄 뿐 아니라 일반 상대론과도 일치한다.

5.2.3 우주학적 적색 이동

은하 자체는 정지하고 있어도 그 은하와 우리 사이의 공간이 팽창하면 은하는 우리로부터 멀어진다. 공간 팽창 즉 우주 팽창을 이해하기 위하여 앞에서 우주 공간에 비유하였던 고무 보자기를 다시 이용하겠다. 고무 보자기 위에 장난감 자동차 몇 개를 놓고 보자기를 사방으로 잡아 당기면 모든 자동차들 사이의 간격이 늘어난다. 하지만 자동차 자체는 움직이지 않았다. 우리가 이 자동차 속에서 다른 자동차들을 보고 있으면 우리는 그것들이 운전하여 멀어져 가고 있는지 또는 우리와 그것 사이의 간격이 팽창하여 멀어지는 것인지를 구별할 수 없다(여러분들 중에는 축지법(縮地法)이란 말을 들어 본 사람들이 있을 것이다. 이것은 먼 거리를 가깝게 줄이는 소설에 나오는 중국의 도술이다. 이것에 대해 공간 팽창으로 물체를 멀리 가게 하는 방법을 확지법(擴地法)이라고 말할 수 있을까?). 공간 자체가 팽창하여도 적색 이동이 일어 나는데 이 현상을 우주학적 적색 이동이라고 한다.(164) 이 현상은 허블이 은하의 적색 이동을 발견하기 2년 전인 1927년에 르메트르가 일반 상대론을 풀고 예측하였다(르메트르에 대하여 6.2.2장에서 좀 더 자세히 알게 될 것이다). 특수 상대론은 물체의 속도가 광속을 초과할 수 없다는 제한을 주지만 공간 팽창의 속도에는 이러한 제한을 주지 않기 때문에 광속보다 빠른 속도로 퇴거하는 은하들이 존재할 수 있으며 따라서 위의 첫 번째 문제가 해결된다.

두 번째 문제인 퇴거 속도와 거리의 비례 현상을 설명하기 위하여 고무 보자기 위에 있는 자동차들을 다시 연상하자. 가, 나, 다, 라 4대의 자동차가 한 줄로 서 있으며 각 자동차의 간격이 10cm, 즉 가와 나의 간격이10 cm, 가와 다의 간격이 20cm, 그리고 가와 라의 간격이 30cm이다. 이제 우리가 고무 보자기를 잡아 당기면 자동차들 사이의 간격이 늘어나며 그 늘어나는 속도가 가에서 나를 볼 때 나의 속도가 예를 들어 초속 1cm라고 하자. 여기서 가나 나는 특수한 두 점이 아니며 따라서 나가 다를 볼 때에도 다의 속도가 초속 1cm로 움직여 보일 것이다. 그리고 다가 라를 보아도 라의 속도가 초속 1cm로 움직여 보일 것이다. 이제 가에서 다를 보면 다의 속도는 초속 2cm (왜냐하면 나의 속도에 나가 다를 보는 속도를 합하여 1cm/초+1cm/초=2cm/초) 그리고 라를 보면 라의 속도는 초속 3 cm 로 움직일 것이다. 즉 자동차들이 서로 멀어져 가는 속도는 거리에 비례한다. 이 결론은 고무 보자기(즉 우주)가 사방으로 균일하게 팽창하며 또한 그것 위의 모든 점들이 서로 동등하다고 가정하여 얻어진 것이다. 즉 우주에 동종성(同種性-Homogeneity)과 등방성(等方性-Isotropy)이 존재한다고 가정한 것이며 우리는 이것이 진리라고 믿고 있다. 이것은 또한 팽창의 중심이 없다는 것을 뜻한다. 위에 말한 자동차 속도에 해당하는 일반적인 결과는 간단한 기하 계산을 통해 얻을 수도 있다.(165) 이와 같이 두 번째 문제도 우주 팽창으로 해결되므로 우리는 은하의 적색 이동은 우주학적 적색 이동이라고 말한다.

5.2.4 '지친' 광선의 적색 이동

캘리포니아공과대학의 프리츠 츠비키 교수(우리는 이 사람을 암흑 물질과 중성자 별의 제안자로 이미 만났다)가 허블이 관측한 은하의 적색 이동을 설명하기 위하여1929년에 '지친' 광선의 이론을 제안하였다. 이 이론의 주장은 우주가 팽창하지도 않고 또한 은하들도 퇴거하지 않으며 단지 은하에서 방출된 광선이 먼 거리를 오면서 도중에 많은 가스와 충돌하여 그 에너지를 잃었으며 에너지가 낮은 빛은 파장이 길기 때문에 그것이 적색 이동을 나타낸다고 하였다. 즉 은하의 적색 이동의 근원은 '지친' 광선이라고 하였다.[166] 이 이론은 적색 이동을 설명하는 동시에 또한 우주 팽창을 부인하는 이론으로 한동안 약간의 지지를 받았으나 20세기 후반부터 팽창설이 우세해지고 동시에 이 이론을 반증하는 결과들이 측정되어[167] 현재는 이 이론의 지지자가 없다.

5.3 우주 팽창 가속과 암흑 에너지

우리가 공을 위로 던지면 지구 중력이 그것을 계속 잡아 당기기 때문에 그것의 속도는 점점 줄어들어 결국 어느 지점에 도달하면 정지한 후 도로 지구로 떨어진다. 마찬가지로 우주 팽창도 시간이 가면 갈수록 우주 중력의 힘에 의하여 팽창 속도가 줄어들 것이라고 전문가들은 생각하였다. 그런데 1998년에 한 그룹[168], 그리고 1999년에 다른 한 그룹의[169] 전문가들이 먼 곳의 은하들을 측정한 후 놀랍게도 두 그룹 모두가 현재 우주의 팽창 속도가 과거에 비하여 더 증가되고 있다는 증거를 얻었다(이 두 그룹의 리더들 – 아담 리쓰와 사울 펄뮤터 – 이 이 공적으로 2011년 노벨 물리상 수상).

그림 41는 금방 인용한 두 번째 그룹(펄뮤터와 동료들)의 논문 속의 도표 하나를 직접 복사한 것으로 우주 팽창 가속과 암흑 에너지의 존재를 보여 주는 가장 좋은 증거 중의 하나로 여기에서 조금 더 자세히 설명하겠다. 세로축(Effective m_B – 효과적 빛 등급)은 은하 빛의 등급을 표시하여

큰 숫자가 낮은 광도를 뜻한다(즉 2등이 1등보다 광도가 낮음). 가로축(Redshift z - 적색 이동 제트)은 적색 이동의 크기를 나타내며 앞에서 본 바와 같이 이것은 제트(z)로 표시한다. 앞에서 말한대로 이것은 원래는 파장의 증가율을 표시하지만 이것을 통하여 은하의 퇴거 속도를 알 수 있으며 이 속도를 알면 허블의 법칙을 이용하여 은하의 거리를 알 수 있다. 즉 적색 이동의 크기(z)는 은하의 거리를 표시하며 따라서 그림 41은 은하 거리와 광도와의 관계를 보여 준다(그림 속에 두 독립된 관측 사업 - 노란 점들은 1996년 사업이고 빨간 점들은 1999년 초신성 우주학 사업 - 의 자료가 있다).

도표 속에 총 7개의 선이 있는데 그들은 은하의 광도와 제트(z) 사이의 이론적 관계에 포함되는 여러 가지 변수의 수치를 도표 오른쪽 바깥 부분에서 보는 바와 같이 변경하여 얻은 이론 곡선으로 이것들을 하나씩 설명하는 것은 이 책의 목적을 초월하는 것이므로 여기서는 그들을 간단히 4 그룹으로 나누어 설명하겠다. 제일 아래의 두 선을 그룹 1이라고 하고 그 위의 두 선을 그룹 2, 그 위의 두 선을 그룹 3(이 속의 검은 선은 무시해도 된다), 그리고 제일 위의 점선을 그룹 4라고 하겠다. 그룹 1은 우주에 암흑 에너지가 존재하지 않는다고 가정하고 그린 선이며 그룹 3과 4는 암흑 에너지가 존재한다고 가정하고 그린 선이다(3과 4의 차이는 암흑 에너지 양의 차이). 먼 은하의 광도가 가까운 은하의 광도보다 일반적으로 낮다는 도표의 자료는 쉽게 이해된다. 하지만 만일 은하들의 팽창 속도가 옛날이나 최근이나 같다면 먼 은하(제트가 0.45이상)들이 그룹 1의 선 위에 있어야 하는데 그들이 분명히 그 선을 벗어나며 광도가 그것보다 더 낮다는 것은 그들이 예상보다 더 먼거리에 있다는 것을 의미하며 이것은 우주 팽창의 속도가 최근에 증가되었다는 것을 뜻한다. 먼 은하들의 광도는 대체로 암흑 에너지가 있다고 가정한 그룹 3(즉 밝은 청록색 점선)과 일치한다.

여기서 우리는 우주 팽창이 가속되는 것을 볼 수 있으며 이 가속은 암흑 에너지(3.6 장 참조)가 존재한다고 가정하여야만 설명된다는 것을 분명히 볼 수 있다.[170] 암흑 에너지는 팽창을 촉진시키는 성질이 있으며 시간이 가면서 이것의 힘이 팽창을 저지하는 물질의 힘을 압도하게 되었기 때문에 팽창 가속이 일어난 것이다. 우주 팽창 속도에 대한 자세한 이론에 의하면 우주 나이 90억 년(±10억 년)(즉 지금부터 약 48억년 전)에 우주 팽창의 속도가 감속에서 가속으로 변경되었다는 것이다.[171]

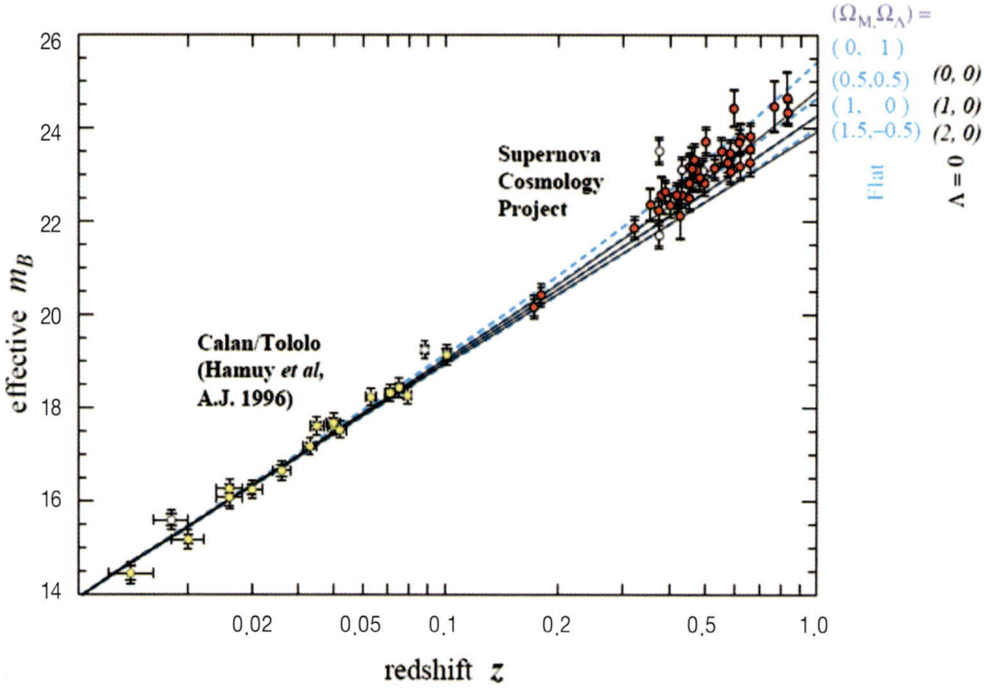

: 그림 41 적색 이동의 크기과 은하의 빛 등급

암흑 에너지의 존재에는 재미있는 역사가 있다. 이것의 존재를 최초로 제안한 사람은 아인슈타인이며 그의 동기는 자신의 상대성 수식을 푼 결과 우주가 팽창하거나 축소한다는 결론을 얻었으며 이것은 그와 그리고 그 당시 대부분 사람들이 믿었던 정적(靜的)인 우주와 어긋났기 때문에 그는 수식에 오점이 있다고 생각하고 수식에 '우주 상수'를 추가하였다.

이것을 사용하여 그는 정적인 우주의 답을 얻었으며 이 교정된 수식을 1917년에 발표하였다.[172] 1929년에 허블이 우주가 팽창한다는 것을 발견하자 아인슈타인은 그의 '우주 상수'가 자기의 가장 큰 실수라고 하였다.[173] (아인슈타인의 원래 수식이 우주 팽창을 허용함을 6.2장에서 설명할 것이다.) 하지만 앞에서 말한대로 현재의 우주 팽창의 가속을 설명하려면 우주 상수의 존재가 다시 필요하며 따라서 우주 상수의 명성은 아인슈타인의 '가장 큰 실수'에서 현대 전문가들에 의한 '그의 천재적인 착상'으로 역전되었다.

5.4 우주 팽창 기간

우리는 앞에서 사방의 모든 은하들이 우리로부터 퇴거한다는 것을 알았다. 이렇게 모든 은하들이 현재 퇴거하고 있다는 사실은 옛날에는 그것들이 한 곳에 모여 있었다는 것을 의미하며 그렇다면 우주는 언제부터 팽창하기 시작하였을까? 물체가 움직인 거리와 속도를 알면 그것이 움직인 시간을 알 수 있다. 즉 거리를 속도로 나누면 된다. 우리는 이 방법을 게성운에 적용하여 그것의 팽창 속도와 크기를 측정하여 그것이 언제 폭발하였는지를 안다고 하였다. 속도가 일정하지 않을 때에는 이 시간 계산 방법이 약간 복잡해지는데 여기서는 속도가 일정하다고 가정하고 이 방법을 은하 관측 결과에 적용하겠다.

허블의 법칙에 의하면 은하의 퇴거 속도는 거리에 비례하며 그 비례 상수가 허블 상수라고 하였다. 즉 퇴거 속도 = 허블 상수×거리이며 따라서 퇴거 시간 = 거리/퇴거 속도 = 거리/(허블 상수×거리) = 1/허블 상수. 즉 허블 상수의 역수가 퇴거 시간을 나타내며 이것이 우주 팽창 기간 또는 우주의 나이이다. 허블 상수의 이러한 역할 때문에 허블 상수의 정확한 수치를 아는 것이 중요하다.

허블 상수를 정확하게 측정하는 데의 어려운 점은 거리의 측정이며 허블이 발표한 수치와 현대의 수치에 차이가 많은 이유는 허블이 측정할 당시에는 천체물의 거리 측정에 오차가 많았기 때문이다. 현대에는 훨씬 더 정확한 여러 가지 은하 거리의 측정 방법이 있으며 이들 각종 방법에 의하여 허블 상수가 측정된다.

그림 42는 미국의 커슈너가 발표한 허블 상수에 관한 논문[174]의 한 도표를 직접 복사한 것이다. 이 그림의 세로축(H_o - 허블 상수)은 허블 상수의 크기를 표시하며 이것은 지정된 거리당 속도가 얼마인지를 나타낸다. 이 그림의 경우에는 1메가파섹당 초속이 몇 km인지로 표시되었다. 가로축(Date - 날짜)은 연대를 표시한다. 즉 이 그림은 허블 상수 측정 결과의 연대적인 변천을 보여준다. 그림 속에 있는 말("Since")은 허블 상수를 정식으로 계산하기 시작한 것이 1920년 무렵이라는 것을 말해준다. 허블이 최초에 발표한 수치는 500내지 530이었다. 우리는 이 도표에서 거리 측정 방법이 개선됨에 따라 측정된 허블 상수의 수치가 초기에는 현저하게 줄어들었으나 1970년대부터 현재까지는 모든 전문가들의 측정 결과가 대체

로 50 내지 100사이에 머물러 있다는 것을 볼 수 있다.

현대의 많은 전문가들이 인용하는 허블 상수는 70~73(즉 메가파섹의 거리 당 초속 70~73 km)[175] 이며 이것을 사용하여 우주 팽창 기간을 계산하면 그것은 약 140~134억 년이다. 허블이 측정할 당시에도 이 방법으로 은하의 팽창 기간을 계산하였으며 허블이 발표한 수치(500)를 사용하여 계산하여 사람들은 팽창이 약 20억 년 전에 시작되었다는 결론을 얻었다. 이것이 지구의 나이보다 적다는 것을 그 당시 사람들이 이미 알았으며 따라서 이것이 큰 문제가 되어 허블을 포함한 많은 사람들이 그의 발견의 진정한 의미를 계속 더 추구하여야 한다고 생각하게 되었다.

은하의 퇴거 속도가 일정하다고 가정하여 우리는 이렇게 간단한 계산을 할 수 있었다. 만일 옛날의 팽창 속도가 현재보다 더 빨랐다면 실제의 우주 나이는 우리가 계산한 나이보다 더 짧으며 더 느렸다면 그것은 우리가 계산한 나이보다 더 길다. 앞에서 본 바와 같이 현대 관측 결과에 의하면 우주의 팽창속도는 가속되었고(5.3 장 참조) 따라서 우리가 계산한 나이가 수정되어야 한다. 팽창 가속과 그 외의 여러 점을 고려하여 얻은 보다 정확한 우주 나이는 뒤(9.3.3장)에서 다루겠다.

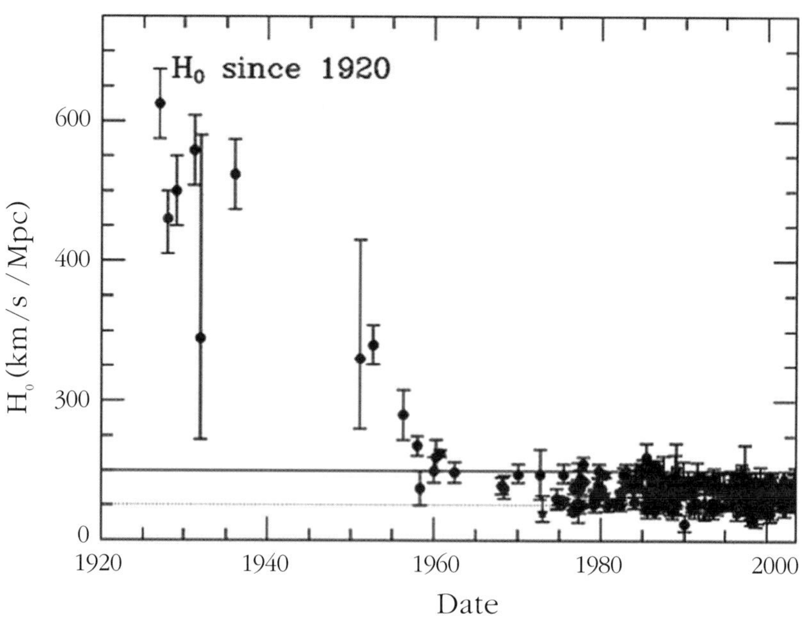

그림 42 허블 상수 수치의 역사적 발전

6. 팽창 유시론과 팽창 무시론

우주 팽창이 확인되자 전문가들은 이 현상의 근원을 찾기 시작하였다. 한편에서는 우주가 팽창한다는 사실은 그것이 과거에 현재보다 작았었다는 것을 의미한다고 하였고 또 한편에서는 우주는 본질적으로 불변이기 때문에 그것의 크기는 현재나 과거나 같으며 단지 그것이 팽창되어 보이는 이유는 그 속에 있는 물질이 계속 밖으로 분산하기 때문이라고 하였다. 즉 우주 팽창의 근원을 설명하는 데에 우주가 아주 작은 것에서 시작하여 커졌다는 유시(有始) 우주론과 우주 크기가 언제나 같다고 하는 무시(無始) 우주론의 2가지가 제안되었다. 이 유시론이 우주 폭발 기원론이며 우리는 여기서 우선 이 이론이 무엇을 주장하는 지를 알아보고 그 다음에 이 이론이 제기된 경과를 살펴 본 후 무시 우주론 즉 정상(定常) 우주론에 대해서 간단히 알아보겠다.

6.1 유시론 – 우주 폭발 기원론

우주 폭발 기원론이 주장하는 요점은 다음과 같다.

(1) 우주는 과거에 거의 무한히 높은 온도와 밀도를 가진 티끌만한 불씨가 폭발하여서 시작되었다

(2) 이 불씨가 폭발하면서 공간과 시간이 생성되었다

(3) 이 폭발 힘에 의하여 우주가 팽창하며 이 팽창에 의하여 은하들이 퇴거한다

(4) 불씨는 열 에너지(빛)로 가득차 있었다

(5) 공간이 팽창하면서 열 에너지의 온도가 내려 갔고 적절한 온도에서 그 에너지가 여러 가지 입자로 차례로 전환되었다

이 이론의 이러한 주장에서 얻어진 구체적인 결론은 다음과 같다.

(가) 우주의 나이는 138억년이다

(나) 우주 전체에 존재하는 헬륨 양은 총 물질 양(즉 바리온 양)의 대략 24%이다

(다) 우주 배경 복사선의 온도는 2.73K다.

믿기 어려운 점이 많이 있을 것이다. 위의 결론 (나)와 (다)는 망원경을 통하여 직접 관측되었으며 결론 (가)는 간접적인 결과에 의하여 확신한다. 따라서 현대의 모든 천체 물리전문가들이 이 이론을 받아들이며 이 책의 나머지 대부분이 이 이론과 그리고 이것을 지지하는 여러 가지 관측 자료 설명에 쓰여질 것이다.

우선 먼저 이 책에서 말하는 '우주' 가 무엇인지를 다시 한 번 분명히 밝히자. 우주 폭발 기원론에서 말하는 우주는 우리가 관찰할 수 있는 물질적 우주를 말한다. 그 근원인 불씨도 물질적인 존재이지만 현대 물리학은 그것의 과학적 근원을 전혀 모르기 때문에 우주 폭발 기원론은 이것의 존재에 관해서는 전혀 토론하지 않는다고 이미 소개말에서 말했다. 즉 이 이론은 불씨가 이미 존재했다고 가정하고 그 후부터의 과정을 설명한다. 이것은 마치 우리가 오븐에서 구워진 빵을 보고 그 반죽속에 포함된 물질, 오븐의 온도, 빵을 구운 시간 등을 알아내지만 빵 반죽이 어떻게 하여 오븐 속에 있게 되었는지를 전혀 몰라 그것은 아예 연구 대상으로 삼지 않는 것과 같다.

이 이론이 받아들여지는 데에 오랜 시간이 걸렸다. 초기의 저항은 과학적인 면보다는 사상적인 면에서 시작되었다. 즉 우주가 어느 시점(時點)에서 시작되었다는 사상을 받아들이기 어려웠던 것이다 (지금 이 책을 읽는 사람에게도 이런 문제가 있을 수 있겠으나 불씨도 '우주' 의 일부라고 생각하면 이 '우주' 의 시작 점에 대해서는 아무 이론도 없기 때문에 이 문제가 사라진다). 영원히 변함없는 우주를 믿은 전문가들은 이 이론을 강력히 저항하였으며 따라서 정상 우주론이 초기에 많은 추종자들을 가졌다.

우주 폭발 기원론은 영어로 빅뱅 이론(Big Bang Theary)이라고 한다. 빅(Big)은 크(大)다는 뜻이고 뱅(Bang)은 우리 말의 빵! 같은 술어이다. 즉 고무 풍선이 빵!하고 터지거나 총을 빵!하고 쏘았다고 할 때 사용하는 표음(表音) 단어인 것이다. 심각한 우주 이론에 왜 이렇게 비학술적이고 조금은 유치한 단어를 사용했느냐고 할 것이다. 그 경유는 다음과 같다. 정상 우주론을 제기한 호일이 1949년에 런던의 어느 라디오 프로그램에서 우주 기원에 관하여 설명할 때 자기가 제안한 정상 우주론을 설명한 뒤에 현재 또 하나의 우주 이론이 있는데 이것은 우주가 대 폭발하여서 시작되었다고 한다고 하면서 약간의 경멸적인 의미에서 그 이론을 "큰 빵!" 이론(Big Bang Theory)이라고 명명하였다. 그후 이 이름이 지속되어 왔다.

위에 나열한 우주 폭발 기원론의 결론과 그 증거도 하루 아침에 얻어지지 않았다. 이것은 세계 여러 정부(주로 미국과 유럽)의 막대한 자본과 수많은 전문가들의 노력에 의하여 지난 80년 동안에 걸쳐 얻어졌으며 또한 현재까지의 모든 관측 결과가 이 이론을 지지한다. 현대인에게 가장 올바른 우주 개념을 가르쳐 준 이 이론의 중요성을 인정하여 이 이론을 지지하는 증거들을 발견한 세 그룹에게 각각 1978년, 2006년, 그리고 2011년에 노벨 물리상이 수여되었다(2011년 상의 자료는 앞에서 설명하였고 나머지에 대해서는 뒤에서 좀 자세히 설명하겠다).

6.2 우주 폭발 기원론의 탄생

아인슈타인이 일반 상대론을 완성시킨 후 그는 그 스스로가 유도한 수식에 우주 상수를 추가한 교정된 수식을 통하여 우주가 정적(靜的)이라는 답을 얻었다는 것을 우리는 앞에서 알았다. 우주 상수가 추가되지 않은 아인슈타인의 원래 수식을 처음으로 철저하게 수학적으로 푼 사람이 알렉산더 프리드만이다.

6.2.1 알렉산더 프리드만

우주가 정적(靜的)이라는 관측적 증거가 없기 때문에 우주 상수가 필요없다고 생각하고 아인슈타인의 원래 수식을 풀어 그 수식이 우주 팽창(또는 축소)의 필연성을 제시함을 설명하여 우주 폭발 기원론의 탄생을 가능하게 한 사람이 러시아의 프리드만이다.

: 그림 43 알렉산더 프리드만

알렉산더 프리드만(1888~1925)은 러시아의 상트페테르부르크에서 태어났다.(176) 그의 아버지는 음악가였고 어머니는 피아노 교사였다. 하지만 그는 부모의 음악 재능을 조금도 물려받지 못했다고 말하였다. 그는 일찍부터 수학에 뛰어나 17살 때 친구와 함께 수학 전문지에 논문을 발표하였다.

1910년에 상트페테르부르크대학에서 수학을 전공하고 학사학위를 받은 후 그 대학 수학과에서 석사 공부를 하였다. 그의 수학 실력은 이미 교수들로부터 인정받았으며 2년 공부를 마치고 석사 시험을 치룬 후 파블로

프 기상 관상대에 초대되어 기상 연구를 시작하였다. 그의 연구 관심은 수학적으로 복잡한 기상 문제를 푸는 것이었다. 1914년에 제1차 세계 대전이 일어나자 그는 공군에 자원 입대하였고 1918년에 전쟁이 끝난 후 페름 대학의 교수로 임명되었다. 1920년에 상트페테르부르크대학 교수로 임명되었으며 그는 여기서 수학과 유체역학 강의를 하였다. 이때에 상대성 이론에 관심을 가지게 되었다.

1922년과 1924년에 발표한 두 편의 논문[(177),(178)]에서 그는 아인슈타인의(원래) 수식을 풀고 다음과 같은 결론을 내렸다. 즉 우주의 크기는 정적일 수 없고 언제나 변하며 이 변하는 방식은 우주에 존재하는 에너지의 밀도(질량 밀도라고도 불리우나 질량과 에너지 등가 원리(7.1장)에 의하여 같은 것을 의미함)가 임계(臨界) 밀도보다 더 크냐, 같으냐, 적으냐에 달려 있다고 하였다. 임계 밀도란 일반 상대론 수식에서 결정되는 양으로 허블 상수를 알면 계산할 수 있다(현재의 답은 $1m^3$당 약 8.3×10^{-9}줄이다). 프리드만이 말한 3가지 가능성은 다음과 같다.

(1) 우주 에너지 밀도가 임계 밀도보다 높을 경우

이 경우에 우주는 구형(球形)(Spherical Space - 곡률이 양, 흔히 곡률 =+1이라고 함)이다. 구형의 우주를 상상하기 위하여 공을 상상하면 도움이 될 것이다. 공의 표면에 3개의 대원의 환으로 그려진 삼각형의 3내각의 합이 180°를 넘는 것과 같이 구형의 우주 속에 존재하는 삼각형의 3내각의 합이 180°가 넘는다. 이 우주는 팽창하며 그 팽창 속도는 중력에 의하여 점점 줄어들고 어느 시기에 도달하면 우주의 밀도가 높기 때문에 팽창이 중지되고 다음에는 축소되기 시작하여 결국 우주가 하나의 점으로 축소된다. 또한 이 우주를 닫힌(Closed) 우주라고도 한다.

(2) 우주 에너지 밀도가 임계 밀도와 같은 경우

이 경우에 우주는 편평(Flat Space - 곡률이 영)하다. 이 공간 속에 존재하는 삼각형의 세 내각을 합하면 그것은 180°이다. 이것이 우리가 잘 아는 유클리드 기하이며 따라서 이러한 우주를 유클리드 우주라고도 한다. 이 우주도 팽창하며 그 팽창 속도도 중력에 의하여 점점 줄어들지만 우주 밀도가 낮기 때문에 이 우주는 영원히 팽창한다. 즉 이것의 시간도 공간도 무한하다. 이 우주를 편평(Flat) 우주라고도 한다.

(3) 우주 에너지 밀도가 임계 밀도보다 낮은 경우

이 경우에 우주는 쌍곡면체(Hyperspherical Space – 곡률이 음, 흔히 곡률 = – 1)이며 이것의 모양은 말 안장의 중심 근처의 모양과 같다. 이 공간 속에 존재하는 삼각형의 3내각을 합하면 그것은 180° 미만이다. 이 우주 역시 팽창하며 그 팽창 속도가 줄지만 우주 밀도가 낮기 때문에 영원히 팽창한다. 이 경우와 제 (2)경우의 차이는 제 (2)경우에는 최종으로 접근하는 속도가 영(零)이며 이 경우에는 어떤 양수(陽數)다. 이 우주를 열린(Open) 우주라고도 한다.

프리드만이 아인슈타인의 수식을 특별한 가정 없이 처음으로 완전히 푼 사람이며 그는 우주가 정적이 아니라는 그 당시의 혁명적인 결론을 얻었으나 그 자신은 그 수식을 하나의 풀기 어려운 도전적인 수학문제로만 간주하고 그가 얻은 답의 우주학적 의미에는 관심이 없었다.(179) 그가 그 후에 관심을 돌려 자신이 얻은 답의 우주학적 의미를 숙고해 볼 수도 있었겠으나 그는 애석하게도 1년 후인 1925년 나이 37살에 장티푸스로 세상을 떠났다.

그 해에 벨기에의 어느 수학자가 외국에서 2년간 일반 상대론 공부를 마치고 본국으로 귀국하여 상대성 이론을 통한 우주 연구는 이 사람에 의하여 새로 시작되었다. 이 사람이 바로 르메트르이다.

6.2.2 조르주 르메트르

티끌 만한 우주가 갑자기 폭발하며 커지기 시작하여 이때에 시간과 우주 공간이 생성되고 이 폭발의 잔재 복사선이 우주에 존재하며 우주는 계속 팽창한다고 하여 우주 폭발 기원론을 최초로 주창한 사람은 르메트르 신부이다. 따라서 그를 우주 폭발 기원론의 아버지라고 부른다.(180) 그는 또한 우주 팽창이 은하의 적색 이동을 일으킨다(즉 우주학적 적색 이동이 생김)고 말하고 허블의 법칙이 존재할 것을 그것의 발견 2년 전에 예측하였다.

조르주 르메트르(1894~1966)는 샤를루아라고 하는 벨기에의 어느 조그마한 동네에서 요셉 르메트르의 맏아들로 태어났다.(181) 그의 아버지는 변호사 자격증을 가지고 있었으나 유리 제조의 특수 방법을 발명한 후 유리 제조 관련 소기업을 운영하였다. 그러나 몇 년 성황하다가 화재를 당하

: 그림 44 조르주 르메트르

여 사업이 망한 후 그는 시청의 법률 고문으로 일하였다.

조르주는 어릴 때부터 수학과 종교에 관심을 많이 보여 독실한 천주교 신자인 부모들은 그에게서 커다란 기쁨을 느꼈다. 그는 9살 때 아버지에게 커서 신부가 되겠다고 말하였다. 10살 때 천주교 예수회에서 운영하는 중학교에 입학하였고 17살 때는 루뱅 가톨릭대학에 입학하였다. 여기에 입학한 지 3년 되는 해에 제1차 세계 대전이 시작되어 독일이 벨기에를 침략하자 그는 동생 쟈크와 함께 벨기에 군대에 자원입대하였다. 4년을 복무한 후 1918년에 전쟁이 끝나 24살인 그는 루뱅대학에 복교하였다. 전쟁 전에는 공과를 전공했었으나 전쟁 중에 물리와 수학을 독학하여 복교 후에는 수학 박사과정에 등록하였다. 2년 후에 수학 박사학위를 받았고 또한 그와 동시에 신학 학사학위도 받았다.

졸업한 해에 그는 성롬보신학교에 신학생으로 입학하였다. 입학 전에 실시되었던 담당 추기경과의 입학 자격 심사 면접에서 그는 일반 상대론 연구에 관심이 있다고 말하였고 추기경은 그것을 격려하였다고 한다. 신학교에 있는 동안에 국가 장학금 경시 대회에 응모하여 1등에 당선되어 외국 유학 1년의 자격을 얻은 후 1923년에 신부 서품(敍品)을 받았다.

몇 달 후에 그는 획득한 장학금의 혜택으로 영국 케임브리지대학에 유학하였다. 그곳에서 그는 에딩턴교수(우리는 이 교수를 아인슈타인의 일반 상대론과 관련하여 만나 보았다) 밑에서 1년간 일반 상대론의 이론적 연구를 하였다. 그 후에 또 다른 1년간의 장학금을 얻어 이번에는 미국 하버드대학에서 천체 관측 공부하였다. 그는 우주의 본질을 이해하려면 이론뿐만 아니라 실제의 관측도 이해해야 한다고 생각하였다.

하버드대학에는 그 당시에 천체 관측으로 유명한 섀플리 교수(섀플리와 커티스의 '대토론'을 기억할 것이다)가 있었다. 그 교수 밑에서 1924년 가을부터 1년 간 별 관측 기술과 자료 해석에 대해서 공부하였다. 또한 이때에 그는 가까운 곳에 있는 매사추세츠공과대학(MIT)에 물리학 박사과정에 등록하였고 이곳에서 3년 후에 상대성 이론에 관한 논문으로 물리학 박사학위를 받았다.

계획적이었던 우연적이었던 그는 우주학 연구에 매우 적합한 준비 교육을 받았다. 그 이유를 잠간 알아보자. 상대성 이론이 받아들여지기 어려웠던 이유 중 하나는 우선 그 수학을 이해하기가 어려웠기 때문이다. 1919년에 영국 과학회 회장 조셉 톰슨이 어느 학회 석상에서 "… 일반 상대론은 철저한 대수학 지식 없이는 아무도 이해할 수 없다…"고 말하였다.[182] 르메트르는 대수학 이론으로 수학 박사학위를 받았고 에딩턴밑에서 일반 상대론의 이론적 연구, 새플리밑에서 천체 관측과 자료 분석 연구, 그리고 매사추세츠공과대학(MIT)에서 이론 물리 박사학위 등, 그의 교육 바탕이 우주학 연구에 있어 이상적으로 잘 맞았다고 말할 수 있다.

외국 유학을 마치고 1925년에 귀국하여 루뱅대학에 강사로 있으면서 본격적으로 우주학 연구에 몰두하였다. 그의 첫 번째로 중요한 논문은 1927년에 발표된 것으로[183] 여기서 그는 상대성 이론에 의하면 우주는 팽창하고 있으며 또한 그 당시까지 관측된 은하의 적색 이동은 이 팽창의 결과로 생긴 것이라는 것을 수학적으로 증명하였다. 즉 우주학적 적색 이동을 처음으로 설명하였다. 한걸음 더 나아가 그는 은하의 멀어지는 속도는 그 거리에 비례한다는 관계를 유도하였다. 이것은 허블이 은하들이 퇴거하며 퇴거 속도가 거리에 비례한다는 허블의 법칙을 발견하기 2년 전이였으며 그는 이때에 허블의 관측 결과를 예측하였다. 따라서 '허블의 법칙'이 '르메트르의 법칙'이라고 불려졌을 수도 있었다고 말하는 사람도 있다.[184] 하지만 이 논문은 벨기에의 학술지에 프랑스어로 발표되었던 관계로 학계의 큰 주목을 받지 못하였다가 1931년에 에딩턴이 이 논문의 존재를 알고 그것을 영국 천문학지에 번역 발표하여 그때부터 널리 알려지게 되었다. 르메트르는 프리드만과 관련 없이 아인슈타인의 수식을 독립적으로 풀었으며 그와 근본적으로 같은 결론을 얻었다.

그 논문이 발표된 지 몇 달 후인 1927년 가을에 르메트르가 아인슈타인을 우연히 만났을 때 그에게 자기의 논문을 어떻게 생각하느냐고 묻자(이미 소련의 프리드만이 자기의 수식을 이용하여 자기 신념에 어긋나게 우주가 팽창할 수도 있다고 하여 못마땅하게 느끼고 있었던 참에 이번에는 벨기에의 어떤 젊은(33세) 신부가 우주가 현재 팽창하고 있다는 결론을 자기의 수식을 이용하여 내렸기에 르메트르보다 15살 연상인) 아인슈타인은 "당신의 수학 계산은 맞는데 그 물리 이론은 지긋지긋합니다."라고 하였다.[185]

그가 1931년 5월에 「자연(Nature)」학지에 발표한 논문[186]에서 우주는 태초에 하나의 작은 씨가 분열되면서 시작하였으며 또한 그후에 공간과

* 이 문구는 그가 1950 년에 쓴 수필집에서 1931 년의 논문을 설명하면서 사용한 문구이며 또한 존 파렐이 쓴 르메트르 전기의 책 제목이기도 하다.

시간이 창조되었다고 하였다. 즉 "어제가 없었던 날"* 이 있었다고 말하였다. 그해 10월에 발표한 논문(187)에서 그는 우주 팽창을 다시 강조하고 그 시작은 폭발 과정("급속한 불꽃놀이")을 거쳤고 또한 이 폭발에 의한 잔재 복사선이 존재할 것이라고 말하였다. 이것이 소위 말하는 우주 폭발 기원론(Big Bang Theory)의 시초이다.(188) 이 개념은 15년 후에 조지 가모프 등의 핵 물리학자(8.1 장 참조)들로부터 주목받기 시작하였고 그때부터 핵 물리학과 상대성 이론이 함께 폭발 기원론을 연구하게 되었다.

르메트르가 말한 태초의 씨는 고온에 있지 않았으며 그 후에 핵물리 전문가들은 그 씨가 고온에 있어야 한다는 것을 알게 되었다. 1931년은 핵물리학의 유아 시기였으며 그것의 이론은 아직도 우주학에 사용될 정도로 충분히 발전되지 못하였다. 프리드만, 르메트르, 그리고 가모프가 각각이 독특하게 폭발 기원론에 공헌하였으며 이들의 독특한 공적을 자세히 알아보려면 과학 역사가 헬기 크레그가 쓴 「우주학과 논쟁」(189) 이라는 책에서 그것을 알아볼 수 있다. 가모프의 공적은 8장에서 알게 될 것이다.

르메트르신부는 1936년에 교황 비오 11세에 의하여 교황청 과학 위원회 회원으로 임명되었고 1960년에 교황 요한 23세 때 위원회 회장으로 당선되었다. 그는 1966년 봄에 백혈병 진단을 받았고 몇 달 후에 세상을 떠났다. 세상을 떠나기 며칠 전에 그의 동료로부터 그가 1931년에 예측했던 우주 폭발 잔재 복사선이 최근에 발견되었다는 소식을 듣고 기뻐했다고 한다.

6.3 우주의 운명

우리는 앞에서 우주에 3가지 종류가 있다는 것을 알았다. 그렇다면 우리가 살고 있는 우주는 과연 어떠한 종류이며 이것의 운명은 어떠할까? 우선 종류부터 알아보자. 이것은 우주의 곡률 수치가 1이냐, 0이냐, -1이냐에 달려 있으며 그것은 이 우주의 질량 밀도가 임계 밀도보다 크냐, 같으냐, 적으냐에 달려 있다는 뜻이다. 우주 밀도를 정확하게 측정한다는 것은 물론 불가능하지만 대강 측정하는 것 조차 어려운 일이다. 현재의 가장 '정확한' 측정에 의하면 우주 밀도와 임계 밀도의 비율은 대략 0.8 내지 1.2이다. 즉 우주 밀도가 임계 밀도보다 20% 적을 수도 있고 같을 수도 있고 또한 20% 클 수도 있다는 결론이기 때문에 독자들은 이와 같은 비율의 범위를 알아낸 것이 무슨 의미가 있느냐고 하겠지만 이 비율은 사실상 의미 심장한 결론이다.

우주가 140억 년 동안 팽창해 왔음에도 불구하고 비율이 이 범위 내에 있다는 사실은 그 비율이 최초에 1에 지극히 가까웠다는 것을 의미한다. 왜냐하면 상대론에 의하면 만일 1 보다 조금 더 크거나 작았으면 우주 시작 후 짧은 시간에 이 범위를 벗어 난다. 예를 들어 우주 시작한 지 3분 후에 이 비율이 1보다 십조분의 일이 크거나 작았으면 140억년 후에 그것은 0.8보다 작거나 1.2보다 커진다. 좀 더 정확하게 말하면 우주 시작한 지 3분 후에 이 비율이 0.99999999999997 과 1.00000000000003 사이(즉 $1-3\times10^{-14}\sim1+3\times10^{-14}$)에 있었다는 결론이 나온다.(190) 이 현상을 연필을 연필심 위에 수직으로 세우려고 하는 것에 비유하는 사람도 있다. 연필을 정확하게 수직으로 세우면 그것이 오랫동안 서있겠으나 그것이 조금이라도 수직에서 벗어나면 그것은 금방 자빠진다. 우주 밀도와 임계 밀도의 비율도 마찬가지로 1에서 조금이라도 벗어나면 그것은 금방 커다란 수치가 된다. 이론적 계산에 의하면 우주 시초에 가까이 가면 갈수록 그 비율이 1에 더 가까웠다는 결론이 나온다. 따라서 전문가들은 우주 시작 당시에 그 비율이 1이었다고 말한다.

그러면 이 비율이 맨 처음 어떻게 하여 1이 되었을까? 이 의문을 우주 편평도 문제라고 하며 이것의 답은 우주 급팽창 이론이 제공한다.(191) 급팽창(Inflation)이란 우주 시작 직후 바리온들이 생성되기 전에 지극히 짧은 시간 동안에 우주의 크기가 몇 억 배, 몇 조 배, 그리고 조의 조 배로 팽창했다는 이론이다(처음의 티끌이 무지무지하게 작았다는 것을 기억하자). 이 과정의 자세한 동기나 경과에 대해서 현대과학이 잘 모르는 면이 많으며 또한 이론적으로 아는 구체적인 점은 그것을 시험해 볼 수 없다는 좌절감을 주는 이론이지만 현재 이러한 이론 없이는 우주 편평도 문제와 우주 지평 문제(우주에 왜 동종성과 등방성이 존재하느냐 하는 문제)가 설명되지 않기 때문에 이 이론이 받아들여지고 있다. 우주의 곡률은 우주의 모양을 나타내며 이것은 우주의 시간 흐름에 관계없이 고정되어 있다고 전문가들은 생각한다. 즉 예를 들어 구형의 우주가 어느 시간에 편평한 우주로 변경된다고 생각하지 않는 것이다. 따라서 이 우주는 곡률이 0인 우주(편평한 우주)로 시작하여 현재에도 그 곡률을 유지하고 있다는 것이 현대과학의 결론이다.

우리는 앞에서 편평한 우주는 영원히 팽창한다고 하였다. 일반적으로 우주의 궁극적인 운명은 그것의 곡률에만 달려 있지 않고 그것의 구성 물질에도 달려 있다. 우리 우주 속에는 물질(양성자와 중성자와 암흑 물질), 암흑 에너지, 그리고 미소한 양의 광선(광자와 뉴트리노)이 있으며 이들의 양을 이론에 적용하면 우리는 이 우주의 팽창 속도가 결국 가속된다는 것을 알게 된다.(192) 이것은 우리가 앞에서 본 우주 팽창의 현재 가속 관측 결과와 일치된다. 이 우주는 시간이 가면서 팽창함과 동시에 온도가 계속 내려가 결국 대냉각(Big Chill)이라고 하는 저온 상태에 도달한다.(193)

6.4 무시론 – 정상(定常) 우주론

정상 우주론(Steady State Theory)을 이해하려면 우선 정상 상태가 무엇인지를 알아야 한다. 정상(定常)이란 일정하고 늘 한결같음을 말한다. 예를 들어 설명하겠다. 어느 샘에서 물이 솟아 나와 그것이 하나의 호수를 채우고 그리고 그 물이 호수 둑을 넘어 사방으로 흘러나가는 경우를 연상해보자. 우리가 그 호수를 보고 있으면 호수의 물은 언제나 차 있다. 호수 물 자체는 새로운 물로 계속 교체되어 변경되지만 호수의 상태에는 변화가 없으며 따라서 우리는 그 호수가 정상 상태에 있다고 한다. 이것에 비교하여 아인슈타인이 처음에 믿었던 정적(靜的) 우주는 예를 들어 호수에 물이 차 있으나 그 물은 흐르지 않는 상태로 언제나 그 모양을 유지하는 경우와 같다고 말할 수 있다.

정적(靜的) 우주가 허블의 관측 결과와 어긋난다고 말하고 그 관측 결과와 일치하면서 또한 변함없는 우주를 주장하는 이론이 정상(定常) 우주론이다. 이것은 1948년에 프레드 호일, 헤르만 본디, 그리고 토마스 골드가 제창한(194) 이론으로 우주의 팽창(정확하게 말하면 은하의 팽창)이 정상 상태에 있다고 말하는 이론이다. 즉 정상의 호수와 마찬가지로 은하가 '밖으로 흐르면' 그 자리를 다른 은하가 메워 은하들의 분포 모양이 늘 한결같다고 하였다. 그들은 생성되어야 하는 물질의 양을 계산하여 이것이 극히 미소한 양이라는 것을 보여주였고 따라서 이 미소한 양의 생성은 용이하며 우주에서는 영원한 과거부터 영원한 미래까지 은하가 계속 생성되며 계속 팽창한다고 주장하였다. 이 주장을 이론적으로 반박하기 어려웠던 이유는 이러한 미소한 양의 물질의 생성을 부인할 강력한 이론이 없었기 때문이다.

이 이론은 시점(始點)이 없고 변함이 없는 우주를 주장하는 동시에 일반 상대론과 허블의 관측 결과에 어긋남이 없었던 이유로 1950년대와 1960년대에 많은 전문가들의 지지를 받았다. 하지만 라디오 은하의 관측이 활발해지면서 이것들의 분포에 뚜렷한 시간적 변화가 있다는 것이 관측되자 이 이론의 바탕이 흔들리기 시작하였으며 뒷장에서 알게 될 우주 배경 복사선의 존재가 이 이론을 완전히 무너뜨렸다.

허블이 관측한 은하의 적색 이동이 궁극적으로 우주의 시작을 이해하는 과정의 첫 단계가 되었다. 이 과정을 간략하게 나타낸 것이 그림 45이며 여기에서 두 갈래로 갈라진 현상은 2가지 가능성을 나타내며 색깔로 표시된 과정이 결국 올바른 과정이다.

6.5 폭발 기원론과 종교관

폭발 기원론이 제안(1931)된 후 오랫동안 그것의 종교적 의미에 대하여 토론이 있었다. 여기에서 말하는 종교는 넓은 의미의 종교, 즉 신의 존재를 인정하는 믿음이다. 폭발 기원론을 대상으로 세 그룹의 사람들이 있었다. 첫 번째 그룹은 이 이론은 자신의 종교나 신의 개념에 어긋나기 때문에 틀렸다고 하였으며 두 번째 그룹은 이것은 자신의 신 개념과 일치하기 때문에 옳을 것이 틀림없다고 하였으며 마지막 그룹은 이 이론은 신의 개념과 관계가 없고 이론의 옳고 그름은 관찰에 의하여 결정해야 한다고 하였다. 첫 그룹의 사람들은 주로 정상 우주론을 믿은 사람들이며 앞에 말한대로 한때는 많은 전문가들이 여기에 속해 있었다. 유명한 사람의 예로 에딩턴이나 호일을 들 수 있다. 두 번째 그룹에 속한 유명한 사람의 예로는 교황 비오 12세를 들 수 있다. 현대의 많은 천문 전문가들은 세 번째 그룹에 속하며 르메트르 역시 이 그룹에 속한다.

1951년에 르메트르가 참석하고 있었던 어느 교황청 과학위원회 회의에서 비오 12세가 "하느님이 몇 십억 년 전에 무(無)에서 우주를 창조했던 순간을 현대과학이 증언해준다."[195]고 말하였을 때 그는 무척 불만이었다. 그 이유는 그는 그 전에 이미 정상 우주론 전문가들로부터 그가 폭발 기원론을 제안한 동기가 과학적인 근거보다 성경의 영감에 의하여 한 것이라는 공격을 받아 천체 관측 자료를 일반 상대론에 적용하여 이 이론을 제안한 그가 무척 억울하게 느끼고 있었던 참에 교황이 그의 '적' 에게 새로운 무기를 제공하였기 때문이었다.

르메트르는 "성경을 쓴 사람들이 영생이나 구원에 대해서 진리를 말했다고 해서 다른 문제에 대해서도 진리를 말했다고 생각하는 것은 성경이 쓰여진 이유를 모르는 사람들이 범하는 오류다."(196) 라고 1933년에 말하였다. 20년 후에 그는 다시 "과학은 우주 앞에 굴복하지 말아야 하며 파스칼이 신의 존재를 자연의 가정적인 무한함을 보고 추리하려고 했을 때 우리는 그가 보는 방향이 틀렸다고 말할 수 있다."(197) 고 말하였다. 이 말은

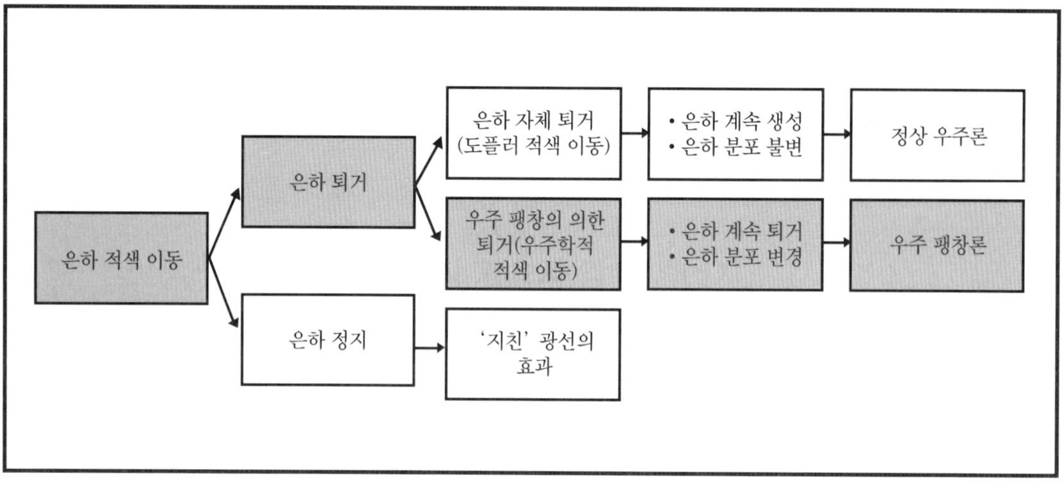

: 그림 45 은하 적색 이동의 궁극적 의미

우주는 신의 하나의 생성물이며 신의 존재는 그것을 초월한다는 뜻이라고 하겠다.

7. 우주 최초 입자 생성

뜨거운 불씨가 폭발한 후 식으면서 그것이 가지고 있었던 엄청난 양의 에너지가 입자로 전환되어 결국 우리가 보는 우주가 생성되었다고 폭발 기원론은 말한다. 즉 에너지가 입자로 전환되는 것이 폭발 기원론의 중요한 요소 중의 하나이며 따라서 이 이론을 잘 이해하려면 최초의 입자 생성 과정을 이해해야 한다. 에너지가 입자로 전환되거나 또는 입자가 에너지로 전환되는 경우를 현대 물리학자들은 실험실에서 흔히 볼 수 있다. 이 장에서 이것에 대해서 조금 더 자세히 알아보겠다.

7.1 질량과 에너지의 등가원리

에너지가 입자로 전환되고 그리고 입자가 에너지로 전환될 수 있는 이유는 질량과 에너지가 동등하기 때문이다. 이 현상을 질량과 에너지의 등가원리라고 한다. 장작이 타서 열을 내는 것을 보고 이것이 질량이 에너지로 전환하는 예라고 생각하는 사람도 있겠으나 이것은 지금 우리가 말하는 예가 아니다. 장작이 탈 때는 열뿐만 아니라 연기도 나고 재도 남으며 이 연기와 재가 질량을 가지고 있기 때문에 이 경우에 장작의 질량이 완전히 에너지로 전환되지 않는다. 질량과 에너지의 등가원리는 질량과 에너지가(알맞는 조건 하에서) 100% 완전히 서로 전환될 수 있다는 원리이다. 이 원리는 아인슈타인이 그의 특수 상대론 수식을 이용하여 유도하였으며 우리는 앞(3.1.1)에서 에딩턴이 태양 열의 원천을 설명할 때 이 원리를 적용하였다는 것을 알았다. 이 원리를 수식으로 표시하면 $E=mc^2$이고 여기서 m은 질량을 말하고 c는 광속을 말한다. 즉 에너지는 질량 곱하기 광속의 제곱과 같다는 말이며 이것이 모든 수식 중에서 제일 유명한 수식이라고 한다.(198)

7.1.1 질량이 에너지로 전환

여기에서 말하는 에너지가 무엇인지 먼저 알아보자. 이것은 광 입자 즉 광자(光子)를 의미한다. 광자를 에너지라고 생각하는 이유는 그것은 에너지를 가지고 있지만 질량(즉 무게)이 없기 때문이며 따라서 우리는 그것을 에너지 덩어리라고 볼 수 있다. 광자가 무게가 없다는 것이 우리에게 참으로 다행한 일이다. 만일 그것에 무게가 있었더라면 우리는 태양 빛 아래에서 얼굴이 광 입자에 얻어 맞아 몹시 아팠을 것이다(광자는 무게는 없지만 운동량을 가지고 있으며 따라서 그것이 우리 얼굴에 닿을 때 충격이 오지만 우리의 얼굴이 '두꺼워' 그 힘을 느끼지 못 한다. 반면에 이 충격의 힘에 의하여 현재 우주에서 하나의 인공 위성이 추진되고 있는 예가 있다). 석탄이나 태양에서 나오는 열 에너지도 광자들의 흐름이고 엑스선 기계에서 나오는 엑스선도 광자의 흐름이다. 이 장에서 우리는 질량을 가진 물질이 질량이 없는 광자로 전환되는 예를 알게 되며 다음 장에서는 질량이 없는 광자가 질량을 가진 물질로 전환되는 예를 알게 될 것이다.

적은 양의 물질이 에너지로 전환되어도 거대한 양의 에너지가 방출되는데 그 이유는 위의 수식에서 빛의 속도가 큰 숫자이기 때문이다. 예를 들어 밥 숫가락 하나에 담긴 물을 완전히 에너지로 전환시키면 약 300킬로톤의 티엔티에 해당하는 에너지가 나오며 이것은 히로시마에 떨어진 원자탄의 10배 이상의 에너지이다. 어떤 물질의 전부를 에너지로 전환한다는 것은 불가능하지만 그것의 극소 부분만 전환하여도 어마어마한 에너지가 나온다. 원자탄이 그렇게 파괴력이 컸던 이유는 이 수식에 의하여 극소량의 폭발 물질이 에너지로 전환되었기 때문이다(아인슈타인은 자기가 발견한 이 수식이 원자탄 개발의 근원이 되었다는 사실 때문에 제2차 세계대전 후에 많은 고민을 하였고 따라서 핵무기 철폐 운동에 열심히 나섰다).

이 수식은 파괴에만 적용되는 것이 아니고 평화적 용도에도 이용되는데 원자력 발전에 의한 전력 생산이 그 하나의 예이다. 한걸음 더 나아가 지상 만물의 생명을 유지하는 데에도 적용된다. 우리는 앞에서 태양이 열을 낼 수 있는 이유는 그것이 수소를 태워 헬륨을 만들면서 이때에 수소 4개의 무게가 헬륨 하나의 무게보다 조금 더 무거워 헬륨을 만들고 나면 잔여 무게가 생기며 이 무게를 아인슈타인의 수식에 대입하면 많은 양의 에너지가 방출되기 때문이라는 것을 알았다.

이번에는 소규모적으로 질량이 에너지로 전환되는 예를 하나 들겠다. 이것은 물질 입자와 반물질 입자가 충돌하여 광자가 생성되는 예로 현대 병원에서 관측할 수 있다. 우리는 소개말에서 디랙이 반물질의 존재를 예측하고 앤더슨이 그것을 발견하였다는 것을 알았다. 모든 물질에는 그것에 해당하는 반물질이 존재하며 그들의 질량은 서로 같고 전기의 성(性)은 서로 반대이다. 이 둘이 만나면 그들은 사라지고 빛이 생성된다. 다행히도 자연에는 반물질이 희귀하다. 우리가 모르는 먼 은하에 반물질로 구성된 생물들이 존재할 수도 있다고 하며 만일 우리가 모르고 그곳으로 우주 여행을 가면 우리는 무척 후회할 것이다. 현대 병원에서 사용되는 진단 기계 중에 양전자 방출 촬영기(Positron Emission Tomography, PET)라는 것이 있다. 이 기계는 양전자를 방출하는 물질을 환자 몸에 넣어 주어 그것이 신체의 이상부분에 흡수된 후에 거기에서 양전자가 방출되게 한다. 방출된 양전자가 몸 속에 있는 전자를 만나 둘은 광자로 전환되어 방출되고 이 광자의 출처를 기계가 촬영하여 환자의 질병에 대한 진단을 하게 된다.

7.1.2 에너지가 질량으로 전환

에너지(질량이 없는 광자)가 질량을 가진 물질로 전환되는 예는 고에너지 실험실에서 많이 관측되는 현상이다. 광자의 에너지에 따라 그것은 전자, 양성자 등의 여러 종류의 입자로 전환될 수 있다. 앤더슨은 우주 광자가 전자와 양전자로 전환되는 것을 목격하였는데 대기를 통과한 우주 광자 중에 이렇게 높은 에너지를 가진 것은 드물다. 하지만 현대 물리학 실험실에서는 높은 에너지의 광자를 생성할 수 있고 따라서 실험실에서 고에너지의 광자가 전자나 양성자 등으로 전환되는 것을 목격할 수 있다. 고에너지의 광자 하나가 갑자기 저절로 2개의 입자로 전환되지는 않는다. 그 이유는 운동량 보존 법칙 때문에 그것은 다른 한 입자와 충돌해야 한다. 또한 그것의 전기(광자는 전기가 없는 중성임)를 보존하기 위하여 그것은 물질 입자와 반물질 입자로 전환되어야 한다. 따라서 광자가 물질로 전환될 때는 언제나 전자-양전자의 쌍 또는 양성자-반양성자의 쌍 등이 생성된다.

그림 46은 고에너지 실험실의 '거품 상자(Bubble Chamber)' 에서 광자가 전자와 양전자로 전환된 장면을 촬영한 것이다. '거품 상자' 란 특별한 종류의 실험 장치로 이것의 발명자에게 노벨상이 수여될 정도로 유용한 장치이다. 이 속에서는 전기를 가진 입자들만이 자취를 남긴다. 이 사진의 윗쪽에서 아래로 2개의 광 입자가 내려와 각각이 납 원자 1개씩과 충돌하였으며 광 입자들의 자취는 보이지 않는다. 사진의 윗쪽에서 광자 하나가 납 원자를 때리고 그 에너지가 전자와 양전자로 전환되고 또한 납에서 전

자 하나를 차 냈다. 생성된 입자들이 움직인 궤도가 사진에 나타난다. 지면 위에서 움직이고 있는 전자에게 지면의 앞쪽에서 뒤쪽으로 자기장을 가하면 그 전자는 자기장의 방향을 중심으로 마치 기둥 주위를 회전하듯이 회전한다. 회전하는 방향은 전기의 성(性)에 달려 있으며 따라서 전자와 양전자는 서로 반대 방향으로 회전한 것이 사진에서 보인다. 전문가들은 이 회전 방향을 보고 입자의 전기가 음성인지 양성인지를 알아내며 그리고 회전 궤도의 크기를 보고 그 입자의 에너지가 높은지(큰 원형) 낮은지(작은 원형)를 알아낸다. 차여 나온 전자의 에너지가 훨씬 높아 그 궤도가 사진에서 벗어났다. 다른 광자 하나는 사진의 아랫쪽에서 납 원소와 충돌하였으며 그 광자의 에너지가 처음 것보다 더 높기 때문에 생성된 전자와 양전자의 에너지도 더 높아 그들이 움직인 궤도가 사진 밖으로 나갔다.

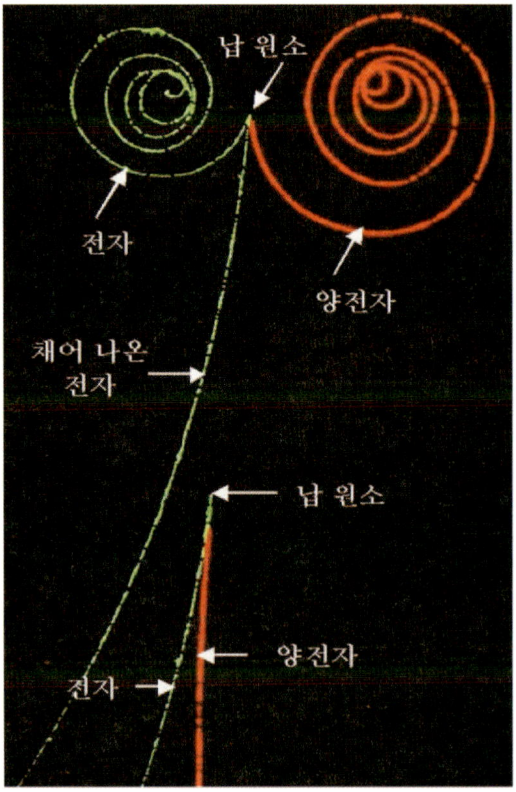

그림 46 광자가 전자와 양전자로 전환되는 장면

7.2 한계 온도

앞에서 높은 에너지를 가진 광자는 주로 실험실에서 생성된다고 했는데 에너지가 높은 광자(빛)란 무엇일까? 광자는 질량을 가지고 있지 않으며 또한 언제나 일정한 속도(즉 광속도)로 움직인다고 하였는데 질량 없이 언제나 일정한 속도로 움직이는 광자가 어떻게 하여 어떤 광자는 높은 에너지를 가지고 어떤 광자는 낮은 에너지를 가질까? 그것은 그것의 온도에 달려 있다. 즉 온도가 높은 광자는 에너지가 높고 온도가 낮은 광자는 에너지가 낮다(온도가 높으면 파장이 짧고 파장이 짧으면 운동량이 커진다). 빛의 에너지가 온도에 비례한다는 결론은 플랑크의 열복사선 수식에서 유도되며 우리는 뒤에서 이 수식에 대해서 알게 될 것이다. 에너지와 온도의 구체적인 관계는 대략 다음과 같다. 즉 평균 에너지 = 온도×볼츠만 상수×2(정확하게 말하면 마지막 숫자는 2.7 [199] 이지만 이 장에서 대략의 온도를 다루기 때문에 2라고 하고, 볼츠만 상수는 1.38×10^{-23} 줄/도).

이제 입자 생성에 필요한 광자의 온도를 알아보겠다. 위의 수식에서 온도를 알려면 온도 = 평균 에너지/(볼츠만 상수 × 2) = 2 × 입자 무게 × (광속)^2/(볼츠만 상수×2). 즉 온도 = 입자 무게 × (광속)^2/볼츠만 상수라는 간단한 수식이다. 여기서 입자 생성에 필요한 평균 에너지는 입자 무게의 2배에 광속의 제곱을 곱하면 된다는 것을 이용했다. 이와 같은 계산을 전자-양전자의 쌍에 적용하면 광자의 온도가 60억 도(이 온도는 절대 온도이지만 이러한 높은 온도에서는 절대 온도와 섭씨 온도의 크기 차이(273°)가 무의미하므로 이제부터 구분없이 '도'라 하겠음) 되어야 하며 양성자-반양성자의 쌍에 적용하면 광자의 온도가 약 11조 도(11×10^{12} – 이것은 11뒤에 0이 12개 붙는 숫자의 수학적 표시)가 되어야 한다는 결론이 나온다. 입자가 생성될 수 있는 최저 온도를 그 입자의 한계 온도라고 한다.[200] 즉 전자의 한계 온도는 60억 도이며 양성자의 한계 온도는 11조 도이다.

한계 온도에서 꼭 알아야 할 점은 이것이 최저 온도라는 점이다. 즉 60억 도에서 전자는 생성되어도 양성자는 생성되지 않는다. 하지만 11조 도에서는 양성자와 전자가 동시에 생성된다. 이 온도가 만일 11조 도 미만으로 내려가면 이미 생성되었던 양성자만 존재하고 새로운 양성자는 더 생성되지 않는다. 그 온도가 60억 도 미만으로 떨어지면 그 빛은 새로운 전자를 더 생성하지 못하며 이미 생성되었던 양성자와 전자만 존재한다. 한계 온도에서는 빛이 입자-반입자의 쌍으로 전환될 뿐만 아니라 또한 생성된 두 입자들이 서로 결합하여 다시 이 온도의 빛으로 전환된다. 즉 입자들은 계속 생성되며 또한 동시에 계속 파괴되는 것이다. 마치 0℃ 에서 물이 얼기도 하고 동시에 녹기도 하는 것과 같다.

우리는 앞(4.1장)에서 우주 성간 가스의 90%가 수소이고 나머지의 거의 전부가 헬륨이라는 것을 알았다. 수소 1개 속에는 양성자 1개가 있으며 헬륨 1개 속에는 양성자 2개가 있다. 우주에 이렇게 수없이 많이 존재하는 양성자들은 어디에서 왔을까? 우리는 앞에서 알아본 현대의 이론적 계산과 그리고 곧 알게 될 고에너지 실험실에서 얻은 결과를 통하여 빛의 온도가 11조 도 이상이 되면 그것이 양성자로 전환될 수 있으며 그 이하로 떨어지면 양성자로 전환될 수 없다는 것을 안다. 따라서 우리는 과학적으로 이 모든 양성자들이 고온의 광자로부터 생성되었다고 보아야 한다. 그렇다면 이것은 온도가 11조 도 이상인 광자들이 현재 어디에 존재하거나 아니면 과거에 어디에 존재했었다는 것을 뜻한다. 현재 온도가 이와 같이 높은 곳이 우주 어디에 있을까? 우리는 태양의 핵심에서 수소가 타면서 그 곳의 온도가 매우 높다는 것을 알았다. 그 핵심의 온도는 1,500만 도이다. 별이 초신성으로 폭발할 때 그 핵심의 온도가 약 100억 도 정도이며 양성자의 한계 온도는 이것의 약 1,000배이다. 우리는 우주 속에서 온도가 이렇게 높은 곳을 발견하지 못하였으며 발견할 것을 상상할 수도 없다. 하지만 그러한 온도는 존재했어야 한다. 그러한 온도를 가진 광자가 없었다면 우주 속에 양성자가 생성될 수 없었다. 따라서 우주 태초의 뜨거운 불씨의 온도가 양성자의 한계 온도보다 훨씬 더 높았다고 하는 현대 물리학의 이론이 나온 것이다. 이런 온도에서 양성자와 전자가 생성되고 그 후에 온도가 점점 내려가면서 이것들이 결합하여 여러 가지 원자를 생성하였다(원자 생성은 다음 장에서 설명함).

우리는 위에서 입자가 생성될 때에 전자와 양전자 그리고 양성자와 반양성자가 생성된다고 하였는데 실제로 우주에 존재하는 물질의 대부분이 전자와 양성자이며 양전자와 반양성자가 거의 존재하지 않는다(이것이 천만 다행임을 우리는 7.1.1에서 알았다). 그 이유는 빛이 물질과 반물질로 전환될 때 같은 숫자의 물질과 반물질 입자를 만들게 되어 있으나 이것도 어마어마한 숫자의 입자를 만들다보면 그 숫자가 완전히 동등하지 못하여 약간의 차이가 생기며(숫자가 약간 더 많은 입자를 물질 입자라고 한다) 따라서 생성된 물질의 대부분은 물질-반물질의 결합으로 파괴되었고 짝이 맞지 않은 물질 입자만이 남아 있기 때문이다.

7.3 고에너지 실험

태초에 고온의 불씨가 식으면서 그 열 에너지가 물질로 전환되어 이 우주의 모든 물질이 생성되었다는 말을 우리는 여러 번 들었다. 그런데 이러한 현상을 과연 실험실에서 목격하며 이것을 증명할 수 있을까? 우주 초기의 현상을 알려면 그 온도(즉 에너지)가 전자에 해당하는 온도보다 몇 천 배 이상으로 훨씬 더 높아야 하며 이와 같이 높은 에너지의 광은 자연에 극히 드물며 따라서 이것을 얻으려면 실험실에서 인공적으로 생성해야 한다. 그 생성 방법은 두 입자를 충돌시키는 것이다.

전문가들이 실험실에서 고에너지의 입자들을 충돌시키는 실험을 하기 시작한 것은 오래 전부터이다. 우리가 저금통 속에 돈이 얼마나 들어 있는지 알려면 가장 쉬운 방법은 저금통을 부수어 그 속에서 얼마의 금액이 나오는지를 보는 것이다. 이와 마찬가지로 전문가들은 원자핵 속에 무엇이 들어 있는지 알기 위하여 1930년대부터 그것을 고에너지의 입자로 부수어 보았다. 핵 속의 내용물을 점차 알게 되면서 연구 대상이 핵 속에서 그 속에 있는 입자로 바뀌어 입자 속에 무엇이 들어있는지를 알려고 하였다. 이 입자들을 부수기 위해서는 더 높은 에너지의 입자가 필요하게 되었다. 두 자동차가 정면 충돌할 때에 산출되는 에너지는 그것들의 속도가 높을 때가 속도가 낮을 때보다 더 높다. 이와 마찬가지로 고속도의 입자들이 충돌할 때 저속도의 입자들이 충돌할 때보다 더 높은 에너지가 산출되며 따라서 전문가들은 입자의 속도를 점점 더 높이 올려 줄 수 있는 입자 가속기를 원하게 되었다.

현재 세계에서 가장 높은 에너지의 입자를 산출할 수 있는 실험 장치는 미국 브룩헤이븐국립연구소에 있으며 스위스의 제네바 교외에 있는 유럽원자핵공동연구소에 있는 장치가 곧 이것을 앞지를 것으로 예상되고 있다. 브룩헤이븐국립연구소에 있는 장치는 릭크(상대성 중이온 충돌기-

Relativistic Heavy Ion Collider, RHIC)[201] (그림 47 참조)라고 하며 여기에서 어떻게 하여 높은 에너지(즉 온도)를 생성하는지 자세히 알아보겠다.

이 장치의 구조를 이해하려면 자동차 경주장을 생각하면 도움이 된다. 2개의 원형 경주로가 하나의 공통 중심을 가지고 있으며 안쪽과 바깥쪽에 경주로가 하나씩 있다고 상상하자. 안쪽 경주로에서는 자동차들이 시계 방향으로 달리고 바깥쪽 경주로에서는 그 반대 방향으로 달리고 있다. 경주 시작하여 자동차들의 속도가 차츰 올라가 그것이 절정에 도달하였을 때 이 두 경주로의 칸막이를 돌려 놓아 양쪽 경주로의 자동차들이 정면 충돌하도록 하고 많은 현대 장비를 동원하여 충돌 장면을 자세히 촬영하여 자동차 속에 무엇이 있었나를 알아보는 것과 같은 형식의 실험 장치이다. 이러한 일은 자동차 경주장에서는 생각할 수도 없는 끔직한 일이지만 전문가들은 실험실에서 이러한 충돌을 만족스럽게 관찰하며 열심히 사진 촬영을 한다.

릭크 실험장치에서 앞에 말한 자동차에 해당하는 것이 금 이온이며 경주장의 크기는 그 둘레가 3.8 km이다(이것은 축구장 둘레의 약 10배임). 금 이온의 충돌 당시 속도는 매초 거의 30만km. 정확하게 말하면 광속의 99.99%이다. 우리는 앞에서 특수 상대론에 의하여 어떠한 물체도 광속과 같은 속도로 달릴 수 없다는 것을 알았다.

마치 자동차 속도를 올리려면 낮은 기어에서 높은 기어로 단계를 밟아 올라가야 하듯이 이 장치에서도 입자들의 속도를 올리는 데에 몇 단계를 거치며 각 단계가 건물 하나를 차지한다. 금 입자들은 첫 번째 건물에서 그 속도가 0에서부터 광속의 5%로, 그 다음 건물에서 광속의 37%로, 세 번째 건물에서 99.7%로 올려진 후 최종으로 위에서 말한 둘레가 3.8km인 네 번째 건물의 장치에 들어가 그 속도가 광속의 99.99%가 된다. 이 4 건물이 차치하는 땅의 크기는 축구장 크기의 약 100배이다. 최종 건물에서 입자들이 정면 충돌할 때 산출되는 온도는 천조(兆)에 가까우며 이것은 양성자 한계 온도의 100배가 되는 온도이기 때문에 이 온도에서는 양성자와 중성자가 녹으며 또한 생성된다. 이 온도는 우주 태초의 온도보다 낮지만 양성자와 중성자의 생성을 연구하는 데에는 충분히 높은 온도이다. 전문가들은 이실험실에서 뜨거운 열 에너지가 양성자와 반양성자, 그리고 중성자와 반중성자로 전환된 것을 촬영하였다. 즉 이 실험은 우주 태초에 뜨거운 불씨가 식어가면서 양성자와 중성자를 생성할 수 있었다는 가능성을 보여 주었다.

유럽 원자핵 공동연구소(CERN)에 있는 대 하드론 충돌기(Large Hadron Collider)(202)는 둘레가 27km인 원형의 굴 속에서 광속의 99.999999% 속도로 달리는 하드론 입자*들을 정면 충돌시킬 예정이다. 이 장치는 백여 개의 국가에서 만 명 이상의 과학자와 엔지니어가 참가하여 설계하고 설립한 실험 장치이며 릭크의 에너지보다 약 50 배 더 높은 에너지가 나올 것을 예상하고 있다(2014년에 정식 작동 예상). 이 두 장치의 주 목적이 소립자 물리학 연구에 있으나 천문학자들은 이 실험의 결과에서 암흑 물질의 본질에 대한 힌트를 얻을 수 있지 않을까 하는 희망에 가득 차 있다.

[illegible] 입자란 양성자, 중성자, 파이온 등을 말한다.

(가)

(나)

그림 47 브룩헤이븐에 있는 릭크 장치

(가) 릭크 장치의 입자 가속 관
(다) 자석(녹색) 사이에서 입자들이 충돌하며 나머지 장비들이 충돌 장면을 기록한다
(사진 중심 아래쪽에 한 기술자가 서 있다)

8. 우주 최초 원자 생성

우리는 앞에서 최초의 양성자와 전자의 생성 과정을 알았다. 그러면 이것들이 생성된 후에 어떠한 과정을 거쳐 이것들로부터 최초의 원자가 생성되었을까? 원자란 원자핵과 전자가 결합되어 있는 것이며 원자핵 속에는 양성자와 중성자가 결합되어 있다. 우주의 만물은 원자나 원자핵으로 구성되어 있다. 천문학에서는 모든 원소를 '가벼운 원소' 와 '금속성 원소' 의 두 그룹으로 나누며 수소와 헬륨(리튬 포함)이 첫 그룹에 속하고 그들보다 더 무거운 모든 원소를 두 번째 그룹에 포함시킨다. 가벼운 원소는 우주 폭발 직후에 생성되었으며 이 생성 과정을 설명하는 이론이 대폭발 핵합성 이론(Big Bang Nucleosynthesis)이고 이것은 우주 폭발 기원론의 중요한 일부이다. 금속성 원소들은 모두 별 속에서 생성되며 우리는 앞에서 이 생성 과정을 자세히 알아보았다. 이 생성 과정의 이론을 별의 핵합성 이론(Stellar Nucleosynthesis)이라고 한다. 이 두 과정은 별개의 과정이며 이것들을 설명하는 이론도 별개의 이론이다. 이 두 이론을 종합하여 우주의 모든 원자의 생성 과정을 설명한다. 호일이 별의 핵합성 이론을 처음 제안하였다는 것을 이미 알았으며 이제 대폭발 핵합성 이론을 처음 제안한 사람에 대해서 알아보겠다.

8.1 조지 가모프와 동료들

조지 가모프 (1904~1968)는 러시아의 우크라이나 남부지역 오데사에서 양친 모두가 선생인 부모 사이에서 태어났다.[203] 네 벽이 책으로 장식된 아버지의 서재 책상 위에서 제왕절개술을 통하여 탄생된 그는 자기는 책 가운데에서 태어났다고 하였고 형제자매가 없는 이유는 어머니의 제왕절개술 때문이라고 하였다. 6살 때 핼리의 혜성을 지붕에 올라가 구경하였고 그 후에 아버지가 망원경을 사 주었다고 하였다. 그는 어렸을 때에 자기가 배운 기독교의 교리가 정말인지 알려고 교회에서 받은 성체 조각을 집으로 가지고 와서 그것을 현미경을 통하여 들여다 보았다고 하며 그 후에 그의 종교에 대한 태도가 달라졌다고 하였다. 그는 천체에 대한 관심

그림 48 조지 가모프

에서 시작하여 물리와 수학에 관심을 가지게 되었고 학교에서 다른 학생들이 대수를 배우고 있을 때 그는 이미 미분 방정식을 공부하였으며 또한 아인슈타인의 상대성 이론을 배웠다고 한다.

1922년에 오데사대학을 1년 다닌 후 레닌그라드대학으로 전학하였다. 그곳에서 그는 프리드만(6.2.1 참조)으로부터 일반 상대론을 배웠고 그것에 관심을 가져 그것을 전공할 생각을 하였으나 우리가 앞에서 확인한 바와 같이 프리드만이 1925년에 사망하여 전공을 핵물리로 변경하였다. 1926년에 그 대학을 졸업하고 그 곳에서 박사과정 공부를 하면서 세 편의 논문을 학술지에 발표하였다. 1928년에 독일 괴팅겐대학의 하기 학교에 다닐 기회가 생겨 그곳에서 몇 달을 공부하였다. 그 당시 물리학계의 커다란 문제 하나가 방사성 물질의 자연 붕괴 현상을 설명하는 것이었다. 즉 핵입자들 사이에는 상당히 커다란 인력이 있음에도 불구하고 그 일부(이 경우에는 알파 입자－2개의 양성자와 2개의 중성자가 결합된 입자)가 저절로 분해되어 방출되는 이유를 전문가들은 30년간 알아내지 못하고 있었다. 24살의 가모프가 새로 개발된 양자 역학의 이론을 적용하여 알파 입자 붕괴 현상은 양자 역학의 터널 효과에 의하여 일어나는 것이라고 하고 그 붕괴되는 핵의 반감기와 방출되는 알파 입자의 에너지와의 관계식을 유도하여 당시까지 측정된 결과와 일치하는 결과를 얻었다.(204)

이 논문을 출판사에 제출한 후 그는 하기 학교가 끝나고 돈도 떨어져 본국으로 돌아가야 했다. 귀국 도중에 코펜하겐에 들러 유명한 닐스 보어를 만나 보려고 그의 연구소에 들러 그의 비서를 보고 보어를 만나고 싶다고 하였다. 그 비서는 그에게 며칠 후에 다시 오라고 말하자 그는 하루 음식 사 먹을 돈 밖에 없다고 하였다. 비서는 잠시 후에 보어를 만나게 하였다. 보어에게 그의 알파 입자 붕괴 이론을 설명하자 보어는 그에게 당장 1년의 장학금을 주겠다고 하였고 가모프는 그 자리에서 그것을 열성적으로 받아 들였다. 그는 또한 이 논문을 그의 학교에 제출하여 1928년에 레닌그라드대학으로부터 박사학위를 받았다. 보어의 연구소에서 1년 동안 연구한 후에 케임브리지대학에서 라더포드와 1년 동안 연구하고 다시 보어 연구소에서 1년을 보낸 후 1931년에 소련으로 돌아왔다.

레닌그라드대학의 교수로 임명되었으나 그는 공산제도 아래의 연구 실정과 생활 상태에 커다란 불만을 느꼈다. 그 당시의 연구 분위기를 미국의 한 교수는 다음과 같이 설명하였다. "내가 대학원생 때 소련 물리학자가 발표한 일반 상대론에 관한 논문을 하나 읽게 되었다. 여러 페이지에 걸쳐 상대성에 관한 복잡한 수식을 유도한 후 논문의 제일 마지막 문장에서 그 저자는 '내가 일반 상대론을 올바르게 이해하게 된 것은 레닌의 책을 읽었기 때문이며 이 논문의 결론은 공산주의 사상을 공부하였기 때문에 얻을 수 있었다.' 라고 하였다." 고 하였다.(205) 그 당시 생활에 대해서 가모프는 "내가 1931년에 소련에 돌아 갔을 때 나는 다섯 곳에서 일했다. 왜냐하면 그러지 않으면 생활을 유지할 수 없었기 때문이었다(그는 1931년에 결혼하였다). 나는 레닌대학 교수, 그 대학의 물리학 연구소 연구원, 물리수학 연구소 교수, 라듐 연구소 연구원, 그리고 조피연구소 연구원의 직을 가지고 있었다. 주급(週給)이 현금으로 나와 매주 다섯 곳에 가서 줄을 서서 봉급을 받고 나면 연구할 기운도 시간도 없었다." 고 하였다.

1933년에 그는 아내와 함께 노를 젓는 고무 보트를 타고 흑해를 건너 소련 탈출을 시도하였다. 계획은 270km 떨어진 터키로 갈 작정이였으나 그들은 3일을 보트 속에서 풍파를 겪은 후 결국 출발지에서 100km 떨어진 본국 육지에 도달하였다. 이번에는 그 나라의 서북 첨단에 있는 항구인 무르만스크에서 에스키모에게 돈을 주고 노르웨이로 탈출하는 방법이 있다는 말을 듣고 그 곳으로 갔다. 그곳에 가서 알아보니 에스키모들은 탈출 목적으로 그들을고용한 사람들을 소련 경비원에 대려다 주면 그 경비원으로부터 돈을 받도록 되어 있어 결국 그들은 양쪽에서 돈을 받아 믿을 수 없다는 것을 알게 되었다. 다음에는 페르시아 국경을 넘을 길을 찾으려고 아저바이잔 남쪽의 도시 두 군데를 가 보았으나 결국 적당한 방법을 찾지 못하였다.

묘하게 이때에 그는 정부로부터 그를 1933년 10월 말에 열리는 솔베이 학회에 소련 대표로 보내겠다는 연락을 받았다. 그에게만 여권이 나오고 아내에게는 나오지 않았으나 잘 아는 관리의 힘을 얻어 결국 아내의 여권까지 받고 그는 학회에 참석하였다. 학회가 끝난 후에 파리와 케임브리지에서 몇 달을 보낸 다음 미국으로 망명하여 1934년부터 워싱턴에 있는 조지워싱턴대학의 교수로 20년을 보냈고 1956년부터 사망할 때인 1968년까지 콜로라도대학의 교수로 지냈다.

1946년에 그는 '팽창하는 우주와 원소의 기원' 이라는 제목하에 우주 최초의 원자핵의 생성 이론을 발표하였다(206) (같은 해에 호일이 별 핵합성 이론 발표함). 여기서 그는 우주는 태초에 뜨거운 중성자 가스였으며 이것이 팽창하면서 식어 중성자가 양성자와 전자로 전환되어 수소가 생성되고 그 다음에 가벼운 원소부터 무거운 원소까지 생성되었다고 하였다. 다음에 그는 랄프 알퍼(박사과정에 있었던 그의 제자)와 로버트 허만(근처의 존스홉킨스대학에서 알퍼와 같이 일했음)과 함께 공동으로 그의 최초 개념을 더 발달시킨 자세한 태초 원자핵 생성이론을 발표하였다.(207)

20세기 후반에 들어 핵물리 지식이 많이 발달됨에 따라 그들의 이론에 약점이 있다는 것을 알게 되었으나 가모프가 우주가 뜨거운 씨에서 폭발하여 시작되는 과정을 최초로 설명하였다는 이유에서 그를 폭발 기원론의 창시자라고 부르는 전문가들도 있다.(208) 가모프는 뜨거운 씨를 제안하였고 르메트르는 저온의 씨(정확하게 말하면 그는 온도를 고려하지 않았다)를 제안하였다. 가모프 자신이 그 폭발 현상은 르메트르가 말한 것과 유사하다고 말하였다.(209)

8.2 우주 최초 헬륨 핵 생성

고온의 우주 씨는 양자 역학 이론에 의하여 유도되는 개념이며 양자 역학은 1925년 무렵에 개발되기 시작하여 1960년대에는 충분히 발달되었으며 이 발달된 이론을 바탕으로한 태초의 핵합성을 최초로 개발한 사람은 프린스턴대학의 제임스 피블스이다.(210) 그의 이론은 그 후에 많은 전문가들에 의하여 더욱 개선되어 지금은 하나의 완벽한 물리학 이론으로 인정받고 있다. 이 이론은 우주의 헬륨 양, 우주 배경 복사선 온도, 그리고 우주 물질의 밀도의 세 변수(變數)의 관계를 자세히 설명하며 따라서 그 중에서 어느 둘을 알면 이 이론을 통하여 나머지 하나를 계산할 수 있다. 1966년 피블스는 측정된 우주 복사선 온도와 물질의 밀도를 사용하여 태초에 생성된 헬륨이 우주 전체에 존재하는 물질의 26~28%가 된다고 발표하였다.(211) 이것은 천문 전문가들이 태초에 생성된 헬륨을 측정할 방법을 잘 모를 때였으며 그의 예측이 그 후의 측정 결과와 어떻게 비교되는지를 우리는 잠시 후에 알게 될 것이다.

우주가 폭발 팽창하기 시작하였을 때의 우주 상태와 또한 그때에 일어나는 현상은 현대과학으로는 알 수 없으며 단지 우리는 그 당시의 온도와 밀도가 거의 무한하게 높았다는 것만을 알고 있다. 하지만 시작 때의 온도가 몇 도였던 간에 시작 후 약 백분의 일초(0.01초)에는 그 온도가 내려가서 그것이 1,000억(10^{11}) 도가 되었으며 이 온도에서부터 일어나는 현상은 현대 물리학으로 잘 이해할 수 있다. 이 온도는 양성자의 한계 온도보다 낮기 때문에 양성자가 새로 생성될 수 없으며 이미 생성된 것과 그리고 전자와 광자(즉 빛) 가 우주에 차 있었다. 양성자의 숫자는 전자와 광자에 비하여 극소수였다.

헬륨 핵 생성 과정을 알아보기 전에 혹시 "수소가 헬륨보다 더 가벼운데 왜 그것의 핵은 다루지 않고 헬륨 핵부터 다루냐?" 고 묻는 사람이 있을지 모르겠다. 그 이유는 수소 핵이 바로 양성자이며 이것의 생성 과정은 앞에서 이미 설명하였기 때문이다. 1,000억 도 정도의 높은 온도에서는 양성자와 중성자가 서로 쉽게 전환되어(양성자는 전자와 결합하여 중성자로 전환되고 중성자는 전자를 방출하고 양성자로 전환) 통계학적 균형을 이루고 있으며 따라서 그들의 숫자는 통계학 법칙에 의해 결정된다. 이 법칙에 의하면 1,000억 도에서는 양성자와 중성자의 숫자가 동등하다는 결론이 나온다. 앞에서 말한대로 양성자와 중성자의 총 숫자는 변할 수 없으며 단지 온도가 내려가면 이것들의 숫자의 비율에 변화가 생긴다. 높은 온도에서 헬륨 핵이 생성되지 않는 이유는 네 입자(2개의 양성자와 2개의 중성자)가 결합되어 헬륨 핵이 생성되어도 광자의 높은 에너지가 그것을 순간적으로 분해해 버리기 때문이다. 즉 빛의 에너지가 헬륨 핵의 결합 에너지보다 더 높다는 말이다.

이때부터 우주가 약 1초간 더 팽창하면 그 온도가 100억 도가 된다. 우주 물질의 종류에는 변화가 없으나 양성자와 중성자의 숫자의 비율에 변화가 생긴다. 앞에 말한 통계학 법칙에 의하면 온도가 내려가면서 가벼운 양성자의 숫자가 무거운 중성자의 숫자에 비교하여 점점 더 많게된다. 이것은 마치 길거리에 바람이 불 때 바람이 세차면 공중에 무거운 흙이 날리지만 바람이 약하면 무거운 흙이 가라앉고 가벼운 먼지만 날리는 것과 유사한 현상이다. 여기서 바람의 세기가 온도이다. 즉 온도가 높으면 무거운 중성자도 많지만 온도가 내려가면 중성자는 가라앉고 가벼운 양성자가 많아 진다. 100억 도에서 이 비율을 계산하면 양성자와 중성자의 비율은 76 대 24이다.

우주 시작 약 3분 후에는 우주의 온도가 10억 도가 되며 이 온도의 광 에너지는 헬륨 핵의 결합 에너지보다 더 낮으며 따라서 이것은 결합되는 헬륨 핵을 분해할 수 없다. 이 온도에서는 양성자와 중성자의 숫자 비율은 88 대 12이다. 헬륨 핵 속에 같은 숫자(2개)의 양성자와 중성자가 있기 때문에 12개의 중성자가 12개의 양성자와 결합하여 6개의 헬륨 핵을만들고 나면 76개의 양성자가 남는다. 양성자의 무게를 1이라 하면(중성자도 대략 1) 양성자의 무게가 76이고 헬륨 핵의 무게가 24(=12+12)이다. 따라서 헬륨 핵의 무게가 전체 (헬륨+양성자 또는 헬륨+수소) 무게의 24%라는 결론이 나온다. 여기에서 얻은 결과는 대략적인 것이지만 이것은 자세한 계산의 결과와 큰 차이가 없다.(212) 시간이 흐를수록 온도가 더 떨어져 일단 생성된 헬륨 핵들은 영원히 분해될 수 없으며 또한 새로운 헬륨이 생성될 수 없다(별 속의 소수 양 제외). 즉 우주 대부분의 헬륨이 우주 시작 3분만에 생성된 것이다.

헬륨 핵보다 더 무거운 원자핵을 만들려면 헬륨 핵에 양성자나 중성자가 차츰 추가되어야 하는데 헬륨 핵에 하나의 양성자나 추가된 리튬 핵은 자연적으로 불안정하여 곧 파괴된다. 헬륨 핵에 2개나 3개의 양성자가 한꺼번에 추가되어 리튬 동위 원소를 만들 수 있으나 그럴 확률이 낮아 그런 입자들은 거의 만들어 지지 않는다. 헬륨 핵 둘이 결합하여 8개의 양성자를 가진 베릴륨을 만들 수 있으나 이것 역시 불안정하여 곧 파괴된다. 8개의 양성자를 가진 핵이 없이는 9개의 양성자를 가진 핵을 만들 수 없고 따라서 더 무거운 원자 핵을 만들 수 없다. 무거운 원자 핵이 이때에 만들어 지지 않은 또 하나의 이유는 양성자나 중성자를 추가하려면 온도가 높아야 하는데 우주 온도가 급히 내려가 헬륨 생성 후에는 그 온도가 이 입자들의 추가를 거의 불가능하게 만들었기 때문이다. 즉 일단 헬륨이 생성된 후에는 미소량의 리튬과 베릴륨 외에는 어떤 원소도 우주가 식는 과정에서 만들어 지지 않았으며 원소 생성은 대체로 우주 시작 후 대략 20분에 끝났다.(213) 즉 우주의 원소에는 앞으로 몇 억년 후에 별이 다른 원소들을 만들 때까지 변화가 없었다.

8.3 우주 최초 수소 원자 생성

우주가 계속 팽창하여 온도가 내려가고 따라서 빛의 에너지는 계속 줄어들고 많은 시간이 지나면 빛의 에너지는 수소 원자의 결합 에너지보다 더 낮아진다. 즉 그것은 전자와 양성자가 결합하는 것을 방지할 수 없다. 이 온도가 약 3,000K(이 크기의 온도에서는 절대 온도와 섭씨 온도를 구별할 필요 있음)의 이며 시간은 우주 폭발 후 약 35만 년 내지 38만 년(앞으로 이것을 간단히 35만 년이라고 하겠다)이다. 이 온도에서 헬륨 핵 생성 당시에 남았던 모든 양성자는 전자와 결합하여 수소 원자를 만든다.

우주에 수소 원자가 생성되면 우주에 커다란 변화가 온다. 지금까지는 우주에 있는 거의 모든 물질이(광자 제외) 전기적으로 양성이거나 음성이었는데 이제는 전기적으로 중성인 수소 원자가 생겼다. 광자는 전기를 가진 입자들과는 충돌하지만(이것을 톰슨 산란이라고 함) 전기가 없는 입자와는 충돌하지 않기 때문에 이제 빛은 우주 속의 입자들과 충돌하지 않고 우주의 사방으로나오기 시작하였으며 이것이 우주 배경 복사선의 근원이다. 제 9 장에서 우리는 이것에 대하여 좀 더 자세히 알게 될 것이다.

8.4 우주 헬륨 양 측정

헬륨이 별 속에서 수소로부터 만들어지는 과정에서 태양 열이 방출된다는 이론이 확실히 설립된 1950년대에 전문가들은 이 이론을 시험할 목적으로 우주의 헬륨 양을 열심히 측정하였다. 헬륨 양의 측정이라고 하는 것은 수소와 헬륨의 양을 비교하는 것이며 이것은 별에서 오는 수소 광선과 헬륨 광선의 강도를 비교하여 알아낸다. 여러 사람들의 측정 결과를 종합한 결론은 우주 어디에서나 수소의 무게가 약 74%, 헬륨의 무게가 약 24%, 그리고 기타가 2%였다. 과연 이와 같이 많은 양의 헬륨이 별 속에서 생성되는 지가 의문이였으며 미국 천문학자 제프리 버비지가 이 답을 제공하였다. 우리는 별의 광도를 보고 그 속에서 생성되는 헬륨의 양을 알 수 있다. 따라서 우주 전체의 별의 광도를 추산하면 얼마나 많은 헬륨이 현재 생성되는지를 알 수 있다. 만일 우주 전체의 광도가 옛날이나 현재가 대략 같다고 보면 우리는 우주 시작 이래로 어느 정도의 헬륨이 생성되었는지를 알 수 있다. 이러한 계산을 실시한 버비지는 별 속에서 생성된 헬륨의 총 양이 현재 측정된 양의 10분의 1에 지나지 않는다고 하였다.(214) 즉 별 속에서의 수소 융합이 도저히 우주에서 측정되는 헬륨 양을 설명할 수 없으며 측정된 양의 10분의 9가 다른 근원에서 왔다는 결론이다.

헬륨 양의 측정이 더 활발하게 되었다. 넓은 우주 전체를 측정한다는 것은 불가능하고 전문가들은 특별한 지역을 선정하여 여러 곳을 관측하였다. 즉 태양, 오래된 별, 새로운 별, 별 주위, 별 사이, 별 속, 별 집단, 왜성, 은하수 중심, 은하수 외각, 다른 은하 등을 조사 하였다. 이 모든 것에서 헬륨 양이 언제나 전체 무게의 최소한 20% 이상이며 범위는 대략 20% ~ 40%라는 결론을 얻었다. 측정 결과가 다양했던 이유는 측정 방법이 다양하였고 또한 자료 해석에 필요한 우주 가스에 대한 물리 지식이 부족했었기 때문이었으며 이것이 1970년대의 현황이었다.(215)

1980년대에는 상황이 많이 변하였다. 이때에는 이미 태초 핵 생성 이론이 널리 알려졌으며 또한 천문가들은 이 이론이 수소와 헬륨의 비율을 3 대 1이라고 예측한다는 것을 알았다. 따라서 그들은 관측을 통하여 이 이론을 시험하려고 하였다. 또한 천체 지식이 발달됨에 따라 전문가들은 태초의 헬륨 양을 측정하려면 피해야 하는 지역(예를 들면 오래되고 무거운 원소가 많은 별들)이 있고 또한 선택해야 할 지역(새로운 별, 무거운 원소가 적은 별, 행성 구름, 가스 구름, 은하 사이의 지역 등)이 있다는 것을 알게 되었다. 이러한 과정을 거쳐 측정한 헬륨의 양이 20~30%라는 결론을 얻었다.(216)

20세기 말엽에 들어 전문가들은 우주 가스의 물리적 현상을 더욱 자세히 이해하게 되었으며 따라서 태초 헬륨 양 측정에 가장 적합한 지역 즉 별 속에서의 헬륨 생성의 영향을 받지 않은 지역이 은하 사이의 지역이라는 것을 알게 되었으며 많은 전문가들이 이 지역의 측정에 집중하였다. 현대의 관측 자료에 의하면 우주 태초에 생성된 헬륨양이 전체 무게의 약 24%를 차지한다.(217),(218) 이것은 앞에서 알아본 대폭발 핵합성 이론의 결과와 너무 잘 일치하며 이것이 우주 폭발 기원론을 지지하는 커다란 증거 중의 하나이다.

9. 우주 배경 복사선

우리가 밤 하늘을 보면 별과 별 사이가 캄캄하게 보인다. 망원경을 통하여 보아도 우리 눈에는 캄캄하게 보인다. 하지만 라디오파를 탐지하는 망원경을 사용하여 보면 별과 별 사이에서 라디오파 빛이 방출되는 것을 알 수 있다. 이 복사선은 우주 어느 방향에도 존재하며 그 강도가 같다. 이것이 우주 배경 복사선이다. 우리는 앞에서 우주 폭발 후 약 35만 년에 우주 온도가 약 3,000K가 되었을 때 우주에 존재하였던 모든 광선이 우주 사방으로 흩어져 나왔다는 것을 알았다. 이 광선이 바로 우리가 현재 별과 별 사이에서 측정할 수 있는 배경 복사선이다. 3,000K에 있었던 광자가 우주 팽창에 의하여 온도가 떨어져 현재에는 그 온도가 2.73K 되었다. 우주 배경 복사선의 발견은 허블의 우주 팽창 발견과 함께 20세기 우주학의 가장 커다란 2가지 발견 중의 하나이다. 이 복사선의 존재가 우주 폭발 기원론이 옳다는 것을 확실히 증명하여 주었으며 또한 이 발견이 전문가들에게 우주학 이론이 관측에 의하여 증명될 수 있다는 신념을 갖게 해준 최초의 계기가 되었다. 이 복사선의 자초지종을 알아보자.

9.1 예측과 특징

이 광선의 존재를 과연 누가 처음으로 예측하였느냐 하는 것이 과학 역사에서 하나의 흥미있는 주제가 되었다. 그 이유는 이 광선이 이것에 대해서 관심도 전문 지식도 없었던 천문학자들에 의하여 너무나도 우연하게 발견되었고 또한 이들이 이 발견의 공적으로 노벨상을 받게 됨으로 사람들은 과연 누가 이 노벨상을 받았어야 했나 하는 것에 관심을 가지게 되었기 때문이다(디랙이 양전자의 존재를 예측한 공적으로 노벨상을 받았음을 우리는 기억한다). 이 광선의 예측에 직접 관련되었던 가모프의 동료들 알퍼와 허만이 쓴 그들의 회고록(219)에서 우리는 그 역사를 어느 정도 알 수 있으나 좀 더 객관적인 역사는 스티븐 와인버그가 쓴 책(220)과 알란 구스가 쓴 책(221)에서 알 수 있다.

르메트르는 우주 태초에 불덩어리의 폭발이 있었고 이때의 불꽃 흔적이 현재까지 남아 있을 것이라고 하였으나 이 예측에 자세한 핵물리학 근거가 없었기 때문에 전문가들의 큰 주목을 받지 못하였다. 가모프와 알퍼와 허만이 1948년에 핵물리학에 근거를 둔 우주 태초의 원소 생성 이론을 개발하고 이것에 의하여 우주 배경 복사선의 존재를 예측하였으나 그 당시에는 아직도 우주에 태초라고 하는 시간이 있었다는 것이 일반적으로 받아들여지지 않았으며 또한 그들의 핵물리학 이론의 오점이 발견되어 그 이론 역시 많은 전문가들의 주목을 받지 못하였다. 피블스가 정확한 현대 이론을 적용하여 우주 태초 원소 합성 이론을 개발하였으나 그가 개발하고 있었을 때 이미 이 광선의 측정이 진행되고 있었다. 즉 이 예측에 대한 결론은 아무도 이 광선이 측정되기 전에 이것의 존재를 신빙성 있는 이론을 통하여 예측하지 못하였다는 것이다.

9.2 흑체 복사선

모든 물체는 열복사선을 방출한다. 이것은 하나의 물리학적 법칙이며 이 현상이 생기는 이유는 물체 속의 입자가 온도의 힘으로 움직이면서 전자기파를 방출하며 세상에 온도가 없는(즉 0K) 물체가 없다.

19세기 말엽에 전자기파에 대한 지식이 늘어나고 또한 그것을 측정하는 기술이 발달하면서 전문가들의 열복사선에 대한 관심이 높아지게 되었다. 그들은 예를 들면 대장간에서 달군 쇠의 빛 강도는 중간 부근의 파장에서 가장 강하고 파장이 더 길거나 더 짧으면 강도가 약하다는 것을 알았으나 파장과 광도의 이러한 관계를 이론적으로 이해하지 못하여 그것이 그 당시 물리학의 커다란 과제가 되었다. 2가지 이론이 있었는데 하나는 짧은 파장의 광도에만 들어 맞았고 다른 하나는 긴 파장의 광도에만 들어 맞았다.

막스 플랑크가 1901년에 제안한 이론은 모든 파장의 강도를 정확하게 설명하였다(이 이론이 20세기의 양자 역학의 기반을 이루었다). 그의 이론에서 나온 수식을 플랑크의 복사선 수식이라고 부르며 열복사선은 이 수식을 정확하게 따른다. 이 복사선의 중요한 성질은 광도가 물체 표면의 온도와 방사율에만 관계되고 물체 자체가 무엇인가에는 전혀 관계가 없다는 점이다. 이 물체의 표면이 모든 빛을 흡수하는 경우에(방사율=1) 우리는 이 물체를 흑체라고 부르고 이때의 열복사선를 흑체 복사선라고 한다.

그림 49는 온도가 5,777K인 흑체가 방출하는 열복사선의 빛의 강도와 파장의 관계 즉 플랑크의 이론 곡선(오렌지 색 뒤에 있는 회색으로 차여진 곡선)을 보여 준다. 가로축은 방출되는 빛의 파장을 미크론으로 나타낸 것이고 세로축은 빛의 강도를 나타낸다. 빛의 강도를 표시하는 단위가 여러가지 있는데 여기서는 파장(nm)당 $1m^2$에 오는 에너지를 말한다. 이 그림은 또한 측정된 태양 광선(오렌지 색)의 광도와 파장의 관계를 보여 주며 이 둘을 비교하여 보면 우리는 태양 표면의 온도가 약 5,800K가 된다는 것을 알 수 있다. 여기서 우리는 또한 태양에서 가장 강력한 강도의 광선이 약 0.5미크론(녹색과 파란색 사이)에서 방출되는 것을 알 수 있다. 측정된 태양광선과 이론 곡선이 정확하게 일치하지 않는 이유는 태양 표면에 그리고 태양과 지구 사이에 존재하는 기체들이 태양 광선의 일부를 흡수하기 때문이다. 어느 물체의 온도가(예를 들어) 5,777K 보다 더 높으면 그것이 방출하는 열복사선의 플랑크 곡선 전체가 5,777K 의 곡선의 왼쪽 즉 파장이 짧은 쪽으로 이동되고 이것보다 낮으면 오른쪽 즉 파장이 긴 쪽으로 이동된다. 예를 들어 우리 몸이 방출하는 열복사선(온도가 약 300K)은 오른쪽으로 많이 이동되어 최고 광도의 파장이 약 10미크론이다. 우리가 이와 같은 광선을 언제나 방출하기 때문에 적외선을 보는 야시경 속에서는 우리가 언제나 보인다.

우주 시작 후 35만 년에 방출된 빛은 온도가 3,000K였던 흑체 복사선이다. 약 140억년이 지난 현재에 그것의 온도가 얼마인지 계산할 수 있을까? 그것을 계산하려면 그 기간 동안 우주가 얼마나 커졌는지 알면 된다. 우주 크기의 비율은 시간 흐름 비율의 대략 2/3승에 비례하며 이것을 적용하면 우리는 현재 우주의 크기가 우주 폭발 후 35만 년 때의 크기의 약 1,000배가 된다는 것을 알게 된다. 크기가 1,000배가 되면 파장이 1,000 배로 길어 지며 온도는 1,000분의 1로 떨어진다.(222) 즉 현재 우주 배경 복사선의 온도는 약 3K라는 결론이 나온다!

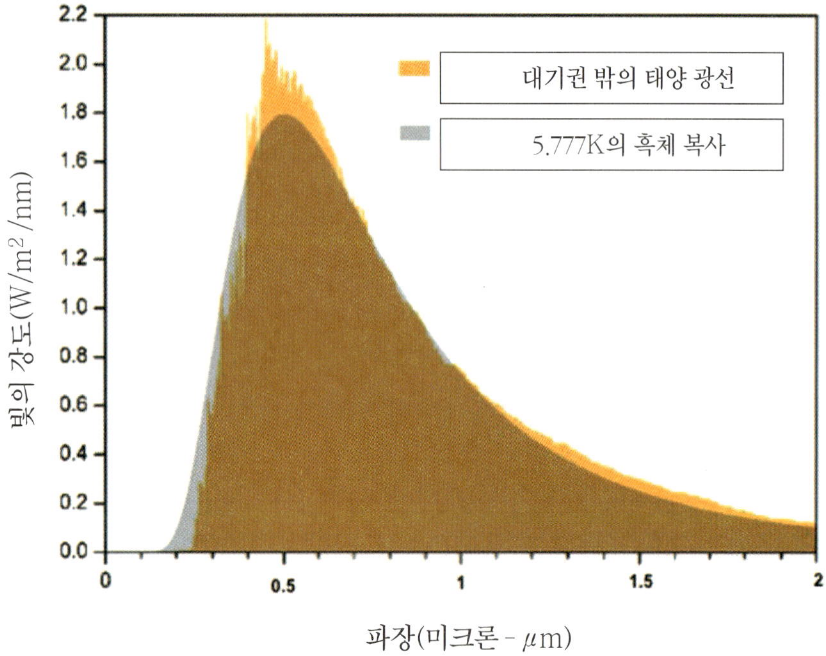

⁚ **그림 49** 태양 광선과 플랑크 곡선의 비교

9.3 탐지

이제 이 복사선을 탐지한 장비와 그것을 탐지하게 된 경과를 알아보자.

9.3.1 아르노 펜지어스와 로버트 윌슨

1961년 콜롬비아대학에서 금방 박사 학위를 받은 28살의 아르노 펜지어스(223)는 박사논문의 제목으로 연구하였던 과제 연구를 끝내기 위하여 벨 전화 회사 연구소에 임시 직장을 구하려고 인터뷰하러 갔다. 그 연구소 전무의 "자네, 이 직장을 영구 직장으로 택하는 게 어떻겠나? 사임은 언제나 할 수 있으니까."라는 질문에 그는 "그렇게 하겠습니다."라고 답한 후 그 회사에서 37년간을 일하였다. 그 이듬해에 26살의 로버트 윌슨이 캘리포니아공과 대학에서 금방 박사 학위를 받고 이 회사에 취직되어 펜지어스와 같은 그룹에서 일하게 되었다.

이 회사는 1959년 당시 이듬해에 발사될 미국 최초의 통신 위성(에코 위성)의 시그널을 수신할 목적으로 커다란 안테나와 민감한 복사계(輻射計)를 제조하였다. 안테나는 나팔형 안테나로 입구 면적이 6m×6m, 길이가 15m였다. 이 장비가 그 인공 위성 운영에 약 2년 사용된 후 더 필요 없게 되어 1963년에 회사는 그 장비를 펜지어스와 윌슨이 그들의 천문학 연구에 사용하도록 허락하였다(이 연구소는 기초 과학 연구를 장려한다는 명성이 있는 연구소로 7개의 노벨상이 이곳의 연구원에 수여되었음). 그들은 이 장비를 이용하여 은하수 중심 주변에서 오는 파장이 21cm인 우주 전파를 측정할 계획을 세웠다. 이 파장의 광선은 수소 원자에서 방출되며 강도가 극히 약한 광선으로 측정하기 어려우나 이것의 분포와 우주 최초 별들의 분포가 밀접한 관련이 있기 때문에 많은 전문가들이 이것을 측정하기 위해 노력하였고 우주 전반에 걸친 이 측정은 현재까지 우주학의 중요한 과제 중 하나이다. 미약한 우주 광선을 탐지하기 위하여 그들은 장비에서 나오는 잡음을 최대한으로 줄여야 했다. 이 장비의 수신기가 우주 잡음이 낮은 7.35cm의 파장에 이미 조절되어 있었으므로 그들은 이 파장에서 먼저 장비 전체의 잡음을 최소한으로 줄인 다음 그들이 원하는 파장으로 갈 작정을 하였다.

안테나를 우주 쪽으로 향해 놓고 그것의 수신기에서 탐지되는 신호를 조사하여 보면 그 속에는 관측하려는 천체물에서 오는 광선뿐만 아니라 여러 곳에서 오는 잡음(우주에서 오는 것, 대기권에서 오는 것, 안테나 자체에서 오는 것, 수신기 자체에서 오는 것)이 포함되어 있다. 이 모든 잡음이 원하지 않는 것이며 이것들을 완전히 제거할 수는 없지만 가능한 이것들을 적게 만드는 것이 실험 준비에 있어 하나의 커다란 목표이다.

대기권 잡음의 강도가 2.3K(라디오 잡음의 강도를 보통 절대 온도로 표시)라는 것이 이미 알려져 있었으며 이것은 그들이 측정한 수치와 거의 일치하였다. 그들은 안테나에서 오는 잡음의 강도는 0.9K가 된다고 계산하였다. 수신기 자체에서 나오는 잡음을 줄이기 위하여 일부를 액체 헬륨(−269℃)으로 냉각시켜 그것의 잡음은 0에 가까웠다. 그리고 발표된 결과에 의하면 7.35cm의 파장에서 오는 우주의 잡음은 0.1K였다. 따라서 그들은 그 안테나를 우주의 빈 공간으로 향하였을 때 그 시그널이 3.3K가 될 것을 기대하였다.

하지만 그들은 7.5K를 측정하였으며 이것은 그들의 장비 어디엔가 4.2K의 잡음이 있다는 것을 의미하였다. 우선 안테나에서 예상보다 큰 잡음이 나올 수 있다고 생각하고 안테나를 조사하였다. 그들은 안테나 속에 2마리의 비둘기가 둥우리를 짓고 살고 있는 것을 발견하고 그들을 상자에 넣어 몇 십km 떨어진 다른 연구소에 보낸 후 그것들이 남긴 흰 물질을 깨끗이 씻었다. 며칠 후에 이것들이 다시 돌아 왔으며 이번에는 하는 수 없어 그들을 완전히 제거하였다. 하지만 측정 결과에는 별 차이가 없었다. 그들은 몇 달 동안 더 노력하여 전기 잡음을 좀 더 줄였으나 결국 6.7K 이하로 줄일 수가 없었다. 그들의 잡음 측정이 정확하다면 7.35cm 파장의 빛에서 오는 우주 광선의 강도가 3.5K라는 결과가 나왔다. 이것은 믿기 어려운 결과였다. 그들은 자신들의 장비는 광범위한 우주 천체물의 관측용으로 제조된 것으로 그 당시 세계에서 가장 민감한 장치라고 믿고 있었다. 약 1년 후인 1965년 봄에 이것을 다시 측정하였으나 결과는 마찬가지였다. 즉 천체의 움직임과 그들의 측정 결과와는 관련이 없었다. 이 잡음을 제거하지 않고는 다른 천체물을 관측할 수 없었기 때문에 그들이 고민하고 있던 중에 전문가들 사이의 역사적인 협력이 요행스레 일어났다.

이 무렵 어느 날 펜지어스가 우연히 매사추세츠공과대학에 있는 그의 친구인 천문학자 버크와 전화 통화를 하게 되었다. 버크가 펜지어스에게 "자네 우주 광선을 측정한다고 하던데 요즈음 어떻게 되어 가나?" 하고 묻자 펜지어스는 "우리 요새 문제가 좀 있네. 안테나를 어느 방향으로 돌려도 잡음이 계속 잡히는데 도대체 왜 그런지 모르겠네." 라고 대답하였다. 버크는 "카네기대학에 있는 나의 친구 터너가 며칠 전에 존스홉킨스대학에서 프린스턴대학의 제임스 피블스의 강연을 들었는데 그 친구 말이 피블스의 이론에 의하면 옛날 태초에 우주가 폭발하고 남은 흔적의 복사선이 우주 사방에 깔려 있을 것이라고 했다네. 그러니 자네 피블스한테 전화 한번 해보게." 라고 말했다. 그는 덧붙여 "피블스 말에 의하면 그 광선의 온도는 10K이네." 라고 말하였다. 펜지어스는 그 온도가 그들이 측정한 3.5K와 커다란 차이가 없었기 때문에 이것을 좀 알아보아야겠다고 생각하였다.

프린스턴대학의 딕키 교수는 이 당시에 우주는 팽창하였다가 축소하고 다시 팽창한다는 '진동하는 우주' 개념을 믿고 있었으며 따라서 축소 후에 팽창 폭발할 때 폭발의 열에서 나온 열복사선이 우주 사방에 깔려 있을 것이라고 생각하고 이것을 찾으려고 하였다. 따라서 그는 자기 그룹의 실험가들에게 그 광선의 측정을 시도하라고 요청하고 그 그룹의 유일한 이론가인 피블스에게는 그것에 대한 이론 연구를 요청하였다. 따라서 피블스는 태초의 열복사선에 관한 연구를 시작하게 되었고 앞에서 말한대로 현대 핵물리학 이론을 적용하여 태초의 핵합성 이론을 개발하기 시작하였다. 이 이론이 어느 정도 개발되어 임시적인 결과를 얻은 후 그는 몇 군데 대학교를 방문하면서 이것에 관하여 강연하게 되었다. 그가 존스홉킨스 대학에 왔을 때 청중 속에 터너가 있었고 이 강연 후에 터너가 버크에게, 그리고 버크가 펜지어스에게 피블스의 이론을 알려 주었던 것이다.

딕키 교수가 펜지어스의 전화를 받은 후 그는 자기 그룹의 연구원들을 모아 놓고 "우리가 졌네."라고 하였다.(224) 딕키 팀은 곧 펜지어스의 연구소를 방문하고 그 두 팀은 각각 논문을 작성하여 동시에 발표하기로 하였다. 이 두 편의 논문이 1965년 3월에 「천체 물리학지」에 나란히 발표되었다. 딕키 팀은 배경 복사선의 존재를 예측하는 이론 논문을 발표하였고(225) 펜지어스와 윌슨은 온도가 2.5K 내지 4.5K(3.5 ± 1K)되는 우주 복사선의 측정 결과를 발표하였다.(226) 펜지어스와 윌슨은 이 공적으로 1978년에 노벨 물리상*을 받았다. 그림 50은 두 사람과 그들이 사용한 안테나를 보여 주고 있다.

그림 50 펜치아스(오른편)와 윌슨과 그들이 사용한 나팔형 안테나

* 허블이 우주 팽창을 발견하였으나 그가 노벨상을 받지 못한 이유는 그가 살아 있을 당시에는 천문학으로 물리상을 수여하지 않았기 때문이다.

펜지어스와 윌슨이 측정한 빛은 파장이 7.35cm였다. 즉 그들은 한 파장의 광도를 측정하고 이것이 온도가 3.5K인 흑체 복사선 스펙트럼의 한 점이라고 하였다. 앞에서 본 바와 같이 흑체 복사선 속에는 수없이 많은 파장의 광선이 포함되어 있으며 따라서 그들이 측정한 것이 과연 3.5K인 흑체 복사선 상의 한 점이라면 이 온도의 플랑크 곡선 상의 많은 다른 파장의 광선들이 우주에서 측정되어야 한다. 따라서 많은 전문가들이 우주에서 여러 개의 다른 파장의 광선을 탐지하려고 노력하였다. 몇 년 안에 전문가들은 3.3mm부터 75cm까지 약 10개의 파장 광선을 측정하였는데 그것들의 흑체 복사선 온도는 대체로 3.5K에 가까웠다.

다음에는 로켓을 올려 이 복사선를 측정하려고 하였다. 로켓이 우주에 떠 있는 시간은 짧지만 그것은 대기권의 잡음을 받지 않기 때문에 이것을 사용하면 좀 더 정확하게 우주 복사선를 측정할 수 있다. 미국 캘리포니아대학(버클리)과 일본의 나고야대학의 합동으로 1987년에 로켓을 올려 세 파장의 광선을 측정하였는데 그 결과는 펜지어스와 윌슨의 결과와크게 틀려 학계에 파문을 일으켰으나(227) 2년 후에 다시 로켓을 올렸을 때에는 그 결과가 펜지어스의 결과와 대체로 일치하였다.

온도가 3.5K인 흑체 복사선의 가장 높은 강도는 파장이 약 1mm되는 광선에서 나오며 이러한 파장과 그것보다 더 짧은 파장의 광선은 그림 12(2.2.3장)에서 보는 바와 같이 거의 대부분이 대기에서 흡수된다. 따라서 우주 배경 복사선이 과연 3.5K인 흑체 복사선인지를 확인하려면 우주에서 여러 개의 파장을 측정해야 했던 것이다.

9.3.2 코비 인공 위성과 복사선 온도

미국 나사는 1974년에 천문학 연구용 인공 위성을 발사할 계획을 세우고 학계로부터 연구 계획서 제출을 요청하였으며 이것에 응답하여 121개의 계획서가 제출되었다. 여기에서 뽑힌 계획이 앞에서 말한 아이레스 인공 위성에서 실천되었고 뽑히지 못한 것 중에 나사에서 관심이 있었던 계획이 셋이 있었다. 이것들은 우주 배경 복사선을 연구하는 계획이었다. 1976년에 나사는 이것들을 위주로 또 하나의 인공 위성을 올릴 계획을 세우고 그 세 계획 중의 한 계획의 책임자이며 또한 당시에 나사 직원이였던 존 매더를 총 책임자로 임명하고 세 연구 계획을 하나로 종합하도록 요청한 후 이 인공 위성 제조 사업에 착수하였다.

최초 계획은 이 위성을 델타로켓으로 발사할 계획이었으며 따라서 여기에 적합한 인공 위성 디자인을 하였다. 몇 년 후에 나사는 계획을 변경하여 이 위성을 우주 왕복선에 실려 발사하기로 하였으며 따라서 디자인이 변경되었는데 그러함에도 불구하고 1985년 말 경에는 3년 내에 발사할 수 있을 정도로 모든 제조가 원만히 진행되고 있었다. 이러던 중 1986년 1월에 챌린저 우주 왕복선의 참사가 났고 이 위성을 다시 델타로켓으로 올릴 계획으로 변경하였으며 따라서 인공 위성의 디자인 역시 다시 변경해야 했다. 인공 위성의 무게를 5,000kg에서 2,500kg으로 그리고 4.6m인 폭을 2.4m로 줄여야 했으며 이 일은 3년 후에 완성되었다. 13년을 걸쳐 1,500명의 과학자와 기술자들의 노고가 바쳐진 이 인공 위성은 1989년 11월에 캘리포니아에서 델타로켓에 실려 우주로 올라갔다.

이 인공 위성의 이름은 코비(우주 배경 복사선 탐지기- Cosmic Background Explorer, COBE)이며 이것에는 3개의 측정기 즉 원적외선 측정기(책임자 존 매더), 마이크로파 광도 차이 측정기(책임자 조지 스무트), 그리고 우주 먼지 발사광 측정기가 실려 있었다. 원적외선 측정기는 우주 배경 복사선의 존재와 온도를 확인하는 기구였다.

위성이 올라간 지 2개월 후인 1990년 1월에 워싱턴에서 있었던 천문학회에서 존 매더가 이 위성의 초기 관측 결과를 발표하였다. 우선 그때까지의 상황을 알아보자. 펜지어스와 윌슨이 우주 복사선을 발견한 후 25년 동안 많은 전문가들이 그 복사선을 여러 파장에서 측정하였으나 그때까지 약 10개의 파장의 자료가 있었으며 그나마 그 복사선 온도가 서로 간에 잘 일치되지 않았다. 지상이나 로켓을 이용하여 측정하면 많은 전기 잡음이 측정 결과에 포함되기 때문에 전문가들 간의 결과에 차이가 생기게 된다. 매더는 이 학회 강당에 올라가 코비위성이 67개의 파장의 광도를 측정했다고 하였다. 그리고 그는 온도가 2.735K인 흑체 복사선의 이론적 곡선(즉 플랑크 곡선)을 게시판에 보여 주었다. 다음에 그는 코비위성이 측정한 파장과 광도를 보여 주는 곡선을 투명지에 그려서 보여준 후 이 곡선을 먼저 보여준 흑체 복사선의 곡선 위에 올려 놓았다. 그곳에 있었던 모든 사람들은 깜짝 놀랐다. 그 두 곡선은 지상의 실험실에서도 보기 드물 정도로 훌륭하게 일치하였다. 천체물의 측정이 이렇게 정확할 수 있을까 하고 놀란 것이다. 그들은 모두 그 자리에서 기립 박수로 그와 코비팀을 축하하였다.[(228)] 이 하나의 곡선이 지난 25년 동안의 많은 전문가들의 회의점을 완전히 풀어 주었던 것이다.

그림 51(가)은 온도가 2.725K(약 4년간 자료를 더 수집하고 그것을 6년간 분석한 결과로 복사선 온도는 2.735K에서 2.725K로 수정되었으며 이것의 오차는 0.001K 가 되었음[229])인 흑체 복사선의 이론 곡선과 그들의 측정 결과(점으로 표시)를 동시에 보여 준다. 가로축은 그림 49와 마찬가지로 파장을 미크론으로 나타내며 세로축 역시 빛의 강도를 나타낸다. 하지만 이 세로축의 단위가 그림 49와 다른 이유는 배경 복사선의 강도가 극히 낮기 때문에 아주 정밀한 에너지 단위를 사용하였기 때문이다. 그림 51(나)는 (가)의 자료를 파장 축의 비율을 변경하여 다시 보여 주며 또한 그 곡선 위에 펜지어스와 윌슨이 측정한 자료(한 점)를 오른쪽 아래에 보여 준다. 존 매더와 조지 스무트는 코비 업적으로 2006년에 노벨 물리상을 받았다(즉 그림 51(나)에서 2개의 노벨상이 나왔음).

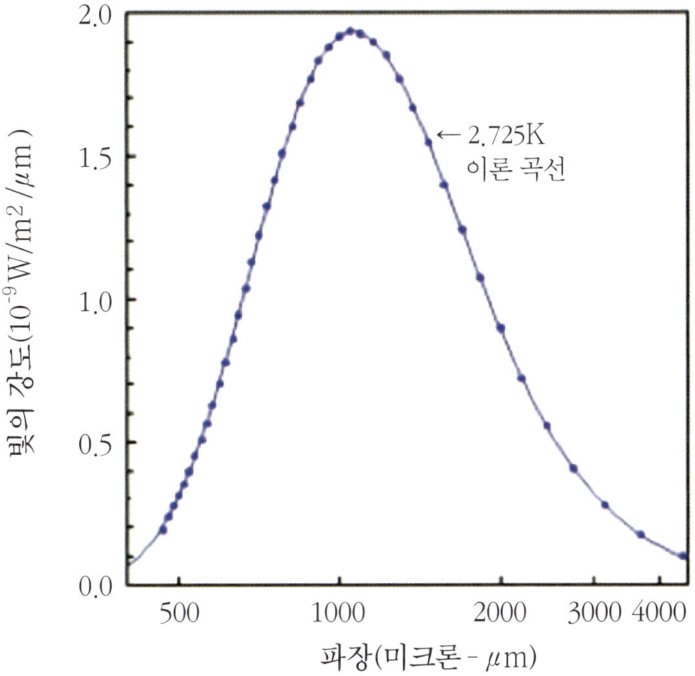

(가) 코비의 자료

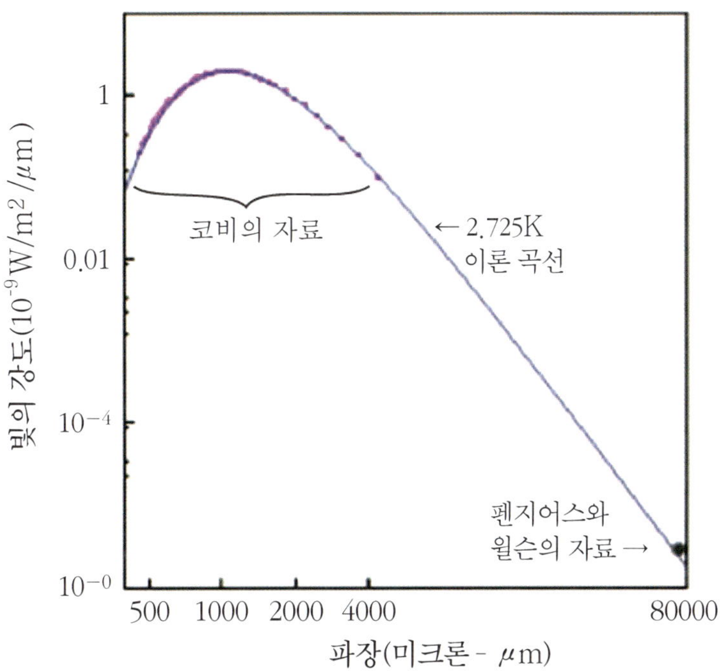

(나) 코비의 자료와 펜지어스와 윌슨의 자료

: **그림 51** 코비 인공 위성의 배경 복사선 측정 자료

9.3.3 더블유맵 인공 위성과 복사선의 이방성

펜지어스와 윌슨 그리고 다른 전문가들이 지상에서 측정한 광선이 우주 전반에 깔린 우주 배경 복사선이라고 믿게 된 커다란 이유 중의 하나는 그것의 광도가 지정된 파장에서는 우주의 방향에 관계없이 똑 같다는 점이었다. 이 광선의 등방성(等方性)이 그들의 우주 개념 즉 우주에 특별한 방향이 존재하지 않는다는 개념과 일치한다고 생각하고 만족하였다. 이것은 이 광선의 근원이 우주의 국지적인 사건이 아니라 전반적인 사건이라는 것을 의미하였기 때문이었다.

하지만 한걸음 더 나아가 생각하면 이 등방성이 문제가 된다. 우리가 보는 우주에는 많은 별과 은하가 여기저기에 분산되어 있어 방향에 따라 차이가 있는데 따라서 등방성이 없는 것이다(하지만 3억 광년의 단위로 우주를 보면 그것에는 등방성이 있다[230]). 만일 우주 배경 복사선이 35만 년 된 우주에서 발사되었고 그 우주가 팽창하여 현재의 이방성(異方性)의 우주가 되었다면 그 35만 년 된 우주 속에 이방성의 씨가 있었을 것이며 이 씨의 흔적이 배경 복사선 속에 있어야 한다고 전문가들은 믿게 되었다. 따라서 그들은 오랫동안 배경 복사선의 이방성을 측정하려고 하였다. 코비 인공 위성에 이방성 측정기를 장치하였는데 앞에서 말한 조지 스무트가 책임진 마이크로파장 광도 차이 측정기가 바로 그것이었다. 이 측정기는 지정된 방향과 그것에서 60° 떨어진 방향을 측정하며 그 두 방향의 복사선 온도 차이가 약 0.00003(3×10^{-5})K가 된다고 측정하였다.[231]

이 측정기의 커다란 결점의 하나는 망원경 자체의 시야가 7°이므로 우주를 넓은 폭으로만 볼 수 있었으며 다른 결점은 그 기구의 탐지 민감도가 낮다는 것이었다. 이 결점을 극복하기 위하여 미국의 나사는 2001년에 더블유맵(윌킨스 마이크로파 이방성 측정기-Wilkinson Microwave Anisotropy Probe, WMAP) 인공 위성을 발사하였다. 이것은 코비보다 33배 더 자세하게(즉 폭이 좁게-0.2° 의망원경 시야) 우주를 측정할 수 있으며 또한 코비보다 탐지 민감도가 45배 높다.[232]

더블유맵의 전문가들은 2003년부터 현재까지 네 차례의 보고서 (1년, 3년, 5년, 7년 보고서)를 발표하면서 계속적으로 측정 기술과 측정 자료의 분석 방법을 개량하였다. 그들은 가장 큰 온도 차이는 측정 방향을 1° 변경할 때 마다 일어나며 그 크기는 약 0.000075(7.5×10^{-5})K라고 하였다. 복사선의 온도와 각도의 관계는 이론적으로 자세히 설명되며 40년[233] 이상의 역사를 가진 이 이론 속에는 여러 가지의 우주 특성이 포함된다. 따라서 전문가들은 측정된 복사선 이방성 자료를 통하여 우주의 특성을 알아내는 것이다. 2010년에 발표된 이 인공 위성의 7 년 결과[234] 에 의하면(더블유맵과 기타 자료 종합) 우주 나이는 137.5억년, 허블 상수는 70(km/초/메가팔섹), 보통 물질(바리온)의 비율은 4.5%, 암흑 물질의 비율은 22.7%, 그리고 암흑 에너지의 비율이 72.8%이며 이 우주는 편평하다고 한다.

10. 우주 폭발 기원론의 증거

이제 우리는 우주 폭발 기원론의 모든 증거를 종합하여 볼 단계에 도달하였다. 앞에서 말했듯이 우주 폭발 기원론의 요점은 우주가 티끌 만한 뜨거운 불씨에서 약 140억 년 전에 폭발하고 팽창하였으며 그때부터 공간과 시간이 존재하게 되었고 또한 우주 온도가 내려가면서 물질 입자들이 광자로부터 생성된 후에 수소와 헬륨이 생성되었다는 것이다. 우주 폭발 전의 불씨에 대해서 몇 가지 이론(異論)이 있으나 이것들을 지지하는 관측 증거가 없기 때문에 현재는 그것을 단지 학구적 의견이라고 보고 폭발 기원론은 그것을 전혀 다루지 않는다.

폭발 기원론 자체에는 뚜렷한 관측 증거들이 존재하며 따라서 현재 모든 조리 있는 천문 전문가들이 이것에 동의하고 있다. 우리가 앞에서 서로 간의 관련이 분명치 않은 다양의 과제를 다룬 이유는 이 마지막 장에서 모든 관측 증거들을 종합하여 제시할 목적이 있었기 때문이다.

10.1 우주 팽창

우주가 팽창한다는 것은1929년에 허블에 의하여 최초로 발견되었으며 (5장 참조) 그후 80년 동안 수많은 천체 관측 전문가들이 이것을 점점 더 확인시켜 주었다. 한걸음 더 나아가 우리는 우주 팽창이 아인슈타인의 일반 상대론의 한 결과라는 것도 알았다. 우주가 계속 팽창되어 왔다면 과거에는 현재보다 그 크기가 작았을 것이며 궁극적으로는 우주 전체가 하나의 덩어리에서 시작되었다는 결론이 나온다. 이 덩어리의 크기가 하나의 티끌 만한 씨였다고 믿는 이유는 이것의 최소한 크기에 이론적인 한계가 없기 때문이다. 이 티끌은 상상할수 없을 정도로 작고 또한 상상할 수 없을 정도로 높은 밀도와 온도를 가진 씨였다 .

10.2 우주 나이와 별의 나이

우리는 5.4장에서 우주의 팽창 기간을 계산하는 방법을 자세히 알아보았다. 즉 은하의 거리와 그 은하의 퇴거 속도를 측정한 후 거리를 속도로 나누면 은하가 퇴거한 기간 즉 팽창 기간을 알게 되며 이 답이 허블 상수의 역수라는 것을 알았다. 이 계산의 결과에 의하면 우주는 약 140억 년 동안 팽창해 왔다(더블유맵에 의한 좀 더 정확한 결론은 137.5억 년이라는 것을 우리는 앞에서 알았다). 즉 우주 팽창이 140억 년 전에 시작되었으며 그 후에 물질이 생성되었고 그리고 별과 은하가 생성되었다.

또한 우리는 4.6장에서 별의 나이를 추정하는 방법을 자세히 알아보았다. 즉 그 방법에는 2가지가 있으며 하나는 방사성 동위원소를 사용하는 방법이고 다른 하나는 별의 주장면의 분기점을 측정하는 방법이라는 것을 알았다. 이 2가지 방법에 의하여 측정된 오래된 별들의 나이가 대체로 서로 일치하며 현재까지 발견된 여러 개의 오래된 별들의 나이는 모두 대략 120억 년 내지 140억 년 정도라는 것도 알았다.

우주 팽창과 전혀 관계없는 방법으로 측정한 오래된 별들의 나이가 우주 팽창에 의하여 추정한 우주 나이와 거의 일치한다는 것은 우주 폭발 기원론을 지지해주는 하나의 강력한 증거이다. 왜냐하면 이 이론에 의하면 최초의 별은 우주 시작 후 5억 년 내지 10억 년에 생성되었으며 따라서 만일 오래된 별들의 나이가 우주 나이보다 더 많으면 이 이론에 커다란 오류가 있다는 것을 의미하며 또한 커다란 차이로 적어도 오류가 있다는 것을 뜻한다. 따라서 두 나이가 비슷하다는 것이 이 이론에 대해 커다란 확신감을 준다.

10.3 우주 배경 복사선

우주 배경 복사선(9장 참조)의 존재는 우주가 한 때 뜨거운 불씨였으며 또한 그것이 팽창하면서 식는 과정이 존재했었다는 것을 의미한다. 이 복사선의 탐지가 정상 우주론을 무너뜨린 가장 결정적인 증거였다.

우리는 앞(8.2장)에서 태초 핵합성 이론이 우주 배경 복사선 온도, 우주 헬륨 양, 우주의 물질 밀도 등 이 세 변수의 관계를 자세히 설명하며 그 어는 2개를 알면 나머지 하나를 알 수 있다고 하였다. 현재 측정된 헬륨 양과 물질 밀도를 이 이론에 적용하면 배경 복사선의 존재와 온도가 예측되며 이것이 관측 결과와 일치한다는 점은 태초 핵합성 이론에 대한 신념뿐 아니라 그것이 전제로 내세운 폭발 기원론에 대하여 더욱 커다란 신념을 준다.

10.4 우주 헬륨 양

자연에는 총 94(인공 합성 종류까지 합치면 118)가지 원소가 있으며 이것들은 각각이 순서적인 원자 번호를 가지고 있다. 즉 수소가 1번, 헬륨 2번, 리튬 3번, 베릴륨 4번, 붕소 5번 등이다. 이 번호는 순서를 나타낼 뿐만 아니라 그것이 가지고 있는 양성자의 숫자를 말하며 수소는 양성자 하나, 헬륨은 양성자 2개 등이며 번호가 하나씩 커질 때마다 양성자 숫자가 하나씩 늘어난다. 이 원소들을 차례대로 놓고 우주에 존재하는 양(즉 비율)을 보면 하나의 신기한 현상을 알게 되는데 그것은 헬륨 다음에 그 양이 갑자기 준다는 것이다. 즉 1번 수소의 무게가 우주 전체 물질 무게의 74%, 2번 헬륨이 24%, 3번 리튬이 0.0000001%, 4번 베릴륨이 0.0000001%, 5번 붕소가 0.0000001%, 6번 탄소가 0.4%, 그리고 우리가 흔히 보는 산소가 1%, 철, 질소, 네온이 각각 0.1% 정도를 차지한다. 다시 말하면 수소와 헬륨이 98% 그리고 나머지 전체가 2%이다. 왜 헬륨과 그것보다 더 무거운 원소 사이에 이렇게 커다란 양 차이가 있을까? 또한 왜 우주 어디에서나 헬륨이 대략 24%로 측정될까? 이 두 문제점이 20세기 우주학의 커다란 과제였다.

앞(8.2장)에서 태초 핵합성 이론에 의하면 불씨가 식어서 그 온도가 헬륨의 결합 에너지에 가까워졌을 때 양성자와 중성자의 비율이 88 대 12였으며 이때에 헬륨이 생성되었으며 따라서 그때의 헬륨의 무게 비율이 24%가 되었다는 것을 알았다. 또한 우리는 그것과 관련하여 왜 헬륨보다 더 무거운 원소가 그때에 생성되지 않았는지를 알았다. 즉 우주 폭발론을 전제로 한 태초 핵합성 이론이 헬륨과 그리고 그것보다 더 무거운 원소의 존재 양의 근원을 깨끗이 설명하여 이것에 대한 문제가 없어졌다.

10.5 최초 입자 - 인공 생성과 자연 생성

지금까지 설명한 관측 결과는 폭발 기원론의 직접적인 증거이며 이제 설명하려고 하는 것은 이 이론의 보조적 지지 역할을 한다. 즉 이것이 관측된다는 사실은 태초 핵합성 이론에 큰 오류가 없다는 것을 증명하며 만일 관측 결과가 이 이론과 어긋났다면 그 이론을 의심해야 했을 것이다. 태초 핵합성 이론은 우주 물질 생성은 바리온(3.4 장 참조) 생성에서 시작되었고 이것은 우주 광자의 온도가 11조(兆)도 이상일 때 그것이 양성자와 반양성자 그리고 중성자와 반중성자로 전환되면서 생긴 결과라고 말한다. 이 이론의 시험이 현대 고에너지 물리 실험실에서 진행되고 있다. 우리는 앞에서 미국의 릭크(RHIC)실험실에서 전문가들이 11조 도 이상의 고에너지를 발생시켰으며 그 온도가 내려가면서 양성자와 반양성자 그리고 중성자와 반중성자가 생성되는 것을 관측했다고 하였다(7.3장 참조). 이것은 태초 핵합성 이론이 태초의 자연 현상을 올바르게 이해했다는 것을 보여 준다.

우주에는 수없이 많은 양성자가 있다. 우리 몸 속에만 해도 만조의 조(10^{28} - 이것은 1뒤에 0이 28개 붙는 숫자)개의 양성자가 있으며 우주의 별과 은하의 숫자를 생각하면 양성자의 숫자를 상상하기 어렵다. 하지만 그들은 존재하며 우리는 그 존재를 부인할 수 없다. 이것들은 어디에선가 만들어졌다. 양성자는 그것의 한계 온도 이상에서만 생성되며 이러한 온도는 오직 태초에만 존재하였다. 이것이 폭발 기원론의 주장이며 지난 반세기 이상 동안 이것을 대치할 이론이 없다. 즉 우주에 존재하는 모든 양성자는 태초에 생성되었다.

그런데 만일 양성자의 수명이 짧아서 우주 시간이 흐르면서 이것들이 많이 사라졌다면 새로운 양성자는 더 생성되지 않아 우리가 존재하지 못했을 수도 있었다. 그러면 실제로 양성자의 수명은 얼마일까? 이 문제는 우리 우주의 미래와도 관계있지만 실제로 소립자 물리학을 연구하는 사람들의 가장 중요한 과제 중의 하나이다. 현재 소립자 물리학의 주된 이론의 주장은 양성자가 영구불변이라는 것이며 따라서 이 이론을 시험하기 위하여 전문가들은 양성자의 변화성을 측정하려고 노력하고 있다. 현재까지의 실험 결과에 의하면 양성자의 반감기는 최소한 10^{34}년이다. 우주 역사(140억 년)가 1.4×10^{10}년이라는 것을 생각하면 양성자는 '영원히' 불변이라고 볼 수 있으며 따라서 태초에 생성된 양성자는 그것을 '소유하고 있는' 원자는 바뀌었을지라도 그 자체에는 이때까지 불변이다. 즉 우리 몸 속에 들어 있는 모든 양성자는 우주 태초에 생성되었으며 그들은 아직도 '싱싱' 하다.

11. 우주 연대표

11.0 우주 연대표

끝으로 우주 폭발 기원론에서 말하는 우주 역사상 중요한 사건들을 연대적으로 표시하여 그린 우주 연대표(그림 52)를 설명하겠다. 이 사건들의 자세한 설명은 이 책의 앞 부분에서 하였으며 여기서는 간략하게 설명하겠다. 우주 시작 후 극히 짧은 시간 내에 급팽창이 있었다. 급팽창이란 지극히 짧은 시간 동안에 우주의 크기가 몇 조의 조 배로 팽창한 과정이다. 이 과정의 자세한 점에 대해서 모르는 것이 많이 있으나 우주의 편평함 (즉 곡률 = 0), 그리고 우주의 동종성과 등방성을 보고 우리는 이러한 과정이 틀림없이 존재했었다고 생각한다.

우주 시작 후 100분의 1초(0.01초) 때부터 우주가 암흑 시대에 들어갈 때까지 현대 물리학은 우주의 진전 과정을 자세히 알고 있다. 시간이 100분의 1초일 때 우주는 광자와 전자의 바다였으며 약간의 양성자와 중성자가 존재하였다. 약 3분 후에 헬륨 핵이 생성되고 극소수 양의 리튬과 베릴륨이 생성되었으며 이러한 생성 과정은 대체로 우주 시작 후 20분 정도에 끝이 났다. 그때부터 우주 나이가 약 35만 년이 될 때까지 우주 온도는 계속 내려갔으며 이것 외에는 우주에 별다른 변화가 없었다.

우주 나이가 약 35만 년 내지 38만 년이 되었을 때 우주 온도가 낮아 양성자와 전자의 융합이 가능하게 되었으며 따라서 전기적으로 중성인 수소 원자가 생성되었다. 이 결과로 우주에 가득 차 있었던 광자들이 우주 속의 입자들과 충돌하지 않고 사방으로 퍼져 나와 이것이 우주 배경 복사선이 되었다. 우리는 현재 이 복사선을 측정할 수 있으며 그것의 온도는 2.73K이다.

이 당시 우주는 수소 원자와 광자로 차 있었으며 빛을 방출할 물질이 없었기 때문에 우주는 캄캄하였으며 이 시기를 '암흑 시대'라고 부른다. 이 기간은 빛에 투명한 시기였지만 우리가 볼 수 없는 시기였다.

우리는 최초의 별들이 언제 생성되었는지 즉 암흑 시대가 정확하게 언제 끝났는지 잘 모른다. 이 시기를 계산하는 이론이 없다. 관측을 통하여 우리는 최초의 별 들이 우주 시작 후 대강 5억 년에서 10억 년 사이에 나타났다는 것을 안다. 새로 생성된 별들의 높은 에너지 광선이 별 주위에 있는 수소 원자를 '재이온화' 시켜 수소 원자가 다시 수소 이온 즉 양성자로 바뀌어 졌으며 제임스 웹 우주 망원경의 가장 중요한 사명 중 하나가 '재이온화' 가 언제 일어났는지 즉 최초의 별의 언제 생성되었는지를 알아내는 것이다.

시간이 흐르면서 제 1세대 별, 제 2세대 별 그리고 태양 같은 제 3세대 별들이 생성되고 어느 사이에 수많은 은하들이 생성되었다. 우주는 계속 팽창하였지만 그 팽창 속도가 차츰 줄어지고 있었다. 이러다가 지금부터 약 48억 년(±10억 년) 전에 팽창 속도가 증가하기 시작하였다. 이렇게 된 동기는 팽창을 일으키는 암흑 에너지의 힘이 팽창을 저지하는 물질의 힘을 압도하게 되었기 때문이다.

우주 연대표

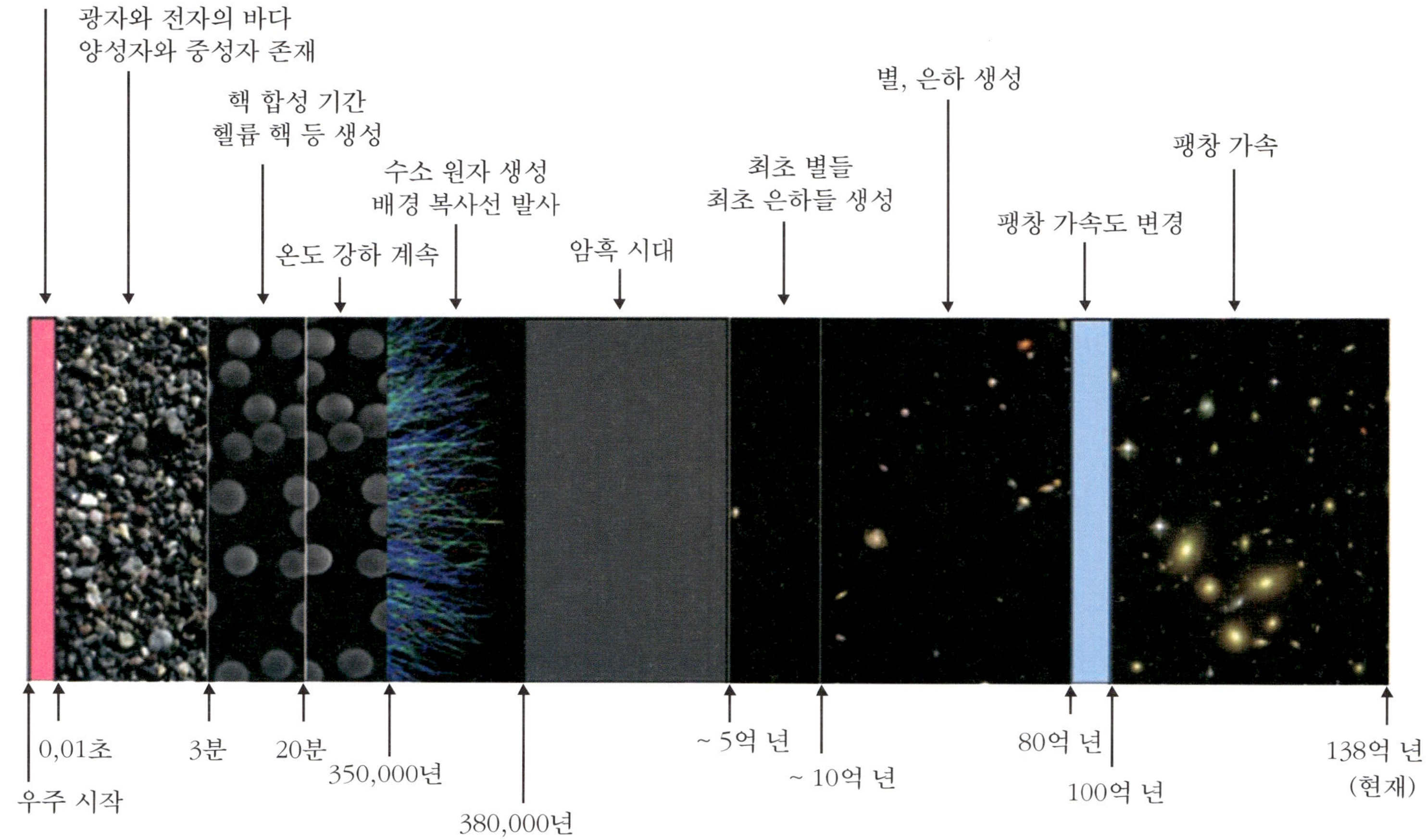
급팽창
광자와 전자의 바다
양성자와 중성자 존재
핵 합성 기간
헬륨 핵 등 생성
온도 강하 계속
수소 원자 생성
배경 복사선 발사
암흑 시대
최초 별들
최초 은하들 생성
별, 은하 생성
팽창 가속도 변경
팽창 가속
우주 시작
0,01초
3분
20분
350,000년
380,000년
~ 5억 년
~ 10억 년
80억 년
100억 년
138억 년
(현재)

맺음말

이 책에서 우리는 현대과학이 보는 우주가 어떠한 것인지 알아보았다. 지구는 태양에 매달려 있으며 태양은 은하수 속에 있는 수많은 별 중의 하나로 평범한 장소에 있으며 은하수 역시 수많은 은하 중의 하나로 다른 은하와 별다름 없이 보인다. 우리의 위치가 우주의 중심이 아니라 이렇게 평범하다는 것이 오히려 더 오묘하다.

모든 보이는 우주 물질이 138억 년 전에 하나의 티끌 만한 불씨의 폭발에서 시작되었으며 우주는 현재에도 팽창하고 있으며 또한 팽창 속도가 점점 더 빨라지고 있다. 우리가 볼 수 있으며 본질을 아는 물질이 우주 물질 전체의 약 4%정도에 지나지 않으며 나머지 96%는 볼 수 없는 암흑 물질과 암흑 에너지이다. 이러한 모양의 우주를 우리는 수많은 사람들이 오랜 시간을 걸려 차츰차츰 쌓아 준 높은 관망대에서 내려다 보고 알게 되었다.

우리가 모르는 것도 많이 있다. 암흑 물질과 암흑 에너지의 본질, 우주 속의 거대한 공간과 은하들의 집단적 구조가 생기게 된 경과, 거대 블랙홀의 생성 과정과 그리고 그것이 은하 생성에 담당한 역할, 우주 최초의 급팽창의 자세한 경과 등을 모르며 이것을 알아내는 것이 현대 우주학의 커다란 과제에 속한다

과학은 자연 법칙을 기술하는 것이며 이 법칙의 존재 근원을 알아내는 것은 그것의 능력을 초월한다. 아인슈타인이 중력이 생기는 이유는 물체가 공간을 휘게 하기 때문이라고 설명하였지만 그는 왜 물체가 공간을 휘게 하는 지를 설명할 수 없었다. 마찬가지로 우주 팽창은 자연 법칙이며 현대과학은 이것의 많은 부분을 자세히 기술하지만 이 법칙의 근원을 알아내는 것은 그것의 능력을 초월한다.

이 책에서 우리 상식에서 벗어나는 많은 지식이 소개되었다. 시간의 속도가 상대적이라는 것, 우주가 티끌에서 시작되었다는 것, 우주는 유한하며 그것은 계속 팽창하고 있다는 것 등 기존한 지식과 크게 어긋난다. 하지만 이것이 현대과학이 말하는 진리이며 이것을 받아들이는 것이 마음에 불편을 주더라도 진리를 피하지 않는 것이 참된 현대인의 태도가 아닌가 생각한다.

References

1 Aristotle, "De Caelo (On the Heavens)" written 350 B.C.E. Translated by J.L.Stocks (http://clasics.mit.edu/Aristotle/heavens.1.i.html)

2 Catholic Encyclopedia, New Advent, Summa Theologica First Part Question 2, Article 3, Whether God exists, The existence of God can be proved in five ways. (http://www.newadvent.org/summa/1002.htm)

3 "A History of Western Philosophy", Bertrand Russel, Simon and Schuster (1945) (p 168-169)

4 For example, Joshua 10:12, Habakkuk 3;10, Psalms 19:4, Ecclesiastes 1:5, 1 Chronicles 16:30, Psalms 18:15, Psalms 93:1, Psalms 96:10, Psalms 102:25, 2 Samuel 22:16, Psalms 104:5

5 "Nicholas Copernicus", Barbara Somervill, Compass Point Books (2005); "Copernicus' Secret", Jack Repcheck, Simon & Schuster (2007); "Nicolaus Copernicus", Owen Gingerich ans James MacLachlan (2005)

6 "Nicolaus Copernicus", Owen Gingerich ans James MacLachlan, Oxford University Press (2005) p. 61

7 "Copernicus' Secret", Jack Repcheck, Simon & Schuster (2007) p. 137

8 'The Book Nobody Read - Chasing the Revolutions of Nicolas Copernicus", Owen Gingerich, Walker & Company(2004) p. 152-153 and color plates No. 2 & 3

9 "Nicolaus Copernicus", Owen Gingerich ans James MacLachlan, Oxford University Press (2005) p. 62

10 "Copernicus' Secret", Jack Repcheck, Simon & Schuster (2007) p.79

11 "On the Revolutions of Heavenly Spheres", Nicolas Copernicus, as appeared in "On the Shoulders of Giants", Stephen Hawking, Running Press (2002) p.11

12 "Nicolaus Copernicus", Owen Gingerich ans James MacLachlan, Oxford University Press (2005) p. 107-108

13 "Copernicus' Secret", Jack Repcheck, Simon & Schuster (2007) p. 162-163

14 "On the Revolutions of Heavenly Spheres", Nicolas Copernicus, as appeared in "On the Shoulders of Giants", Stephen Hawking, Running Press (2002) p. 9

15 "Galileo At Work", Stillman Drake, The University of Chicago Press (1978)16 ibid, p. 19-21

17 "A History of Western Philosophy", Bertrand Russel, Simon and Schuster (1945) (p. 532)

18 "Galileo At Work", Stillman Drake, (p. 84)

19 "Galileo At Work", Stillman Drake, (p. 27)

20 "Uncentering The Earth", William Vollmann, Atlas Books (2006) (p. 134)

21 "Galileo At Work", Stillman Drake, (p. 164)

22 "Galileo At Work", Stillman Drake, (p. 238)

23 "Galileo At Work", Stillman Drake, (p. 253)

24 "Assayer", Galileo Galilei, English Translation by Stillman Drake (available on the web, May 2009)

25 "A History of Western Philosophy", Bertrand Russel, Simon and Schuster (1945) (p. 527)

26 "A History of Western Philosophy", Bertrand Russel, Simon and Schuster (1945) (pp. 528 & 544)

27 "Galileo At Work", Stillman Drake, (p. 225, 246-249)

28 Catholic Encyclopedia: Galileo Galilei (p. 4)

29 Catholic Encyclopedia: Galileo Galilei (p. 5)

30 ibid, p. 360

31 Catholic Encyclopedia: Galileo Galilei (p. 5)

32 *Turning point for Europe? The Church in the Modern World-Assessment and Forecast*, translated from the 1991German edition by Brian McNeil, San Francisco, CA: Ignatius Press, Joseph Cardinal Ratzinger (1994)

33 "New Scientist" Nov 7, 1992

34 "Kepler", Max Caspar, Translated by C. Doris Hellman, Dover Publications (1993) p. 136

35 "Kepler", Max Caspar, Translated by C. Doris Hellman, Dover Publications (1993) Overall reference

36 "Johannes Kepler and the New Astronomy", James Voelkel, Oxford University Press (1999) p. 20

37 "Kepler", Max Caspar, Translated by C. Doris Hellman, Dover Publications (1993) p. 62 & 374

38 "Harmonies of the World, Book Five", Johanes Kepler, as appeared in "On the Shoulders of Giants", Stephen Hawking, Running Press (2002) p.648

39 "Harmonies of the World, Book Five", Johanes Kepler, as appeared in "On the Shoulders of Giants", Stephen Hawking, Running Press (2002) p.636

40 "Kepler", Max Caspar, Translated by C. Doris Hellman, Dover Publications (1993) pp. 267; Also "Harmonies of the World, Book Five", Johanes Kepler, as appeared in "On the Shoulders of Giants", Stephen Hawking, Running Press(2002) p.637

41 "Harmonies of the World, Book Five", Johanes Kepler, as appeared in "On the Shoulders of Giants", Stephen Hawking, Running Press (2002) p.717

42 "Kepler", Max Caspar, Translated by C. Doris Hellman, Dover Publications (1993) pp. 136-137

43 "A History of Western Philosophy", Bertrand Russel, Simon and Schuster (1945) (p. 525 & 535)

44 "On the Shoulders of Giants", Steven Hawing, Running Press (2002) p. 726

45 "Isaac Newton", James Gleick, Pantheon Books (2003)

46 ibid., p. 38

47 "Isaac Newton", Gale Christianson, Oxford University Press (2005) p. 31

48 "Isaac Newton The Principia, A New Translation" I. Bernard Cohen and Anne Whitman, University of California Press (1999) p. 66-67; "Isaac Newton", James Gleick, Pantheon Books (2003) p. 57

49 "Isaac Newton", James Gleick, Pantheon Books (2003) p. 71

50 ibid., p. 167-170

51 ibid., p. 98

52 bid., p. 107-112

53 ibid., p. 122

54 ibid., p. 124

55 "Isaac Newton The Principia, A New Translation" I. Bernard Cohen and Anne Whitman, University of California Press (1999) p. 69

56 "The Mathematical Principles of Natural Philosophy", Isaac Newton, as appeared in "On the Shoulders of Giants", Stephen Hawking, Running Press (2002) p. 1047

57 ibid., p. 1159

58 "The Inflationary Universe", Alan Guth, Perseus Books (1997) p.295

59 ibid., p. 297

60 "On the Shoulders of Giants", Steven Hawing (p)

61 "Albert Einstein", Albrecht Foelsing (1997) Penguin Books (p.500)

[62] "Albert Einstein", Albrecht Foelsing (1997) Penguin Books

[63] ibid., p. 12

[64] ibid., p. 18

[65] ibid., p. 25

[66] ibid., p. 13-14

[67] ibid., p.23

[68] ibid., p. 101

[69] ibid., p. 235

[70] ibid., p. 301

[71] See, for his difficult times he faced during relativity development, "Albert Einstein", Albrecht Foelsing (1997) Penguin Books (p. 315)

[72] ibid., p. 436

[73] ibid., p. 447-448

[74] "Albert Einstein", Albrecht Foelsing (1997) Penguin Books (p. 444)

[75] ibid., p. 537-538

[76] ibid., p. 541

[77] "Albert Einstein", Albrecht Foelsing (1997) Penguin Books (p. 13)

[78] "Albert Einstein", Albrecht Foelsing (1997) Penguin Books, p. 716

[79] ibid., p. 585

[80] ibid., p. 740

[81] "Postcards from the Brain Museum", Brian Burrell, Broadway (2006)

[82] "Special Relativity", A. P. French, Norton Company (1968) p. 154 -159; "Relativity, Gravitation and Cosmology, 2nd Ed.", Ta-Pei Cheng, Oxford University Press (2010) p. 33-35

[83] ibid., p. 302

[84] Albert Einstein", Albrecht Foelsing, Penguin Books (1997) p. 231

[85] "Dialogues Concerning Two New Sciences", Galileo Galilei (Section 202), as appeared in "On the Shoulders of Giants", Stephen Hawking, Running Press (2002) p. 525

[86] "The Mathematical Principles of Natural Philosophy", Isaac Newton, as appeared in "On the Shoulders of Giants", Stephen Hawking, Running Press (2002) p. 1159

[87] "Relativity, Gravitation and cosmology", Ta-Pei cheng, Oxford University Press(2010) P.101

[88] ibid., p. 8-9

[89] John Hill and Piero Salinari, Proceedings SPIE 5489, (June 2004) p 1

[90] http://www.spacecraftkits.com/KFacts.html (retrieved as of March 12, 2010)

[91] J.M.Brase, et al, SPIE vol 2201 (1994) p.474; J.M.Brase, et al., SPIE, San Diego, Ca., July 11-14 (1995); M.A.van Dam and B.A.Macintosh, SPIE vol 5169 (2003) p.1

[92] Lew Allen, et al, *The Hubble Space Telescope Optical Systems Failure*, NASA- TM - 103443 (Nov 1990)

[93] "21st Century Astronomy, 2nd Ed.", J. Hester, D. Burstein, G. Blumenthal, R. Greeley, B. Smith and H. Voss, W.W.Norton & Company, New York (2007) 94 ibid p. 409

[95] Arthur Eddington, Nature 106 (1920) p. 14 (6th page of the article)

96 Arthur Eddington, Nature 106 (1920) p. 14 (7th page of the article)

97 "21st Century Astronomy, 2nd Ed.", J. Hester, D. Burstein, G. Blumenthal, R. Greeley, B. Smith and H. Voss, W.W.Norton & Company, New York (2007)

98 ibid., p. 199

99 J.R. Arnold and W.F.Libby, Science 110(1949) p.678

100 Claire Patterson, Geochimica et Cosmochimica Acta 10 (4) (1956) 230-237

101 53% per Rasmussen Reports (May 25, 2009); 54% per CNN poll (June 15, 1997)

102 21st Century Astronomy, 2nd Ed.", J. Hester, D. Burstein, G. Blumenthal, R. Greeley, B. Smith and H. Voss,
W.W.Norton & Company, New York (2007) p. 177

103 "The Georgian Star: How William and Caroline Herschel Revolutionized Our Understanding of the Cosmos", Michael Lemonic, W.W.Norton & Company, Inc (2009)

104 "The Georgian Star: How William and Caroline Herschel Revolutionized Our Understanding of the Cosmos", Michael Lemonic, W.W.Norton & Company, Inc (2009) p. 42

105 "21st Century Astronomy, 2nd Ed.", J. Hester, D. Burstein, G. Blumenthal, R. Greeley, B. Smith and H. Voss,W.W.Norton & Company, New York (2007) p. 526

106 K-P Schroder, Robert C. Smith, MNRAS, Vol 386, pp 155-163

107 "Introduction to Cosmology", Barbara Ryden, Addison Wesley (2003) p. 130

108 "Introduction to Cosmology", Barbara Ryden, Addison Wesley (2003) p. 134

109 Vera Rubin and Kent Ford, Astrophysical Journal, vol. 159 (1970), p.379

110 Morton Roberts and Robert Whitehurst, Astrophysical Journal, vol. 201 (1975), p.327

111 Wu, X. and Chiueh, T. and Fang, L. and Xue, Y., Monthly Notices of the Royal Astronomical Society 301 (December 1998): 861 - 871

112 "The Big Bang", Joseph Silk, W.H.Freeman and Company, 3rd ed (2001) p. 249. See also "Introduction to Cosmology", Barbara Ryden, Addison Wesley (2003) p. 139

113 "21st Century Astronomy, 2nd Ed.", J. Hester, D. Burstein, G. Blumenthal, R. Greeley, B. Smith and H. Voss,W.W.Norton & Company, New York (2007) p. 537

114 "Cosmology", Steven Weinberg, Oxford University Press (2008) p. 49

115 M.Machida and T.Matsumoto, arXiv:1008.0920v1[astro-ph.SR] Submitted to MNRAS (8/5/2010)

116 "21st Century Astronomy, 2nd Ed.", J. Hester, D. Burstein, G. Blumenthal, R. Greeley, B. Smith and H. Voss,W.W.Norton & Company, New York (2007) p. 447

117 Ibid., p. 444

118 ibid., p. 460

119 J J O' Connor and E F Robertson, http://www-history.mcs.st-andrews.ac.uk./Biographies/Hoyle.html (As retrieved Aug 7, 2008)

120 "Before The Beginning", Martin Rees, Helix Books, Perseus Books (1977) p. 15

121 F. Hoyle, Monthly Notices, Royal Astronomical Society 106 (1946) p. 343

122 F. Hoyle, Astrophysical Journal Supplement 1(1954) p.121

123 D.N.F. Dunbar, R.E.Pixley, W.A.Wenzel, and W. Whaling, Physical Review 92 (1953) p. 649

124 William Fowler affirmed this in his Nobel biographical sketch. See http://nobelprize.org/nobel_prizes/physics/laureates/1983/fowler-autobio.html (Retrieved Dec 22, 2008)

125 "The Inflationary Universe", Alan Guth, Perseus Books (1997) p.98

126 E. Burbidge, G. Burbidge, W. Fowler, and F. Hoyle, Reviews of Modern Physics 29 (1957) p. 547

127 Fred Hoyle, "The Universe: Past and Present Reflections." *Engineering and Science*, November, 1981 p. 8-12

128 "21st Century Astronomy, 2nd Ed.", J. Hester, D. Burstein, G. Blumenthal, R. Greeley, B. Smith and H. Voss, W.W.Norton & Company, New York(2007)

129 ibid., p.457

130 ibid., p.480

131 ibid., p. 485

132 ibid., p. 481

133 ibid., p. 493-495

134 George W Collins, II, William P Claspy, John C Martin, "A Reinterpretation of Historical References to the Supernova of A.D. 1054", *The Publications of the Astronomical Society of the Pacific* 111 (July 1999), 871 -880;http://super.colorado.edu/~astr1020/sung.html (As retrieved December 23, 2008)

135 Alicia Soderberg, (& 42 co-authors) , Nature (May 22, 2008)

136 "A Brief History of Time", Stephen Hawking, Bantam (1988) p. 84; http://pulsar.ama.obspm.fr/Presentations/yakovlev.pdf

137 W.Baade and F.Zwicky, Proc.Nat. Acad. Sci. 20 (1934) p.259 & Phy. Rev. 46 (1934) p. 76; F. Zwicky, Phy. Rev. 55(1939) p. 726

138 A. Hewish, S. J. Bell, J. D. H. Pilkington, P. F. Scott & R. A. Collins, Nature 217 (February 1968) p.709

139 Michell, J. (1784), Philosophical Transactions of the Royal Society of London, Vol. 74 (1784) p 35-57

140 "Albert Einstein", Albrecht Foelsing (1997) Penguin Books, p. 384

141 J.R. Oppenheimer and G.M. Volkoff , Physical Review 55 (1939) p. 374-381

142 John Magorrian, et al, Astrophysical Journal 115 (1998) p. 2285

143 Kormendy, J., and Gebhardt, K. 2001, in *The 20th Texas Symposium on Relativistic Astrophysics*, ed. H. Martel and J. C. Wheeler (AIP), 363. ((astro-ph/0105230)

144 S. Gillessen, et al , Astrophysical Journal 692 (2009) p. 1075-1109

145 A. Frebel, et al., Astrophysics Journal 660, (2007) L117

146 "Cosmology", Steven Weinberg, Oxford University Press (2008) p. 45

147 "21st Century Astronomy, 2nd Ed.", J. Hester, D. Burstein, G. Blumenthal, R. Greeley, B. Smith and H. Voss,W.W.Norton & Company, New York (2007) p. 502

148 B.Chaboyer, Physics Report 307 (1998) p. 23; P.R.Durrell and W.E.Harris, Astronomical Journal 105 (1993) p. 1420

149 "Cosmology", Steven Weinberg, Oxford University Press (2008) p. 62

150 "Edwin Hubble, Mariner of the Nebulae", Gale Christianson, Harper Collins (1995)

151 E. Hubble, Astrophy Journal, 45, No.5 (1917) 352

152 "Edwin Hubble, Mariner of the Nebulae", Gale Christianson, Harper Collins (1995) p.140

153 Shapley, H. 1921, Bull. Nat. Res. Council, 2, p. 171; Curtis, H. 1921, Bull. Nat. Res. Council, 2, p 194
154 "Edwin Hubble, Mariner of the Nebulae", Gale Christianson, Harper Collins (1995) p.158
155 ibid, p 160; See also E. Hubble, Astrophysical Journal 62 (1925) p. 409
156 V. M. Slipher, Lowell Observatory Bulletin, Vol II (1913) p. 57
157 E. Hubble, Proceedings of the National Academy of Sciences, 15 (1929) 168
158 "Edwin Hubble, Mariner of the Nebulae", Gale Christianson, Harper Collins (1995) p.185
159 E. Hubble, M. Humason, Astrophys Journal, 74 (1931) 43
160 Wendy L. Freedman, The Astrophysical Journal 553, 47-72 (2001)
161 "Edwin Hubble, Mariner of the Nebulae", Gale Christianson, Harper Collins (1995) p 195 and Reference# 124(above)
162 ibid, p.358
163 "Cosmology", Steven Weinberg (2008) Oxford University Press p. 11
164 "Introduction to Cosmology", Barbara Ryden, Addison Wesley (2003) p. 41
165 ibid., p. 15
166 F. Zwicky, Proceding of the Nationl Academy of Sciences, 15 (1929) p.773
167 M.J.Geller and P.J.E.Peebles,.The Astrophysical Journal 174 (1972) p.1
168 A.G.Riess et al, Astronomical Journal 116 (1998) p 1009; S. Perlmutter, et al, Astrophysical Journal 517 (1999) p.565
169 S. Perlmutter, et al, Astrophysical Journal 517 (1999) p. 565
170 "Cosmology", Steven Weinberg (2008) Oxford University Press (p. 45)
171 Adam G. Riess, et al, The Astrophysical Journal 607 (2004) p. 665
172 "Albert Einstein", Albrecht Foelsing (1997) Penguin Books (p. 389)
173 ibid., p. 390
174 Kirshner R. P. PNAS (Proceedings of the National Academy of Sciences) 101 (2004) p. 8-13
175 "Cosmology", Steven Weinberg, Oxford University Press (2008) p. 27-31; Kirshner R. P. PNAS 101 (2004) p. 8-13; "Introduction to Cosmology", Barbara Ryden, Addison Wesley (2003) p. 239
176 "The Inflationary Universe", Alan Guth, Perseus Books (1997) p. 41; http://www-history.mcs.st-andrews.ac.uk/Biographies/Friedmann.html (retrieved as of 7/24/2010)
177 Alexander Friedmann, *Zeitschrift fur Physik* 10 (1): 377 - 386. English translation: "On the curvature of Space", Cosmological Constants, Columbia University Press(1986)P.49
178 Alexander Friedmann, *Zeitschrift fur Physik* 21 (1) : 326 - 332. English translation: "On the Possibility of a World with Constant Negative Curvature of Space", Cosmological Constants, Columbia University Press(1986)P.59
179 "Cosmology and Controversy", Helge Kragh, Princeton University Press (1996) p.24-27
180 "Wrinkles In Time", George Smoot and Keay Davidson, Avon, (1993) P 53-55
181 "The Day Without Yesterday" John Farrell, Thunder' s Mouth Press (2005) (p. 12) (His life' s story mostly quoted from here)
182 "Albert Einstein", Albrecht Foelsing (1997) Penguin Books (p. 444)
183 G. Lemaitre, Annales de Societe Scientifique de Bruxelles, Vol XLVII (1927) (Translated into English by

Eddington in the Monthly Notices of the Royal Astronomical Society 91 (1931) p. 483-490)
184 "Cosmology and Controversy", Helge Kragh, Princeton University Press (1996) p. 30
185 "The Day Without Yesterday", John Farrell, Thunder' s mouth Press (2005) p. 10
186 G. Lemaitre, Nature, 127 (1931) p. 706
187 G. Lemaitre, Nature, 128 (1931) Supplement p. 704
188 "Cosmology and Controversy", Helge Kragh, Princeton University Press (1996) p. 27-29
189 "Cosmology and Controversy", Helge Kragh, Princeton University Press (1996) p. 29, p. 80
190 "Introduction to Cosmology", Barbara Ryden, Addison Wesley (2003) p. 192-193
191 "Introduction to Cosmology", Barbara Ryden, Addison Wesley (2003) (p 198-200); "Cosmology", Steven Weinberg(2008) Oxford University Press (p. 202);
192 "Introduction to Cosmology", Barbara Ryden, Addison Wesley (2003) (p 96)
193 ibid., (p 92)
194 F. Hoyle, Monthly Notices of Royal Astronomical Society (MNRAS) 108 (1948) p. 372; H. Bondi and T. Gold, MNRAS 108 (1948) p. 252
195 "The Day Without Yesterday" John Farrell, Thunder' s Mouth Press (2005) (p 196)
196 ibid (p 203)
197 ibid (p 208)
198 "A Brief History of Time", Stephen Hawking, Bantam (1988) (p. vi)
199 "Introduction to Cosmology", Barbara Ryden, Addison Wesley (2003) p. 21
200 "The First Three Minutes, 2nd Edition", Steven Weinberg, BasicBooks, (1993) p. 156
201 M. Riordan and W. Zajc, Scientific American 294 (2006) p. 34
202 Lyndon Evans, et al. JINST (Journal of Instrumentation) 3 S08001 (2008); Also check out the LHC homepage
203 "Oral History Transcript - George Gamow, Interview with George Gamow by Charles Weiner, April 25, 1968 (http://www.aip.org/history/ohilist/4325.html, retrieved as of 8/7/2010); "Cosmology and Controversy", Helge Kragh,Princeton University Press (1996) p. 89 ; "The George Gamow Memorial Lecture Series", http://www.colorado.edu/physics/Web/Gamow/life.html (retrieved Aug 14, 2009); http://www.cozmo.dk/cramer/tech/gamow.ps.gz
204 G. Gamow, Z. Physik, 51 (1928) p. 204
205 "Portraits of Discovery: Profiles in Scientific Genius", George Greenstein, John Wiley & Sons (1998) p. 59
206 G. Gamow, Physical Review, 70 (1946) p. 572
207 G. Gamow, Physical Review 74 (1948) p. 505; R. Alpher, H. Bethe, and G. Gamow, Physical Review 73 (1948) p.803; R. Alpher and R. Herman, Physical Review 74 (1948) p. 1737
208 "The First Three Minutes, 2nd Edition", Steven Weinberg, BasicBooks, (1993) p. 123
209 Ralph Alpher and Robert Herman, Physics Today (August 1988) p. 24
210 "Cosmology", Steven Weinberg (2008) Oxford University Press (p. 160)
211 P.J.E. Peebles, Astronomical Journal 146 (1966) (p. 542)
212 "The First Three Minutes, 2nd Edition", Steven Weinberg, BasicBooks, (1993) p. 101; "Cosmology", Steven Weinberg (2008) Oxford University Press (p. 159); "Introduction to Cosmology", Barbara Ryden, Addison

Wesley(2003) p. 171

213 "Introduction to Cosmology", Barbara Ryden, Addison Wesley (2003) p. 183-184

214 G.R.Burbidge, Publications of the Astronomical Society of the Pacific 70 (1958) p. 83

215 I.J.Danziger, Annual Review of Astronomy and Astrophysics 8 (1970) p.161

216 A.M.Boesgard and G. Steigman, Annual Review of Astronomy and Astrophysics 23 (1985) p.319; B.E.J.Pagel, et al, Monthly Notices of Royal Astronomical Society 255 (1992) p. 325; M.Peimbert, Review of Mexican Astronomy and Astrophysics 4 (1996) p.55 (A source of good references)

217 A.Peimbert, M.Peimbert, and V.Luridiana, The Astrophysical Journal 565 (2002) p.668 B.E.J.Pagel, et al, Monthly Notices of Royal Astronomical Society 255 (1992) p. 325

218 M.Peimbert, V.Luridiana, and A.Peimbert, Astrophysical Journal 666 (2007) p.636;

219 Ralph Alpher and Robert Herman, Physics Today (1988) p.24

220 "The First Three Minutes, 2nd Edition", Steven Weinberg, BasicBooks, (1993) p. 122

221 See, for example, "The Inflationary Universe", Alan Guth, Perseus Books (1997) p. 69

222 "The First Three Minutes, 2nd Edition", Steven Weinberg, BasicBooks, (1993) p. 37; "Cosmology", Steven Weinberg, Oxford University Press (2008) p. 173

223 http://nobelprize.org/nobel_prizes/physics/laureates/1978/penzias-autobio.html (as retrived 9-1-2009)

224 "3K: The Cosmic Microwave Background Radiation (Cambridge Astrophysics)", R.B. Partridge (1995) p. 48; "Our Place in the Universe", Norman Glendenning, Imperial College Press (2007) p. 13

225 R.H.Dicke, P.J.E.Peebles, P.G.Roll, and D.T.Wilkins, Astrophysical Journal 142 (1965) p. 414

226 A.A.Penzias and R.W.Wilson, Astrophysical Journal 142 (1965) p. 419

227 "The Inflationary Universe", Alan Guth, Perseus Books (1997) p. 77

228 "The Inflationary Universe", Alan Guth, Perseus Books (1997) p. 79- 83

229 D.J.Fixsen and J.C.Mather, Astrophysical Journal, 581 (2002) p. 817-822

230 "Cosmology", Steven Weinberg, Oxford University Press (2008) p. 1; "Introduction to Cosmology", Barbara Ryden, Addison Wesley (2003) p. 11

231 David Wilkinson, Proc. Natl. Acad. Sci. USA 95 (1998) p. 29-34 (See first page); C.L.Bennett et al, Astrophysical Journal 464, L1 (1996) (See the page immediately before Reference);

232 Wilkinson Microwave Anisotropy Probe (WMAP): Seven - Year Explanatory Supplement, editor M. Limon, et al (Greenbelt, MD: NASA/GSFC); Available in electronic form at http://lambda.gsfc.nasa.gov/

233 P.J.E. Peebles and J.T.Yu, Astrophys J. 162 (1970) p. 815; R.A.Sunyaev and Ya. B.Zel' dovich, Astrophys. Space Sci. 7 (1970) p.7; Ya. B. Zel' dovich, MNRAS 160 (1972) p.1

234 arXiv:1001.4635v2 (D.Larson, et al., July 2010);

찾아보기

저자약력

김 강 수

경기중고등학교를 6년 우등으로 졸업하고 서울대학교 문리과대학 물리학과를 졸업한 후 ROTC를 마치고 도미하여 캘리포니아주립대학(University of California, San Diego)에서 핵물리학과 고체물리를 공부하였으며 번트 마티아스 지도 교수 밑에서 초전도체를 연구하면서 자기성 불순물을 가진 초전도체의 특성을 발견하고 물리학 박사학위를 받았다. 다음에 남가주대학(University of Southern California)에서 전기 광학을 연구하면서 전기공학 석사학위를 받고 연구 조교수로 지냈다.

그후 보잉회사(The Boeing Company)로 옮겨 우주 관측 및 정찰용 망원경 디자인과 제조에 주력하면서 선임 연구원, 책임 연구원, 전기 광학과 과장 및 인공 위성 제조 사업 지배인 직책을 맡았으며 30년을 일했다. 핵물리학과 천체 우주학의 밀접한 관련성에 자극을 받아 천체 우주학에 흥미를 가지고 망원경, 광학, 핵물리학 지식을 바탕으로 하여 10년 이상을 이것의 학습에 바쳤다.

현대과학이 보는 우주

초판 1쇄 인쇄일 2012년 2월 20일
초판 1쇄 발행일 2012년 2월 29일

저 자 김 강 수
편집자 주 성 필

발행자 주 희 완
발행처 아카데미서적

서울특별시 강남구 논현동 117-2
Tel 516-3131 Fax 542-9254
E-mail: aca97@paran.com

Homepage: http://www.academybook.co.kr

* 파본은 교환해 드립니다.

값 25,000원

ISBN 978-89-7616-377-6 (03470)